磁张量探测技术与应用

张英堂 李志宁 范红波 尹 刚 张 光 著

U0171857

国防工业出版社

·北京·

内 容 简 介

由铁磁性材料构成的地下、水中等隐蔽的军事目标，在受到地磁场的磁化后会产生局部的磁异常，利用磁异信号来解算目标位置及磁性参数的探测技术是发现和识别目标的重要手段。磁性目标全张量探测技术以目标产生的磁梯度张量异常场为信息源头，可获得较磁总场及矢量场等其他磁探测技术更多的信息量和更高的目标分辨率，在目标侦察与探测方面具有重要的应用价值。本书以军事行动中小尺度磁性目标探测的实际应用需求为背景，系统深入地讲述了磁梯度张量的计算方法、测量系统构建方法、磁梯度张量测量系统的误差校正及载体补偿理论与方法，在应用方面主要论述了磁性目标探测、定位和识别等理论与方法。

本书可供测量技术和信号分析研究生及从事磁探测研究领域的科研人员参考使用。

图书在版编目（CIP）数据

磁张量探测技术与应用 / 张英堂等著. —北京：
国防工业出版社，2023.4
ISBN 978-7-118-12870-3

Ⅰ. ①磁⋯ Ⅱ. ①张⋯ Ⅲ. ①磁探测－研究 Ⅳ.
①P631.2

中国国家版本馆 CIP 数据核字（2023）第 041690 号

※

国防工业出版社出版发行

（北京市海淀区紫竹院南路 23 号 邮政编码 100048）
三河市众誉天成印务有限公司印刷
新华书店经售

*

开本 710×1000 1/16 印张 14½ 字数 256 千字
2023 年 4 月第 1 版第 1 次印刷 印数 1—1500 册 定价 128.00 元

（本书如有印装错误，我社负责调换）

国防书店：(010)88540777   书店传真：(010)88540776
发行业务：(010)88540717   发行传真：(010)88540762

前　言

随着传感器和信息处理技术的进步，主动和被动两种工作模式的目标探测技术得到了较快的发展。其中，被动探测技术通过接收被测目标自身的辐射或反射外源照射的微弱信号来发现目标，具有较好的隐蔽性，如无源雷达探测技术、红外探测技术、可见光探测技术、被动声呐探测技术及磁探测技术等[1]。多种探测技术各有所长，而相对于其他探测技术，磁探测技术在铁磁性目标探测方面具有较强的针对性，具有精度高、虚警率低、定位能力强的特点。近年来，随着磁传感器测量精度的不断提高，磁探测技术也得到了快速的发展，由于其隐蔽性好、气象环境依赖度低、执行时间短等军事应用价值，使其逐渐成为各国在军事科技领域中争夺的制高点。

本书主要针对磁性目标的磁梯度张量探测问题，以实现磁性目标的探测、搜索、定位和识别为主要目标，重点论述了磁梯度张量场正演问题、磁梯度张量测量系统设计及校正问题、磁性目标的定位和识别问题。

目标定位、反演和三维重建均为对未知的信息进行估计，由于目标所处的环境千变万化，单一的方法只能从一个侧面去反映目标体的某些特征，估计得到的信息往往具有一定的局限性，难以获得对目标的全面认识。因此，书中在磁性目标的定位、多目标的反演及目标三维重建研究中，提出了多种不同的研究方法，各种方法相互验证和补充可以有效地增加结果的可信度和准确性。

本书各章节的具体内容如下。

第1章绪论，介绍了该书所研究内容的背景和意义，对磁性目标探测技术、磁性目标张量场正演计算、磁梯度张量系统、磁性目标定位、多磁性目标反演及磁性目标三维重建的国内、外研究现状进行了综述。

第2章主要介绍了磁性目标在空间中产生的磁梯度张量异常场正演计算的方法，推导了由总场、分量场及总场梯度正演张量场的频率域正则化计算公式；介绍了磁性目标张量场延拓的改进泰勒级数法，实现了空间中不同测量面张量场的相互转换。

第3章对磁梯度张量及其测量方法进行了论述，介绍了平面十字形磁通门阵列结构磁梯度张量系统的搭建方法，为下一步进行系统误差分析和输出校准提供了理论指导和平台支撑。

第4章在设计平面十字形结构磁梯度张量系统并分析系统误差产生机理的基础上，将误差因素转化为数学模型，重点介绍了单传感器误差校正线性模型和传感器间误差校正线性模型的建立方法。

第5章介绍了基于辅助永磁体的非匀强磁场环境下校正方法。建立了有关解算形式永磁体磁场值和传感器直接测量永磁体磁场值的误差校正模型和有关永磁体磁矩的传感器间误差校正模型，建立了旋转取平均的零点偏移校正方法。

第6章载体磁扰线性补偿方法研究。分析了载体对磁梯度张量影响的机理，通过固定磁梯度张量表达式和感应磁梯度张量表达式建立载体磁梯度张量线性补偿模型，实现对载体磁扰的有效补偿。

第7章介绍了在斜磁化或多目标情况下，单纯利用磁梯度张量的单一分量不容易区分磁性目标特征，不利于磁性目标的识别判断的问题，充分利用磁梯度张量所含的9个分量潜在信息提高磁性目标的识别能力。

第8章论述了磁梯度张量定位的原理，针对磁梯度张量系统侦察定位时所存在的地球背景磁场干扰问题、监测定位时存在系统对测量误差比较敏感问题和系统姿态变化对定位结果的影响问题，介绍了相应的解决方法。

第9章介绍了单航线测量下磁性目标的定位方法。基于蕴含在张量分量中目标的磁性参数信息，推导了基于改进欧拉反演以及张量不变量的磁性目标单点定位方法，并且结合测量系统自身的位置信息给出了基于张量特征向量的多点定位方法。多种不同的定位方法在实际应用中为降低磁性目标探测虚警率并提高定位准确性提供了较好的理论支撑。

第10章网格式测量下多磁性目标的反演方法。利用改进倾斜角估计测量区域内磁性目标的个数及其大致分布情况，基于NSS和Helbig两种不同方法估计磁性目标的具体位置和磁矩信息，实现网格式测量下多磁性目标的反演。两种不同的方法在反演结果上相互验证，提高了目标反演的可信度和准确性。

第11章主要论述了磁性目标的三维重建方法，首先基于磁异常数据实现了磁性目标三维反演空间的范围约束，然后在对反演空间进行网格剖分的基础上构建关于磁化强度的反演方程组，研究建立基于物性反演的磁性目标三维重建方法和基于几何体模型增长的形态反演方法用于磁性目标的三维重建。

第12章进行了全书总结。

目　录

第 1 章
绪　论

1.1　磁张量探测的背景及意义

随着信息化技术的发展，主动和被动两种模式的目标探测技术得到了较快的发展。其中，被动探测技术通过接收被测目标自身的辐射或反射信号发现目标，具有较好的隐蔽性，如无源雷达探测技术、红外探测技术、可见光探测技术、被动声呐探测技术及磁探测技术等[1]。多种探测技术各有所长，而相对于其他探测技术，磁探测技术在铁磁性目标探测方面存在较强的针对性，具有精度高、虚警率低、定位能力强的特点。近年来，随着磁传感器测量精度的不断提高，磁探测技术也得到了快速的发展，且隐蔽性好、气象环境依赖度低、执行时间短等优势展现的军事应用价值，使其逐渐成为各国在军事科技领域中争夺的制高点。

对于由铁磁性材料构成的军事目标而言，其受到地磁场的磁化后会产生局部的磁异常，而利用磁异信号解算目标位置及磁性参数的探测技术即为磁探测技术。在陆用方面，可探测掩蔽的导弹发射井、伪装在丛林中的装甲装备、人工布设的地雷和靶场试验中产生的未爆炮弹等铁磁性目标；在海用方面，基于磁异常信号的探测方法依然是水下磁性目标近距离精确定位的重要方式，且目前大部分的新型反潜飞机上都安装了磁异常探测系统，用于探测潜艇、水雷、海底管道等磁性目标。另外，多个磁异常探测系统进行组网使用后，既可以实现对港口附近军事目标的监视，又可以测量武器装备及重要军事设施的磁场分布特征，进而采取相应的磁屏蔽措施以提高武器装备及军事设施的隐蔽性[2]。因此，研制更加先进的磁异常探测系统，使其探测距离更远、定位精度更高、目标识别能力更强[3]，直接体现了现代化国家在磁异常探测领域的国防实力[4]。

按照磁传感器技术的发展过程（表1-1），磁探测技术可大致划分为总场探测阶段、梯度场探测阶段和磁梯度张量场探测阶段[5]。

表1-1　磁探测技术及相应磁传感器发展过程[6]

磁探测技术	磁传感器类型	测量参数	功能
第一阶段	总场传感器	总场	探测有无
第二阶段	磁矢量传感器、总场梯度仪、分量场梯度仪	总场、磁矢量、总场梯度、磁矢量梯度	探测有无、寻找（确定方向）
第三阶段	磁梯度张量系统	总场、磁矢量、总场梯度、磁矢量梯度、磁梯度张量	探测有无、定位、测距、搜索、识别

其中，总场及梯度场探测技术已较为成熟，主要通过测量总场及总场梯度实现磁性目标的探测和搜索；磁梯度张量探测技术仍处于理论探索和样机研制阶段，且其主要是利用磁性目标产生的磁张量异常信号。而磁梯度张量是通过磁矢量在3个正交方向上的变化率来发现和定位、跟踪目标的，与总场及矢量场相比具有更大的信息量和更高的分辨率；并且其受地磁背景场及测量系统姿态变化的影响较小，可用于描述磁性目标的磁化方向、几何形态及矢量磁矩。另外，由磁梯度张量可计算得到与磁性目标位置和磁矩矢量更相关且独立于坐标系的张量不变量，能够更准确地描述磁性目标的特征，进而实现磁性目标的探测、搜索、定位和识别。因此，磁梯度张量（全张量磁梯度）探测技术被视为磁探测技术的下一次突破点[7]。

西方国家从20世纪70年代就已经开展了磁梯度张量探测相关的研究[8,9]，且目前已经取得了长足的进展，而我国在理论研究、系统搭建及数据处理方面尚处于初步阶段[5]，因此，以磁梯度张量测量为基础，研究磁性目标（主要是以未爆炮弹、装甲车辆和潜艇等为代表的铁磁性物体）的磁梯度张量探测问题，实现目标的探测、定位和识别，将具有重要的理论意义和实际应用价值，且对我国磁探测技术的发展具有深远的战略意义。

1.2　国内外研究现状

近年来，随着磁传感器测量精度的提高，磁异常探测技术的研究取得了较快的发展，世界各国均对磁性目标探测技术进行了广泛的研究，特别是磁性目标产生的磁梯度张量场正演计算、磁梯度张量系统研制以及磁性目标的探测、定位、反演与识别问题的研究领域都取得了很大进步。

1.2.1　磁性目标探测技术研究现状

磁性目标探测技术的发展过程和磁传感器技术的发展过程是密不可分的，其发展过程大致划分为 3 个阶段，即总场探测阶段、梯度场探测阶段和磁梯度张量场探测阶段（表 1-1）。其中，由于分量探测始终未能得到较为广泛的应用，在此并未将其单独列出。

总场探测技术发展较早，主要以光泵磁强计和质子磁力仪等总场传感器为基础，以搜索并发现磁性目标为主要功能，目前技术较为成熟并广泛应用于探潜、探矿、探测未爆弹等领域。例如，AN/ASQ 系列磁力仪的静态分辨率可达到 0.01nT，装载有该系列磁力仪的 P-3C 反潜机能够在 400~600m 的距离探测到不同型号的潜艇；LSG/MCM 及 P-2000 光泵共振磁力仪的分辨率为 pT 级，其安装在 P-3C 上的探潜距离可达到 1~1.5km。另外，美国海军近期公开招标的磁异常探测系统要求探潜距离增大到 2.7km，也进一步反映出磁性目标探测的重要性及总场探测技术的成熟度。在未爆弹探测方面，德国、法国、美国、加拿大、中国、以色列、土耳其、约旦等国都开展了相应的技术应用，用于探测战争遗留的未爆弹以及靶场试验产生的未爆弹，均取得了较好的应用效果。

磁性目标探测的第二阶段是在总场探测的基础上发展起来的，主要是以总场梯度测量以及部分矢量的梯度测量为基础，有效地消除了总场测量中地磁日变及正常地磁场的影响[10]，可得到较总场更为丰富的信息，具有较高的场源分辨率，多用于近距离磁性目标及矿物质等的细节探测。国外分别于 1954 年和 1989 年最早开展水平和垂直方向总场梯度的测量，并且随着磁传感器测量精度的提高，总场梯度探测技术逐渐被用于精密地质勘探和地下未爆弹的探测中。国内于 20 世纪 90 年代开始进行总场梯度测量的相关工作，虽然单个磁力仪的精度都较高，但梯度测量中的载体磁干扰问题一直未得到较好的解决[11]。我国的"十一五"规划重大项目"航空地球物探勘察技术系统"课题组于 2009 年研制了数字式航磁全轴梯度勘察系统样机，在进行约 5000km 的试验飞行后已初步达到地质勘探的实用化程度[12]。另外，国内相关机构的研究人员也在积极开展磁总场梯度法探测废弃炮弹[13] 及磁性目标跟踪的研究[14]，并取得了一定的应用效果。

虽然总场梯度测量技术已基本趋于成熟，相关的目标探测技术及其应用也在稳步发展中，但随着探测需求的提高和传感器技术的发展，磁性目标的探测不再仅仅局限于目标有无的判断，而逐步扩展到目标的定位、跟踪、识别及重建，这在磁测理论上就需要比总场、总场梯度及分量场更为丰富的磁场信息。而全张量磁梯度场是磁场矢量在 3 个相互正交方向上的梯度，蕴含有较多的反映磁性目标特征与细节的信息，可用于磁性目标空间位置、几何参数及边缘形状的估计[15]，因此，在目标探测领域逐渐得到了越来越多的关注。国外相关研究机构自20世纪70年代就展开了磁性目标磁梯度张量定位和搜索相关的理论研究[9]，且随着磁测传感器技术的发展，德国、澳大利亚、美国、新加坡、英国等一些西方国家已在21世纪初成功搭建了磁梯度张量测量系统，并进行了探矿[16]、未爆弹探测与识别[17]、小尺度磁性目标跟踪[18]、水下区域潜艇入侵监测[19]等相关试验研究，取得了一定的试验效果并有进一步推广应用的趋势。我国的秦保瑚、管志宁和王君恒等[20]于20世纪80年代开始磁梯度张量正反演理论的相关研究。此后，在管志宁、姚长利、郭志宏、吴招才等[21]的努力下，磁性目标产生的磁梯度张量场的正演理论得到了较快的发展，但相关研究多见于地质勘探领域。另外，国内的相关机构在2010年左右才开展磁梯度张量测量系统的研究，相关技术落后于西方发达国家，也直接导致了磁性目标的磁梯度张量探测技术仍处于起步阶段，磁梯度张量的准确测量、磁性目标的定位、搜索与识别等关键技术仍有待进一步研究。

1.2.2 磁性目标张量场正演计算研究现状

计算并分析磁性目标在空间中产生的张量场是进行磁梯度张量探测的前提条件，这一计算过程为磁性目标的模型正演，是磁场测量和数据解释的基础。磁性目标张量场正演研究的开展相对较晚，但是由于张量是磁位势的二阶偏导数和磁矢量场的一阶偏导数，因此，磁性目标总场和分量场的正演方法在一定程度上可推广到张量场的正演计算中，且按照求解域的不同可将磁性目标的磁异常正演方法划分为空间域法和频率域法[22]。

1. 空间域正演方法

空间域正演方法可给出磁性目标在空间中任意点产生的磁异常场的解析式或利用剖分网格的方式进行分区域计算，具有计算精度高的优点，但是也存在解析式复杂、推导过程烦琐、大区域异常数据的计算耗时长等缺点。目前，研究较多的空间域正演方法主要包括有限元法、边界元法等。

有限元法的基本思想[23]：将边值问题转换为有限元方程，然后利用求极值的方法对有限元方程进行求解。其优点是适用于物性分布及目标形态较为复杂的情况。但是，该方法是区域性算法，必须在整个计算区域进行单元剖分，当区域的形状不能自动剖分时，必须用人工方法进行剖分；同时，通过有限元法剖分后的节点和单元数目较多，使得方程组的数目很大，带来了较大的计算成本。

边界单元法的基本思想：只对求解区域的边界剖分，比有限元法在整个区域的剖分要简单、快捷，同时，这也使得所求解问题的维数降低，使三维问题简化为二维问题[24]。

尽管上述正演方法在总场和分量场正演方面已较为成熟，但在磁性目标的磁梯度张量正演计算中还有待进一步研究。另外，相关研究人员针对简单几何体的磁梯度张量场的解析表达式进行了理论推导，得到了旋转椭球体[25]、直立长方体[26]、有限长倾斜体[21]、球体[27] 等简单几何体在空间中产生的张量场的数学表达式，方便了后续磁梯度张量数据处理及解释方法的仿真验证。

2. 频率域正演方法

频率域方法首先在频率域推导出磁性目标在空间中产生的异常场的解析表达式，然后利用傅里叶逆变换得到异常场。相对于空间域方法，其优点是异常频谱的表达式较为简洁紧凑，计算效率更高，缺点是傅里叶变换计算过程中存在强制周期化、边界振荡效应等问题，从而限制了该方法的广泛应用。

Bhattacharyya[28] 推导出了长方体在斜磁化下的总场频谱表达式和任意二度体在空间中产生的磁场频率域表达式[29]，并指出形状参数和物性参数在频域表达式中为相互分离的乘积因子，因此，异常场的频谱适用于快速反演磁性目标的多种形状参数和物性参数。另外，Pedersen[30,31] 推导出了直立圆柱体、任意二度体、任意三度体的磁异常频率域表达式，为磁性目标磁异常的频率域正演提供了理论参考。此后，吴宣志[32] 在 Pedersen 研究的基础上，给出了均质和物性随深度变化的非均质的任意三度体的磁异常场频率域解析表达式[33]。熊光楚[34] 推导了点质量源在计算区域内的磁异常的三维傅里叶变换。Hansen[35] 提出了与坐标系独立的任意多面体的磁异常频率域正演公式。此后，Tontini[36] 给出了物性呈三维高斯分布的目标体磁异常频率域计算公式，并研究了磁异常场的三维傅里叶变换正演方法[37]。为进一步提高传统傅里叶变换在频率域正演时的计算精度，吴乐园[38] 提出了高斯–快速傅里叶变换（Gauss-FFT）的频率域计算方法。

上述空间域及频率域正演方法扩展到磁梯度张量场的计算中均可视为磁性目标的张量场直接正演法，而由磁性目标的磁总场、矢量场及总场梯度场计算磁梯度张量场也是一种常用的磁性目标张量场间接正演方法，同样也可以按照求解域的不同分为空间域法和频率域法[39,40]。空间域主要利用差商[41]、样条函数法[42,43]、泰勒级数近似法[39]、边界单元和有限元法[44] 等计算位场的一阶或高阶导数，但这些方法的计算精度需要进一步提高。频率域方法主要利用傅里叶变换[45,46] 或余弦变换[47] 计算位场的高阶导数，其理论较为完善，但由于函数的非周期因子和有限截断的影响以及其对高频噪声的放大作用，其应用范围也有一定的限制[48]。

1.2.3 磁梯度张量系统研究现状

磁梯度张量测量系统是磁梯度张量探测技术的实际应用基础,其测量精度的高低直接决定磁梯度张量探测技术的探测效果。而磁梯度张量为磁矢量场在3个正交方向上的变化率,在实际测量中以差分计算代替偏微分近似得到磁梯度张量的各个分量,其对磁矢量传感器的精度要求更高。因此,国内外研究团队在综合考虑磁传感器的灵敏度及其余相关参数(表1-2)后,多采用超导效应和磁通门法搭建磁梯度张量系统。

表1-2 不同磁传感器的响应频率、测量范围及理论上可达到的分辨率[49]

传感器类型	最高分辨率	最大测量范围	响应频率
感应线圈	100fT	无限制	0.1mHz~1MHz
霍尔传感器	10nT	20T	0~100MHz
磁阻传感器	100pT	100mT	0~100MHz
磁通门传感器	10pT	1mT	0~100MHz
磁电传感器	1pT	—	0.1mHz~1kHz
超导量子干涉仪	5fT	1μT	0~100kHz

1. 基于超导效应的磁梯度张量系统

德国 IPHT 研究所自 1997 年最早利用低温超导量子干涉仪(LTS-SQUID)研制了图 1-1 所示的张量系统 JESSY STAR[50],并于 2004 年进行了试验飞行测试,在世界上第一次获得了 $100km^2$ 的磁梯度张量实测数据。此后,IPHT 对 JESSY STAR 的外形进行了空气动力学优化设计[51],研制了 Air Bird 系统[52],如图 1-1(b)所示。公开发表的论文显示,该机构研制的张量系统的测量噪声小于 $10pT\ rms/m/Hz^{1/2}$(4.5Hz 测量)[53]。

（a）JESSY STAR　　　　　　　　（b）Air Bird

图 1-1 德国 IPHT 开发的航测张量系统

澳大利亚的研究机构 CSIRO 于 2000 年开始利用 SQUID 器件进行 B_{zz} 分量的测量，此后，在透视地球项目的支持下，基于高温 SQUID 研制了航空磁梯度张量系统 GETMAG，用于地质和矿产勘探。该系统采用一个单轴的梯度鼓，该鼓绕着仪器的 Z 轴以 120° 为增量旋转，经历 3 个固定位置，产生 24 个测量值，进而计算得到张量数据，如图 1-2 所示。并且该机构于 2010 年左右，基于 6 个平面式的 SQUID 梯度仪构建了图 1-3 所示的新型张量系统[18]，该系统的灵敏度达到了 2pT rms/m/Hz$^{1/2}$（10Hz 测量）[54]。

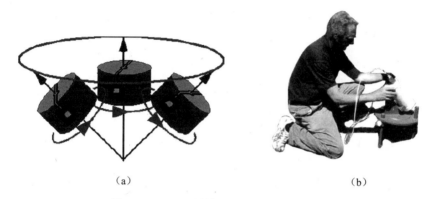

| (a) | (b) |

图 1-2　CSIRO 研制的张量系统 GETMAG

| (a) | (b) | (c) |

图 1-3　CSIRO 研制的高温 SQUID 张量系统

美国橡树岭国家实验室（ORNL）于 2008 年研发了基于高温 SQUID 的航空磁梯度张量系统[55]，该系统采用 8 个 SQUID 器件测量张量的 9 个元素，如图 1-4 所示。

国内的相关研究机构也较早地开展了高温超导材料的研究工作，目前，燕山大学与中国科学院物理研究所合作研制了高温直流超导量子干涉器件[56] 和基于该器件的平面式梯度计[57]，吉林大学研制了高温超导磁梯度仪[58] 并进

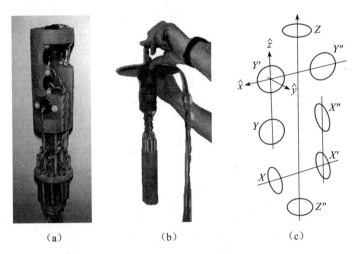

(a)　　　　　　　(b)　　　　　　　(c)

图 1-4　ORNL 研制的张量系统

行了野外试验，用于地球物理勘查技术。另外，中国科学院上海微系统所在国家重大科研装备研制项目的支持下，于 2013 年立项开展全张量磁梯度测量装置的研制，并于 2014 年 10 月成功进行了"超导全张量集成子系统"的现场演示，成功获取 10m×10m 模拟测区的全张量磁梯度分布图。"十二五"时期国家"863"计划主题项目"航空地球物理勘查技术与装备"于 2013 年特别成立了"航磁全张量技术研究"子课题，进行磁梯度张量测量与探测的相关研究。

2. 基于磁通门法的磁梯度张量系统

澳大利亚 CSIRO 于 2009 年前后构建了图 1-5 所示的张量系统，该系统由 4 个三轴磁通门传感器构成，同一方向上的两个传感器间的基线距离为 0.6m。

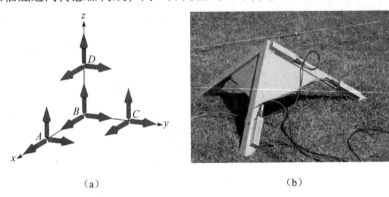

(a)　　　　　　　　　　　(b)

图 1-5　CSIRO 研制的张量探头

　　该张量系统利用差分方式计算得到的各个张量分量存在不共点的现象，导致最终计算得到的张量矩阵并非为同一点的张量值，虽然 CSIRO 在计算公式上进行了理论补偿，但其效果仍待进一步改善。

　　美国地质调查局（USGS）于 2003 年基于磁通门传感器研制了图 1-6 所示正四面体结构的张量系统用于地质勘查[59]，该系统两个传感器间的基线距离为 0.97m，且每个传感器的外部均安装了恒温装置，使得传感器始终工作在 35℃ 的恒温状态下[60]。

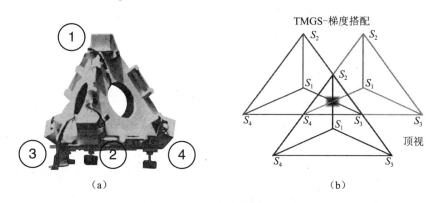

图 1-6　USGS 研制的张量系统

　　此后，美国地质调查局于 2006 年前后构建了图 1-7 所示的第二代张量系统。该系统为平面十字形结构，传感器间的基线距离为 0.25m，每个传感器放置在一个玻璃陶瓷的盒子里，然后安装在玻璃纤维的平面上进行固定。

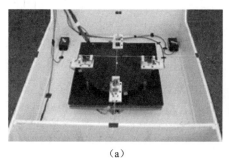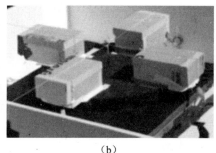

（a）　　　　　　　　　　　　　　　（b）

图 1-7　USGS 研制的第二代张量系统

　　美军水面作战中心成立了两个研发小组进行张量系统的研制，其中以 R. F. Wiegert 为代表的小组[61-62] 在 2006 年以前主要研究了用于磁异常定向的三角形张量系统，2006 年之后主要研究了用于磁异常目标定位的六面体结构的张量系统[63-64]，如图 1-8 所示。

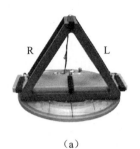

(a)   (b)

图 1-8　R. F. Wiegert 小组研制的两种形式的张量系统

以 John Bono 为代表的研究小组[65-66] 研制了图 1-9 所示的张量系统用于水下磁异常的探测，该系统由 4 个磁通门传感器构成，其中左上方的传感器为参考传感器，用于其余 3 个磁传感器的误差补偿。

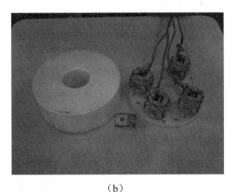

(a)   (b)

图 1-9　John Bono 小组研制的张量系统

新加坡 DSO 国家实验室基于磁通门传感器研制了图 1-10 所示的张量系统用于水下未爆弹的探测[67-69]，该张量探头为等边三角形结构，在每个顶点放置一个磁通门传感器，另外在远端安装一个磁通门传感器用于测量背景地磁场及载体磁场干扰。

意大利科学院基于水下磁性目标探测这一应用背景，于 2007 年开始张量测量系统的研究，并在 S3MAG 项目支持下利用磁通门传感器构建了三角形张量测量系统[70]。据报道，该测量系统的分辨率可达到 0.1nT/m。另外，英国 Bartington 公司生产的 Grad-01-1000L 型三分量磁梯度计的有效分辨率最高可达 0.03nT/m。

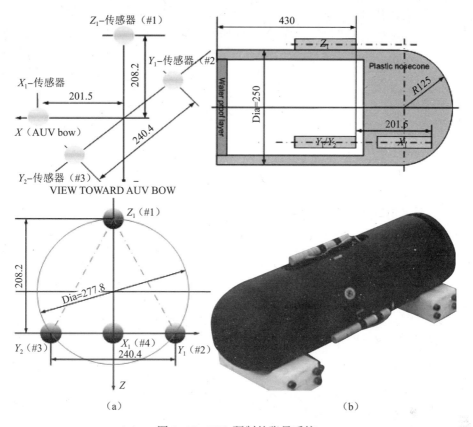

VIEW TOWARD AUV BOW

（a）　　　　　　　　　　　　　（b）

图 1-10　DSO 研制的张量系统

　　国内最早报道的张量系统在 2010 年前后，吉林大学全张量磁测技术实验室是国内较早且较为系统地开展张量系统构建的机构之一，该实验室于 2011 年开始搭建张量系统[71]，于 2012 年研制了球形反馈三分量磁通门全张量探头[72-73]，并在内蒙古锡林格勒草原进行了飞艇探测汽车试验，但该机构主要以研发张量测量系统为主，对张量数据解释理论的研究较少。

　　哈尔滨工程大学的黄玉于 2010 年左右开始张量系统构建及数据解释方法的理论研究[74]，进行了张量测量的最简矢量磁传感器配置论证[75-76]，但其并未构建完整的张量系统[77]。

　　国防科学技术大学于 2012 年利用德国高精度的 DM-050 三轴磁通门传感器搭建了平面十字形张量系统，并进行了张量系统的校正[78-79] 和补偿工作[80]。

　　军械工程学院于 2010 年开始磁梯度张量相关理论的研究，在成功搭建张量测量系统的基础上进行了系统校正[81,82] 和补偿[83]，并逐步开展了磁性目标探测、定位和识别研究。

另外，海军工程大学、海军航空工程学院和中船重工第七一五研究所等单位也陆续开展了磁梯度张量理论研究及系统的研制工作，均取得了较好的研究进展。

1.2.4 磁梯度张量系统校正方法研究现状

磁梯度张量系统大多由分量磁场传感器构成，这样整个系统的误差一方面包括单个三分量磁场传感器的误差；另一方面包括各分量传感器坐标系间的对正误差。

1. 三分量磁场传感器校正

磁场是矢量场，要通过三轴的矢量磁传感器才能完整得到磁场信息，但一般三轴磁场传感器都是由 3 个单轴磁场传感器正交放置组成的，如磁阻传感器、磁通门传感器等。3 个单轴传感器在正交放置的过程中，由于机械安装误差等，必然存在三轴非正交性。3 个单轴磁场传感器由于加工不完全相同，电气特性也存在差异，导致 3 个单轴传感器的定标比例系数（各轴灵敏度）并不一致，这种不一致性也严重影响着整个三轴磁场传感器的性能。表1-3列出了一些世界不同国家的三轴磁通门的三轴非正交性数值和定标比例系数不一致的数值。

表 1-3 不同厂家磁力仪的误差

仪器	定标比例系数			磁轴间夹角		
	X	Y	Z	X-Y/(°)	Y-Z/(°)	X-Z/(°)
CANMOS	1.0056	0.9923	1.0079	89.7660	91.9141	90.3544
DIMARS	0.5190	0.6685	0.4621	95.0375	91.5241	89.6631
DOWTY	0.0992	0.0942	0.1014	90.0655	92.2578	89.6032
EDA	0.9873	0.9892	0.9785	89.8904	89.8813	89.9441
ELSEC	1.0040	0.9864	0.9989	89.5426	89.3413	90.3325
MAG386	1.0002	0.9996	1.0086	89.9640	90.0212	90.1297
QUARTZ	0.9976	0.9994	1.0008	90.2706	90.4411	91.0912

由表1-3可以看到各厂家的三分量磁场传感器都存在三轴非正交性误差和各轴定标比例系数不一致误差，多数厂家的仪器其三轴非正交性角度达到1°，定标比例系数差别也较大。由此可见，对三轴磁场传感器的自身误差校正是有必要和有意义的。

　　三分量磁场传感器的一般校正思路：在匀强磁场环境下，对三分量磁场传感器进行多姿态旋转，三分量磁场传感器在各个姿态时三分量合成的总场值应当相等，并且与外界磁场的模值相等，根据这个约束关系建立误差模型，对误差模型进行求解得到误差校正参数。大多数校正方法的约束关系是一致的，即标量校正，只是所建立模型及求解算法有所不同而已。

　　海军工程大学的胡海滨等采用共轭次梯度法对三轴磁力计的三轴非正交性进行了校正。海军工程大学的周建军建立了三轴磁场传感器三轴非正交性的误差模型，之后采用遗传算法对模型进行求解。清华大学的吴德会分别采用FLANN 方法和 SVR 方法对三分量磁场传感器进行校正，上述两篇文章校正的核心都是将模式识别的思想引入到误差模型的建立以及求解过程中。国防科技大学的庞鸿锋分别采用自适应滤波和卡尔曼滤波等方法对三分量磁场传感器进行了校正研究。

　　以上三分量磁场传感器自身误差校正方法多数建立的误差模型是非线性模型。非线性问题可采用正则化方法、迭代算法和人工神经网络等求解，但运用这些方法求解往往存在多解性和解不稳定等现象，需要大量先验知识才能增加求解的稳定性。

2. 磁梯度张量系统校正

　　磁梯度张量系统校正的一般思路：在匀强磁场环境下，将组成磁梯度张量系统各个传感器的自身误差一同校正好，之后以某个磁场传感器的坐标系作为基准坐标系，将其他传感器的坐标系校正到基准坐标系下，从而使各个磁场传感器的坐标系相互对正。

　　Vcelak 对于两个三分量磁场传感器组成的三分量梯度计进行了校正。在匀强磁场环境下同时对两个传感器进行旋转，通过校正使两个传感器在各个姿态时的输出值近似相等，达到了对梯度计校正的目的。哈尔滨工程大学的黄玉采用基于 FLANN 的方法，对三分量梯度计进行了校正。其对两个磁场传感器分别进行 FLANN 建模，第二个传感器的系数多一个，之后采用迭代的方法对模型进行求解得到传感器自身及传感器间的误差参数。其采用实测数据对校正方法进行了验证，只是第二个传感器的测量数据是在第一个传感器实测数据的基础上仿真得到的。吉林大学的刘丽敏通过磁梯度张量对角线两侧分量对应相等的性质对磁梯度张量系统进行了校正。其建立的是平面十字磁梯度张量系统，使用的校正关系是磁梯度张量分量 B_{xy} 等于分量 B_{yx}，如果可多找到几组对应相等关系可以提高校正精度。

　　在磁梯度张量系统校正中，多数建立的误差模型也是非线性的，非线性模型也将使求解稳定性偏差。为此在磁梯度张量系统校正中，如果能建立起线性误差模型，将会提高误差参数求解的稳定性。

无论磁场三分量传感器校正，还是磁梯度张量系统校正，现有方法都是在匀强磁场环境下进行的，匀强磁场环境在实际工作中不容易满足，所以如果能探索出在非匀强磁场环境下对磁梯度张量系统校正的方法将是非常有意义的。

1.2.5 磁梯度张量系统载体磁场干扰补偿研究现状

目前，载体硬磁软磁干扰补偿方法主要有两种：一种是硬补偿，即采用永磁体对载体固有磁场进行补偿，采用玻膜合金补偿软磁场；另一种是计算补偿，对硬磁软磁影响建立补偿模型，并求解补偿系数，为之后的测量数据进行补偿。

根据不同磁探测形式和磁探测设备，又分为不同的磁补偿方法，主要有磁场总场补偿方法、磁场分量场补偿方法和磁梯度张量补偿方法。

1. 磁场总场补偿

20世纪40年代，Tolles和Lawson等就搭载在飞机上的磁力仪受到飞机背景磁场影响的问题进行了研究，根据飞机的结构特性、磁场特性等建立了磁场补偿模型，该模型含有21个补偿系数，该模型已成为飞机磁场补偿领域的经典模型，称为Tolles-Lawson方程。

1961年，Leliak在飞机做正弦轨迹飞行时，通过求解含有16个方程的方程组，得到了Tolles-Lawson方程的系数，并且提出了方程复共线性问题。1979年，Bickel在飞机做小幅度机动的情况下，将Tolles-Lawson方程中的16个方程转化为两组，各组含有8个方程，再对两个方程组分别求解，这种方法在一定程度上减弱了方程复共线性问题。

海军工程大学的张坚、庞学亮等在Tolles-Lawson方程基础上，对Tolles-Lawson方程进行了重新推导，将方程的系数大大减少，并且就方程组复共线性问题进行了深入的研究，得到了比较好的效果。

国防科技大学的李季在静态测量模型的基础上提出半参数模型载体干扰补偿方法，克服了静态测量模型考虑因素不足等缺点。对于磁总场补偿方法还有两步估计法、椭圆拟合法和无迹卡尔曼滤波算法等，在不同应用场合都起到了一定的补偿作用。

2. 磁场分量场补偿

三分量磁场传感器多数用在地磁导航中，一种是可以测量载体的磁方位角，另一种是可以根据测量的地磁场值确定载体所处的地理位置。在这里载体对三分量磁场传感器的影响又称为罗差。对于罗差的补偿有参数法、曲线拟合法、椭圆假设法以及一些其他方法。

　　参数法认为传感器在地磁环境中任一点测量的磁场包括真实的地磁场、硬磁材料产生的磁场和软磁材料产生的磁场，Possion 提出描述罗差的 12 参数数学模型，杨云涛、黄学功和吴志添等对该类补偿方法又进行了深入研究。

　　曲线拟合法认为真实的磁方位与磁传感器输出值（存在载体干扰）有着确定的对应关系，这种对应关系可以通过多项式拟合得到。该方法需要外部辅助仪器给出真实的磁方位值才能进行准确的拟合。

　　椭圆假设法是 Moulin 等提出的，他们认为理想情况下三分量磁场传感器水平分量合成向量的顶点在水平面画出的图形应该是一个正圆，在受到载体磁场影响后，正圆将通过形变、平移和旋转等变为椭圆。使该椭圆再次变回正圆的过程就是完成载体补偿的过程。椭圆假设拓展到三维空间就是椭球假设。

3. 磁梯度张量补偿

　　目前，对磁场总场和磁场分量场的载体磁场补偿研究较多，但是对于磁梯度张量的载体磁场补偿研究不足。Keene 采用高温超导量子干涉仪构建了磁梯度张量系统，该系统搭载在运动平台上进行探测，其采用主动防护和自适应信号处理方法来消除载体磁场干扰，但书中没有详细叙述具体的补偿算法。

　　Pei 采用磁通门传感器构建了磁梯度张量系统样机，搭载在水下无人平台上进行测量，研究了载体磁场干扰补偿方法。文章以其中一个离载体较远的传感器为参考传感器，该参考传感器测量的磁场作为地球磁场真实值，以此为基础对其他传感器进行载体磁补偿。

　　Lv 指出 Pei 的方法中参考传感器虽然离载体较远，但其测量的磁场不仅是地球磁场，而且还受到了载体的干扰。Lv 对 Pei 的方法进行了重新推导，将参考传感器受载体干扰的因素加入其中，使磁补偿模型更加严谨。

　　Lv 的方法虽然较 Pei 的方法更加严谨，但其建立的是非线性模型，在求解时容易出现多解性和解不稳定现象，并且其校正参数多达 48 个，求解比较困难。

　　总地来看，由于磁梯度张量探测是新近发展起来的磁探测方式，所以对于磁梯度张量载体磁补偿的研究还不是很广泛，很多公开发表的文章对具体磁补偿过程描述不是很详细，现存的方法还存在一些问题需要改进。为此有必要从磁梯度张量系统整体出发，探索载体磁扰的线性补偿方法。

1.2.6　磁性目标定位方法研究现状

　　磁场测量装置通过测量目标产生的磁场信号，然后利用不同方法解算出磁性目标位置、磁矩等信息的过程，称为磁性目标定位。它是磁异常探测技术的重要组成部分。

磁场测量时使用传感器的不同，使磁性目标的定位方法也不尽相同。其中，磁标量传感器仅能测得磁性目标在测量位置产生的总磁场强度值，信息较为单一，用于磁性目标的定位时需要将多个传感器安装在不同的测量位置。磁矢量传感器可以测得 3 个正交方向的磁矢量信息，因此通过多个（至少两个）磁矢量传感器测得的磁场值和磁偶极子的磁矢量计算公式，可以得到关于磁偶极子位置和磁矩的超定方程组，进而求解该方程组实现磁性目标的定位。磁梯度张量为 3 个正交方向上的磁矢量场变化率，单点测量即可得到 5 个关于磁偶极子位置和磁矩的欠定方程组，再利用其余磁矢量及磁标量信息，可实现目标的单点定位。

20 世纪 70 年代，美国海军开始利用磁梯度信息进行磁性目标的定位研究[8,84]。1975 年，Wynn 和 Frahm 等[9] 提出了基于张量的磁偶极子目标定位算法，该算法根据单点测得的 5 个张量数据和 3 个磁矢量数据，估计磁偶极子的方位和磁矩参数。1995 年，Wynn[85] 又研究了利用移动张量系统进行磁性目标定位的问题。此后，Takaaki 于 2006 年提出了基于张量矩阵求逆的单点定位方法[86]，并国内引起了较为广泛的应用[87,88]，但是，该方法需要对磁性目标在测量点产生的三分量磁场值进行准确测量，而实际应用中测得的三分量磁场值包含地磁场分量，无法从中准确地分离出仅由目标产生的矢量磁异常场。为此，在磁偶极子磁矩不发生变化的情况下，张光[89] 提出了平动条件下的磁偶极子定位方法，李光[90] 设计了新型张量结构，通过测量三阶磁梯度张量信息在理论上实现了磁偶极子的单点定位。R. F. Wiegert 在构建的正方体结构的张量系统基础上提出了基于张量缩并的 STAR 方法用于磁性目标的定位[91]，但由于其在张量不变量与磁偶极子位置之间存在一定的非球面误差，吉林大学的随阳轶[92] 对非球面误差进行了校正，提高了目标定位的精度。Marius Birsan[93] 于 2011 年提出了基于回归贝叶斯的磁偶极子定位方法，但这种非线性数值反演法的收敛率较低，影响了目标的跟踪实时性。黄玉[74] 对磁偶极子的定位问题进行了较为深入的研究，基于磁梯度张量的 5 个独立分量推导出了磁偶极子 3 个位置坐标间的内在关系，得到了磁偶极子的定位公式[94]，并针对磁梯度张量中存在的测量噪声较大进而影响定位精度的问题，提出了位置和磁矩估计的联合迭代算法[95]。

1.2.7　多磁性目标反演方法研究现状

判断一定区域内是否存在多个磁性目标并给出其类别和存在的位置是军事应用中经常遇到的问题，如靶场试验中未爆弹的探测与销毁、复杂环境下潜艇的探测与识别、航天器内部磁性分布以及金属无损检测等，转化为科学问题可称为多磁性目标反演，即通过对空间有限点处磁场数据的测量和分析，估计区域内磁性目标的个数、位置和磁矩。

多磁性目标的反演问题是单磁性目标反演问题的继承和扩展，部分单磁性目标的反演方法可推广到多磁性目标的反演中。但是，由于多个磁性目标之间的相互影响，使得各个磁性目标的分辨能力较弱且磁性参数的估计精度受到较大的影响。因此，需要有针对性地研究多磁性目标的反演方法，进而得到较为精确的目标空间位置和磁矩矢量。

Hansen[96] 最早提出多源维纳反褶积用于多个磁性目标的二维反演问题，此后，他分别提出了多源欧拉反褶积[97] 以及多源维纳反褶积[98] 用于多个磁性目标的三维反演问题，但该类方法在使用时需要事先知道测量区域中存在的磁性目标的个数，这在现实应用中是较为困难的。另外，遗传算法[99]、高斯-牛顿算法[100]、粒子群算法[101] 等多种优化方法也被应用于多磁性目标的反演问题中，但该类方法对磁性目标参数的初始值要求较高且计算时间较长。另外，Billings 等[102] 和 Zalevsky 等[103] 将连续小波变换引入多个未爆弹的探测中以估计磁性目标的位置和磁矩矢量，Davis 等[104] 将扩展的欧拉反褶积用于多个未爆弹的探测中，并进行了仿真和试验验证，Phillips 等[105] 将 Helbig 方法[106] 引入多个磁性目标的反演中，通过磁性目标的磁化方向与磁分量之间的对应关系估计磁性目标的位置及磁矩矢量。胡超等[107-108] 通过 64 个霍尔磁传感器组成的阵列测得的磁矢量信号实现了体内 3 个磁性胶囊位置和方向的估计。陈俊杰等[109] 将基于欧拉反演的多磁性目标反演方法用于航天器的地面磁试验中，通过估计磁性目标的位置和磁矩参数获得了航天器内部的磁性分布。

上述对多磁性目标反演问题的研究均取得了较好的研究成果，但其大部分是基于磁总场或磁矢量场进行的，较少有学者利用磁梯度张量数据进行多磁性目标的反演研究。而磁梯度张量具有较总场和分量场更高的分辨率，因此若利用磁梯度张量数据进行多磁性目标的反演，可以在一定程度上提高目标的位置及磁性参数估计精度。

1.2.8 磁性目标三维重建方法研究现状

在对某些重要或危险性较强的隐蔽目标进行探测过程中，往往希望对目标进行较为准确的识别。例如，地下未爆弹探测中经常需要知道其引信所在的位置，以方便更准确的销毁；未知隐蔽目标的探测中则希望得到目标的三维形状，以分析目标的类别和存在形式。因此，这就需要通过测得的磁异常数据，对磁性目标的具体形状和磁性参数进行估计，进而实现磁性目标的三维重建。

磁性目标三维重建的核心问题是磁性参数的估计，可通过物性反演和形态反演两种方式实现。目前，磁异常反演相关的研究文献主要集中在地质勘探应用上[110]，在军事上对磁性目标的三维重建研究基本上仍处于起步阶段。

1. 基于物性反演的磁性目标三维重建

物性反演是将观测数据对应的测量面下半空间剖分成规则的多面体模块，然后求解每个剖分模块的磁性值，进而由磁性值的大小勾绘出目标的三维形状。整个反演过程为典型的欠定方程求解问题，由于位场目标等效性、观测数据的离散性及噪声干扰，实际反演中存在较严重的多解性。因此，在物性反演的研究中，国内外研究人员多通过添加先验约束条件和寻找高效求解算法等方式解决欠定方程的多解性问题。物性反演中，基于重力和磁场异常数据的反演方法在原理上是相通的，为此，在下述的研究现状叙述中未对两者作单独说明。

先验信息形式的不同导致了约束条件类型的不同，如物性范围约束、参考模型约束、统计物性信息约束、反演空间约束、稀疏约束等，不同的约束方法会对反演结果产生一定的影响，进而会有一定的场源适用性。例如，Yaoguo Li和Oldenburg[111]对磁化率进行对数转换以实现参数的正约束，并针对反演结果多趋向于待求解空间表面的问题，通过深度加权函数的构建，使得反演结果分布在正确的垂直方向；为使得反演结果集中在最小的范围内，Last和Kubik[112]提出了最小体积约束的聚焦反演方法；为使得反演得到的目标集中到某些特定的约束点或轴线附近，Guillen提出了基于最小转动惯性约束的聚焦反演方法。此后，研究人员对聚焦反演方法进行扩展，提出了多条异常轴线约束的方法[113,114]，并推广应用到磁化率成像[115]、重力梯度反演中[116]。

除了在反演中添加约束以提高目标的反演准确率外，研究人员也注重采用一些新的迭代优化方法，以期望通过改善方程的求解精度来增加反演准确性，常用的方法有高斯法、最小二乘法、共轭梯度法等。其中，共轭梯度法基于矢量运算，沿着由已知点处梯度构造的共轭方向搜索，经过有限次迭代即可实现收敛。例如，Pilkingtion[117]将其用于三维磁化率的反演，节省了反演中大规模线性方程组的计算时间和存储空间；Zhdanov[118]将其用于重力梯度张量数据的反演；Pilkingtion[119]将其用于数据空间的三维磁化率反演；陈闫等[120]将其与聚集反演法相结合用于重力梯度张量数据的反演。尽管该类迭代优化方法具有收敛速度快的特点，但是对初始模型的选择依赖性较大。另外，由于反演目标函数并不是简单的凸函数，导致迭代过程不稳定并可能陷入局部极小值。此外，许多数学优化方法也被引入到物性反演中，包括模拟退火法[121]、遗传算法[122]、蜂群优化算法[123]、布谷鸟优化算法[124]、粒子群优化算法[125]

等，该类算法在应用过程中对初始模型没有依赖性，适用于先验信息较少的情况，但是存在计算量较大的问题[126]。

除了需要考虑约束条件及求解方法的选择问题，实际磁性目标的反演中，反演结果不仅受感应磁化的影响，也受到自身剩磁的影响。在矿产勘探等大尺度目标的反演中，剩磁的不一致性可能使其对反演结果的影响降低[127]，进而部分情况下可忽略剩磁的影响，但是，在小尺度目标的反演中，剩磁作用可能与感磁相当，忽略剩磁的影响可能引起较大的磁性参数估计误差[128]。Shearer[129] 对剩磁影响的分析表明，反演时的磁化方向与真实磁化方向相差超过 15°时，可能产生完全错误的反演结果。因此，剩磁问题的解决与否将直接导致反演的成败，在对磁性目标进行反演时必须认真考虑目标本身存在的强剩磁问题。

强剩磁情况下的磁异常反演研究主要有 3 种方法[128]，第一种是首先估计磁异常目标的磁化方向，然后以此为先验信息进行反演，此类方法对目标的几何形态要求较高，往往只适合于孤立磁异常目标，且要求整个测区内磁化方向一致。第二种方法是直接反演磁化强度矢量，无须对磁化方向进行近似假设，而是将磁化方向也作为未知量进行反演，但算法复杂度较高。第三种方法是利用受磁化方向影响较小的量进行物性反演，虽然该类方法减弱了磁化方向的影响，但是包含在磁异常相位中的磁性目标几何形态信息在磁场数据转换时也被削弱了[127]，进而导致反演得到的目标体的三维形态也存在一定的偏差。通过对比可知，3 种方法均具有各自的优、缺点，针对不同的实际问题，可适当采用不同的方法以解决磁异常反演中存在的强剩磁问题。

2. 基于形态反演的磁性目标三维重建

形态反演（几何反演）首先假设磁性目标的磁性参数已知；然后基于测得的磁异常数据来反演几何体的形状和大小；最后综合所有几何体的三维形态来模拟目标体的三维形状。目前，形态反演方法的研究主要分为两类：一类是直接法，即直接反演几何体的顶点坐标；另一类是间接法，即通过划分网格，利用搜索算法在待反演空间的所有解中寻找最优解。

在直接形态反演方法的研究中，Tuma 等[130] 提出了不受磁性目标磁化方向影响的形态函数，进而通过分步反演实现了二维磁性目标的形态反演，Wildman 和 Gazonas[131] 提出了树结构的几何表示法进行重力和磁异常数据的形态反演，Vanderlei 等[132,133] 提出了极坐标下的几何表示方法用于重力数据的三维形态反演，得到了较好的目标反演结果。

间接形态反演是一种不求解方程的反演方法，可分为随机搜索和体系搜索两种。随机搜索即在整个空间中寻找最优解，在搜索过程中不添加外部约束，搜索时首先将待反演空间划分为多个单元模块，并根据先验信息给定初始磁化强度，在整个搜索过程中每个模块仅存在两种取值状态，即为零或为初始磁化强度，最终依据每个模块的磁化强度大小勾绘出磁性目标的三维形状。目前此种方法在重力反演方面得到了一定的应用。例如，Nagihara 和 Hall[121] 利用模拟退火法估计目标体的三维密度分布情况，Krahenbuhl 和 Li[134] 将模拟退火和遗传算法相结合用于估计盐体的密度分布。在体系搜索方法的研究中，Zidarov 和 Zhelev[135] 提出了气泡方法以得到重力数据反演的最小体积解，Cordell[136] 利用欧拉方程对气泡方法进行改进，Camacho 等[137-138] 提出了迭代增长的方法反演场源的三维密度分布，并将其扩展到特殊及非连续场源的反演中，Kim 等[139] 提出了非矩形网格划分下的形态反演方法用于磁性目标的形态反演。目前，该类方法的研究已经取得了一定的成果，但是尚未有将其用于磁梯度张量数据反演的报道。

第 2 章
磁性目标张量场计算方法

2.1 引　言

　　磁性目标在空间中任意位置产生的磁梯度张量场的准确计算，是开展磁性目标全张量磁梯度探测的基础。若探测系统测量精度已知，可根据磁性目标产生的张量场大小计算该目标的可探测范围；反之，也可根据磁性目标产生的张量场计算在特定探测范围内探测到该目标所需要探测系统的测量精度。总之，在磁性目标全张量梯度探测的整个过程中均离不开目标张量场的正演计算。

　　目前，磁性目标在空间中任意位置产生的总场、分量场及总场梯度的计算方法已经相当丰富，总场、梯度场的测量技术也已经非常成熟。因此，在前人研究的基础上，以理论方法将总场、分量场及总场梯度转换为张量场是现实而有效的方式。为此，本章研究了在频率域由分量场、总场及总场梯度正演张量场的计算方法，并采用正则化因子较好地抑制了高频噪声的放大；另外，本章也给出了磁性目标张量场延拓的改进泰勒级数法，以实现空间中不同测量面张量场的相互转换。

2.2　磁梯度张量的定义

　　磁梯度张量为磁场矢量在 3 个相互正交方向上的变化率，若 $\boldsymbol{B}$ 为磁场矢量，则磁梯度张量 $\boldsymbol{G}$ 可表示为两个矩阵的乘积，即

$$G = \begin{bmatrix} \dfrac{\partial}{\partial x} \\[2mm] \dfrac{\partial}{\partial y} \\[2mm] \dfrac{\partial}{\partial z} \end{bmatrix} \begin{bmatrix} Bx & By & Bz \end{bmatrix} = \begin{bmatrix} B_{xx} & B_{xy} & B_{xz} \\ B_{yx} & B_{yy} & B_{yz} \\ B_{zx} & B_{zy} & B_{zz} \end{bmatrix} = \begin{bmatrix} \dfrac{\partial^2 U}{\partial x^2} & \dfrac{\partial^2 U}{\partial x \partial y} & \dfrac{\partial^2 U}{\partial x \partial z} \\[2mm] \dfrac{\partial^2 U}{\partial y \partial x} & \dfrac{\partial^2 U}{\partial y^2} & \dfrac{\partial^2 U}{\partial y \partial z} \\[2mm] \dfrac{\partial^2 U}{\partial z \partial x} & \dfrac{\partial^2 U}{\partial z \partial y} & \dfrac{\partial^2 U}{\partial z^2} \end{bmatrix} \quad (2\text{-}1)$$

式中：U 为磁标势；Bx、By 和 Bz 为磁矢量；$B_{ij}(i, j = x \text{、} y \text{、} z)$ 为磁梯度张量的分量。

磁异常探测中地磁场及铁磁性目标产生的异常场可看作无源的静磁场，因此，磁感应强度的散度和旋度为零，即

$$\begin{cases} \nabla \cdot \boldsymbol{B} = \dfrac{\partial Bx}{\partial x} + \dfrac{\partial By}{\partial y} + \dfrac{\partial Bz}{\partial z} = 0 \\[3mm] \nabla \times \boldsymbol{B} = 0 \end{cases} \quad (2\text{-}2)$$

由式（2-1）和式（2-2）可知，磁梯度张量矩阵为对称矩阵，其中 9 个元素中仅有 5 个是独立的，即只需要测得其中的 5 个元素就可得到磁梯度张量矩阵 G。

通过特征值分析可将 G 对角化，定义其特征值为 λ_1、λ_2 和 λ_3，则 G 的特征方程为

$$\lambda^3 - I_0 \lambda^2 + I_1 \lambda - I_2 = 0 \quad (2\text{-}3)$$

式中：I_0、I_1 和 I_2 不随坐标系的旋转而变化，与特征值和张量缩并 C_T 一起称为磁梯度张量的旋转不变量，具有不随坐标系旋转而变化的特性：

$$\begin{cases} I_0 = B_{xx} + B_{yy} + B_{zz} = 0 \\ I_1 = B_{xx}B_{yy} + B_{yy}B_{zz} + B_{xx}B_{zz} - B_{xy}^2 - B_{yz}^2 - B_{xz}^2 = \lambda_1\lambda_2 + \lambda_2\lambda_3 + \lambda_1\lambda_3 \\ I_2 = B_{xx}(B_{yy}B_{zz} - B_{yz}^2) + B_{xy}(B_{yz}B_{xz} - B_{xy}B_{zz}) + B_{xz}(B_{xy}B_{yz} - B_{xz}B_{yy}) = \lambda_1\lambda_2\lambda_3 \\ C_T = \sqrt{B_{xx}^2 + B_{yy}^2 + B_{zz}^2 + 2 \cdot B_{xy}^2 + 2 \cdot B_{yz}^2 + 2 \cdot B_{xz}^2} \end{cases}$$
$$(2\text{-}4)$$

令 $C = (I_2/2 + \sqrt{(I_2^2/4 + I_1^3/27)})^{1/3}$、$D = (I_2/2 - \sqrt{(I_2^2/4 + I_1^3/27)})^{1/3}$，则磁梯度张量矩阵的 3 个特征值为

$$\begin{cases} \lambda_1 = -\dfrac{C+D}{2} + \dfrac{C-D}{2}\sqrt{-3} \\[3mm] \lambda_2 = C + D \\[3mm] \lambda_3 = -\dfrac{C+D}{2} - \dfrac{C-D}{2}\sqrt{-3} \end{cases} \quad (2\text{-}5)$$

对式（2-1）进行二维傅里叶变换，可得

$$F[\boldsymbol{G}] = \begin{bmatrix} i \cdot k_x \cdot b_x(k_x,k_y,z) & i \cdot k_x \cdot b_y(k_x,k_y,z) & i \cdot k_x \cdot b_z(k_x,k_y,z) \\ i \cdot k_y \cdot b_x(k_x,k_y,z) & i \cdot k_y \cdot b_y(k_x,k_y,z) & i \cdot k_y \cdot b_z(k_x,k_y,z) \\ k \cdot b_x(k_x,k_y,z) & k \cdot b_y(k_x,k_y,z) & k \cdot b_z(k_x,k_y,z) \end{bmatrix}$$

$$(2\text{-}6)$$

式中：$F[\cdot]$ 为进行傅里叶变换；$k = \sqrt{k_x^2 + k_y^2}$，k_x 和 k_y 分别为 x 和 y 方向上的空间分辨率。$b_x(k_x,\ k_y,\ z)$、$b_y(k_x,\ k_y,\ z)$ 和 $b_z(k_x,\ k_y,\ z)$ 分别为标量 Bx、By 和 Bz 的傅里叶变换。

张量各分量在频率域的相互关系为

$$\begin{cases} F(B_{xx}) = i\dfrac{k_x}{k}F(B_{xz}) = -\dfrac{k_x \cdot k_x}{k^2}F(B_{zz}) \\[2ex] F(B_{xy}) = i\dfrac{k_x}{k}F(B_{yz}) = i\dfrac{k_y}{k}F(B_{xz}) = -\dfrac{k_x \cdot k_y}{k^2}F(B_{zz}) \\[2ex] F(B_{yy}) = i\dfrac{k_y}{k}F(B_{yz}) = -\dfrac{k_y \cdot k_y}{k^2}F(B_{zz}) \\[2ex] F(B_{xz}) = i\dfrac{k_x}{k}F(B_{zz}) = -i\dfrac{k_x}{k}F(B_{xx}) - i\dfrac{k_y}{k}F(B_{xy}) \\[2ex] F(B_{yz}) = i\dfrac{k_y}{k}F(B_{zz}) = -i\dfrac{k_x}{k}F(B_{xy}) - i\dfrac{k_y}{k}F(B_{yy}) \\[2ex] F(B_{zz}) = -i\dfrac{k_x}{k}F(B_{xz}) - i\dfrac{k_y}{k}F(B_{yz}) \end{cases} \qquad (2\text{-}7)$$

磁梯度张量矩阵 $\boldsymbol{G}$ 是在磁矢量一阶偏导的基础上得到的，又称为一阶磁梯度张量矩阵，在本书中，无特殊情况下，磁梯度张量矩阵即指式（2-1）中的 $\boldsymbol{G}$。通过求解磁矢量在不同方向上的高阶偏导数，即可得到高阶的磁梯度张量，其具有较一阶磁梯度张量更高的场源分辨能力。以二阶磁梯度张量为例，其共有 27 个分量，即

$$\begin{pmatrix} B_{xxx} & B_{xyx} & B_{xzx} & B_{xxy} & B_{xyy} & B_{xzy} & B_{xxz} & B_{xyz} & B_{xzz} \\ B_{yxx} & B_{yyx} & B_{yzx} & B_{yxy} & B_{yyy} & B_{yzy} & B_{yxz} & B_{yyz} & B_{yzz} \\ B_{zxx} & B_{zyx} & B_{zzx} & B_{zxy} & B_{zyy} & B_{zzy} & B_{zxz} & B_{zyz} & B_{zzz} \end{pmatrix} \qquad (2\text{-}8)$$

在无源静磁场中，上述 27 个分量仅有 7 个独立分量，可分别表示为 B_{xxx}、B_{xyx}、B_{xzx}、B_{yyx}、B_{yyy}、B_{zzy} 和 B_{xyz}，其余分量均可由这 7 个分量计算得到。

2.3 磁性目标张量场间接计算方法

磁性目标在空间中产生的总场、分量场及总场梯度的正演计算方法已经非常成熟，因此，可考虑在现有正演理论的基础上，研究磁性目标张量场的间接计算方法，即利用已有的总场、分量场及总场梯度数据计算张量场。

2.3.1 分量场及总场计算张量场的频率域方法

假设 ΔV 为异常场的磁势，在无源静磁场中，由拉普拉斯方程可得

$$\nabla^2(\Delta V) = 0 \tag{2-9}$$

假设 ΔT 为磁异常场的总强度矢量，则

$$\Delta T = -\frac{\partial(\Delta V)}{\partial t} \tag{2-10}$$

式中：t 为未受到异常场干扰的地磁场方向的单位矢量。

在笛卡儿坐标系下，有

$$\frac{\partial}{\partial t} = \alpha \cdot \frac{\partial}{\partial x} + \beta \cdot \frac{\partial}{\partial y} + \gamma \cdot \frac{\partial}{\partial z} \tag{2-11}$$

式中：α、β、γ 分别为正常地磁场方向与 x、y、z 方向夹角的方向余弦。

因此，磁场矢量即为磁势沿着 3 个相互正交方向的负导数，即

$$\begin{cases} Bx = -\dfrac{\partial(\Delta V)}{\partial x} \\[2mm] By = -\dfrac{\partial(\Delta V)}{\partial y} \\[2mm] Bz = -\dfrac{\partial(\Delta V)}{\partial z} \end{cases} \tag{2-12}$$

对式（2-10）等式两边求偏导并与式（2-12）联合可得

$$\begin{cases} \dfrac{\partial(\Delta T)}{\partial x} = \dfrac{\partial(Bx)}{\partial t} \\[2mm] \dfrac{\partial(\Delta T)}{\partial y} = \dfrac{\partial(By)}{\partial t} \\[2mm] \dfrac{\partial(\Delta T)}{\partial z} = \dfrac{\partial(Bz)}{\partial t} \end{cases} \tag{2-13}$$

对式（2-13）等式两边同时进行二维傅里叶变换，并由时域微分定理可得磁异常总场与分量场的频率域关系为

$$\begin{cases} b_x(k_x,k_y,z)=\dfrac{i\cdot k_x}{i\cdot(\alpha\cdot k_x+\beta\cdot k_y)+\gamma\cdot k}b_T(k_x,k_y,z) \\[3mm] b_y(k_x,k_y,z)=\dfrac{i\cdot k_y}{i\cdot(\alpha\cdot k_x+\beta\cdot k_y)+\gamma\cdot k}b_T(k_x,k_y,z) \\[3mm] b_z(k_x,k_y,z)=\dfrac{k}{i\cdot(\alpha\cdot k_x+\beta\cdot k_y)+\gamma\cdot k}b_T(k_x,k_y,z) \end{cases} \quad (2\text{-}14)$$

式中：$b_T(k_x,\ k_y,\ z)$ 为标量 ΔT 的傅里叶变换。

由式（2-6）和式（2-14）可得垂向分量场计算张量场的频率域公式为

$$F[\boldsymbol{G}]=\begin{bmatrix} -\dfrac{k_x^2}{k} & -\dfrac{k_xk_y}{k} & i\cdot k_x \\[3mm] -\dfrac{k_xk_y}{k} & -\dfrac{k_y^2}{k} & i\cdot k_y \\[3mm] i\cdot k_x & i\cdot k_y & k \end{bmatrix}b_z(k_x,k_y,z) \quad (2\text{-}15)$$

由式（2-14）和式（2-15）可得总场计算张量场的频率域公式为

$$F[\boldsymbol{G}]=\dfrac{k}{i\cdot(\alpha\cdot k_x+\beta\cdot k_y)+\gamma\cdot k}\begin{bmatrix} -\dfrac{k_x^2}{k} & -\dfrac{k_xk_y}{k} & i\cdot k_x \\[3mm] -\dfrac{k_xk_y}{k} & -\dfrac{k_y^2}{k} & i\cdot k_y \\[3mm] i\cdot k_x & i\cdot k_y & k \end{bmatrix}b_T(k_x,k_y,z)$$

$$(2\text{-}16)$$

上述频率域计算公式在理论上实现了张量场的间接正演计算。但由于实际计算时分量场及总场中常含有一定比例的噪声信号，因此需要分析转换过程中转换因子的频率特性，以确定频率域计算过程中是否降低了信噪比，影响了正演精度。

由式（2-15）可知，分量场计算磁梯度张量场的频率转换因子（Vertical Vector Transform Operator，VVTO）具有高通滤波特性，且其对高频成分具有较强的放大作用。而总场计算张量的频率转换因子（Total Field Transform Operator，TFTO）在 VVTO 的基础上又添加了一项乘积因子 $Am(k_x,\ k_y,\ z)=k/(i\cdot(\alpha\cdot k_x+\beta\cdot k_y)+\gamma\cdot k)$，且其幅频特性可表示为

$$\begin{aligned} |Am(k_x,k_y,z)| &= \sqrt{\dfrac{(\gamma\cdot k\cdot k)^2+((\alpha\cdot k_x+\beta\cdot k_y)\cdot k)^2}{((\alpha\cdot k_x+\beta\cdot k_y)^2+(\gamma\cdot k)^2)^2}} \\[3mm] &= \sqrt{\dfrac{k^2}{(\alpha\cdot k_x+\beta\cdot k_y)^2+(\gamma\cdot k)^2}} \end{aligned}$$

$$\geqslant \sqrt{\dfrac{k_x^2+k_y^2}{(\alpha^2+\gamma^2)\cdot k_x^2+(\beta^2+\gamma^2)\cdot k_y^2+\beta^2\cdot k_x^2+\alpha^2\cdot k_y^2}}=1 \qquad (2-17)$$

由式（2-17）可知，在频率域利用总场计算张量场时，TFTO 在 VVTO 的基础上对高频成分又进行了放大，即由总场计算张量场时对原有数据中高频噪声的放大作用要高于由分量场计算张量场时的放大作用。而由于总场或分量场转换到张量场后，有用信号急剧下降，这就导致了计算得到的张量场的信噪比急剧下降，影响了张量场的计算精度。以磁倾角和磁偏角均为 45°为例，总场转换为张量场过程中转换因子的频率特性曲线如图 2-1 所示，该仿真验证了上

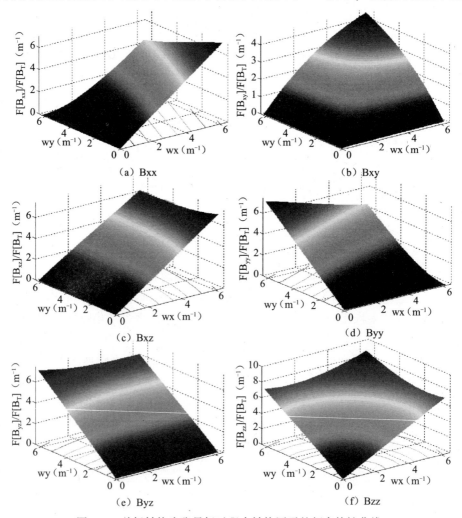

（a）Bxx   （b）Bxy

（c）Bxz   （d）Byy

（e）Byz   （f）Bzz

图 2-1　总场转换为张量场过程中转换因子的频率特性曲线

述的理论分析，结果表明总场计算张量场的频率域转换因子具有较高的噪声放大作用，将导致计算得到的张量场具有较低的信噪比，使得计算结果无法用于实际数据解释中。

为了得到较为稳健的计算结果，本书对计算过程进行正则化处理，加入正则化参数后的分量场转换张量场的计算公式为

$$
F[\boldsymbol{G}] = \begin{bmatrix} -\dfrac{k_x^2/k}{1+\zeta_{xx}\cdot(k_x^2/k)^2} & -\dfrac{k_x\cdot k_y/k}{1+\zeta_{xy}\cdot(k_x\cdot k_y/k)^2} & \dfrac{i\cdot k_x}{1+\zeta_{xz}\cdot k_x^2} \\[3mm] -\dfrac{k_x\cdot k_y/k}{1+\zeta_{yx}\cdot(k_x\cdot k_y/k)^2} & -\dfrac{k_y^2/k}{1+\zeta_{yy}\cdot(k_y^2/k)^2} & \dfrac{i\cdot k_y}{1+\zeta_{yz}\cdot k_y^2} \\[3mm] \dfrac{i\cdot k_x}{1+\zeta_{zx}\cdot k_x^2} & \dfrac{i\cdot k_y}{1+\zeta_{zy}\cdot k_y^2} & \dfrac{k}{1+\zeta_{zz}\cdot k^2} \end{bmatrix} \cdot b_z(k_x,k_y,z)
$$

$$(2-18)$$

式中：$\zeta_{ij}(i、j=x、y、z)$ 为正则化参数，由线性系统理论可知，该计算过程的各个转换因子在频率域均呈现带通滤波器的特性，高频噪声成分在该转换过程中得到了较好的抑制。以磁倾角和磁偏角均为 45°、$\zeta_{ij}=0.5$ 为例，则式（2-18）所示频率域转换因子的频率特性曲线如图 2-2 所示，由图可知，该转换过程较好地抑制了数据中存在的高频噪声。

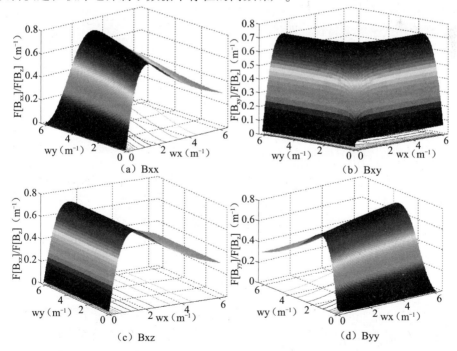

（a）Bxx　　　　　　　　　　（b）Bxy

（c）Bzz　　　　　　　　　　（d）Byy

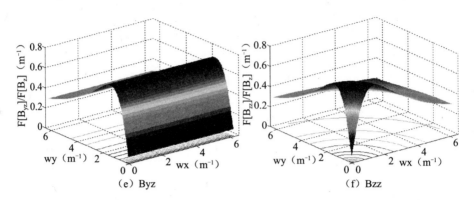

图2-2 频率域正则化方法由垂向分量场计算张量场过程中转换因子的频率特性曲线

同样，总场计算张量场中的乘积因子 $Am(k_x, k_y, z)$ 加入正则化参数后可表示为

$$Am_r(k_x,k_y,z)=\frac{Am(k_x,k_y,z)}{1+\zeta \cdot k^2 \cdot |Am(k_x,k_y,z)|^2} \tag{2-19}$$

式中：ζ 为正则化参数，由线性系统理论可知，该乘积因子在频率域呈现低通滤波器的特性，其幅频谱 $|Am_r(k_x, k_y, z)|$ 除在频域较低的部分略大于1外，其余部分均小于1，而且随着频率的增大其幅值急速下降，可以较好地抑制总场中存在的高频噪声。同样，以磁倾角和磁偏角均为45°、$\zeta=0.5$ 为例，正则化后的乘积因子频率特性如图2-3所示。

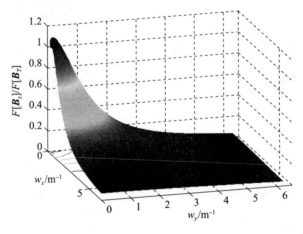

图2-3 正则化后的乘积因子的频率特性曲线

式（2-18）和式（2-19）中包含的正则化参数直接决定了张量场计算中转换因子对高频噪声的滤波特性，选择过大或过小均会导致计算的张量场信噪

比偏低，因此，需要选择合适的优化算法寻找最优的正则化参数，以得到较为准确的张量场计算结果，本书采用 L 曲线法寻找最优的正则化参数。值得注意的是，在实际利用磁性目标的分量场及总场计算张量场时，应根据测量数据中含有的噪声大小视情况选择是否采用正则化方法。

2.3.2　总场梯度计算张量场的频率域方法

在磁性目标的探测中，磁总场梯度受日变及背景地磁场的影响较小且主要反映了磁性目标产生的异常场情况，另外，总场梯度的测量技术也较为成熟，因此，这里给出由总场梯度计算张量场的频率域公式。

由式（2-10）、式（2-11）和式（2-12）可得磁异常总场标量为

$$\Delta T = Bx \cdot \alpha + By \cdot \beta + Bz \cdot \gamma \tag{2-20}$$

则笛卡儿坐标系 3 个正交方向上的总场梯度为

$$\begin{cases} \Delta T_x = \dfrac{\partial(\Delta T)}{\partial x} = \dfrac{\partial(Bx)}{\partial x}\alpha + \dfrac{\partial(By)}{\partial x}\beta + \dfrac{\partial(Bz)}{\partial x}\gamma = B_{xx}\alpha + B_{yx}\beta + B_{zx}\gamma \\[2mm] \Delta T_y = \dfrac{\partial(\Delta T)}{\partial y} = \dfrac{\partial(Bx)}{\partial y}\alpha + \dfrac{\partial(By)}{\partial y}\beta + \dfrac{\partial(Bz)}{\partial y}\gamma = B_{xy}\alpha + B_{yy}\beta + B_{zy}\gamma \\[2mm] \Delta T_z = \dfrac{\partial(\Delta T)}{\partial z} = \dfrac{\partial(Bx)}{\partial z}\alpha + \dfrac{\partial(By)}{\partial z}\beta + \dfrac{\partial(Bz)}{\partial z}\gamma = B_{xz}\alpha + B_{yz}\beta + B_{zz}\gamma \end{cases} \tag{2-21}$$

对式（2-21）等号两边进行二维傅里叶变换，并根据式（2-7）所示的张量各分量在频率域的相互关系，可得

$$\begin{cases} F(\Delta T_x) = \left(-\dfrac{k_x k_x}{k^2}\alpha - \dfrac{k_x k_y}{k^2}\beta + i\dfrac{k_x}{k}\gamma \right) \cdot F(B_{zz}) \\[3mm] F(\Delta T_y) = \left(-\dfrac{k_x k_y}{k^2}\alpha - \dfrac{k_y k_y}{k^2}\beta + i\dfrac{k_y}{k}\gamma \right) \cdot F(B_{zz}) \\[3mm] F(\Delta T_z) = \left(i\dfrac{k_x}{k}\alpha + i\dfrac{k_y}{k}\beta + \gamma \right) \cdot F(B_{zz}) \end{cases} \tag{2-22}$$

结合式（2-22）及式（2-7）即可由任意总场梯度数据求解磁梯度张量，而且该求解过程中也需要根据测量数据中噪声的大小，选择是否采用频率域正则化方法进行求解，正则化公式可参考式（2-18）和式（2-19）。

2.3.3　仿真分析

由于总场计算张量场的公式是在垂向分量场计算张量场的公式基础上推导的，因此，以总场计算张量场为例进行仿真试验。假设存在图 2-4 所示的两个长方体形状的磁性目标，其中心坐标分别为［20m，20m，20m］和［-20m，

−20m，20m]，边长分别为［20m，30m，20m］和［30m，20m，20m］，磁化
强度模量为 40A/m，磁倾角和磁偏角分别为 35°和 18°，令采样间隔为 0.5m，
建立 x 正方向朝北、y 正方向朝东、z 正方向朝下的右手坐标系，计算磁性目
标在 $z=0$ 平面内产生的磁梯度张量场，假设其在测量面内的总场已由解析公
式[140] 求解得到，为了仿真更为真实的情况，在总场数据中加入幅值为总场
最大值 1.5% 的高斯白噪声，如图 2-4 所示。值得说明的是，本书所有仿真中
的磁倾角、磁偏角、磁化强度等参数为随意取值，也可选择其他值进行仿真以
验证本书所提方法的正确性。

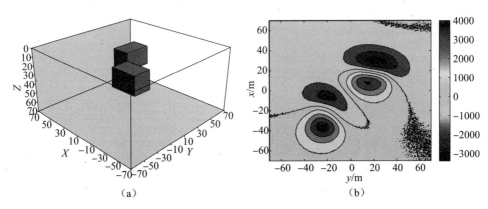

图 2-4　磁性目标空间位置示意图及加入高斯白噪声的总场数据（单位：nT）

利用解析公式计算的理论张量场如图 2-5 所示，利用式（2-16）所示的

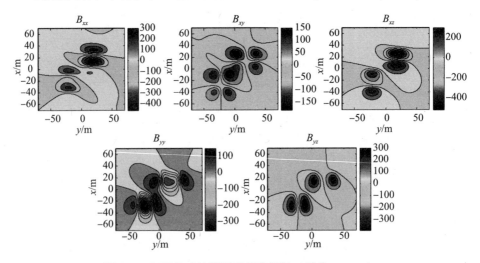

图 2-5　解析公式计算得到的张量场（单位：nT/m）

频率域方法计算得到的张量场如图 2-6 所示，对比图 2-5 和图 2-6 可知，传统频率域方法计算得到的张量场能大致反映真实磁异常的轮廓，但由于该方法计算过程中对噪声信号的放大作用，导致得到的张量信号具有较低的信噪比，严重影响了后续的数据解释及目标探测工作。值得说明的是，由于张量分量的 9 个元素可由 5 个独立的分量表示，因此，本章在作图时仅给出了张量的 5 个独立分量。

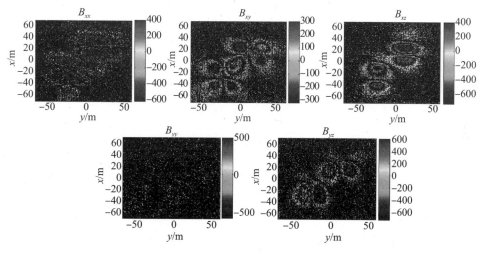

图 2-6 传统频率域计算方法得到的张量场（单位：nT/m）

由频率域正则化方法计算得到的张量场如图 2-7 所示，其与理论值的对比如图 2-8 所示。由计算结果可知，该方法较为准确地得到了磁性目标产生的张

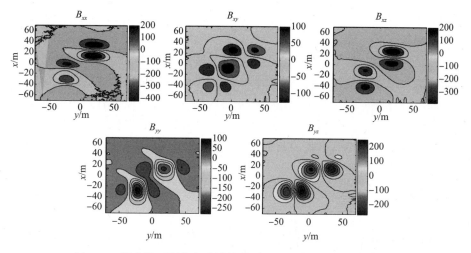

图 2-7 频率域正则化方法计算得到的张量场（单位：nT/m）

量信号，并在一定程度上有效地抑制了信号中存在的噪声成分，相比于传统频率域计算方法，其信噪比明显增强且等高线与理论值的等高线具有较好的契合度，仿真试验也验证了频率域正则化方法计算磁梯度张量场的可行性，为磁性目标的全张量梯度探测奠定了理论计算基础。

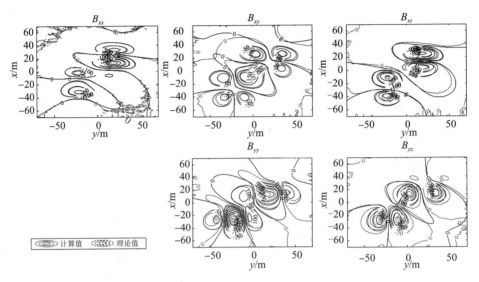

图2-8　正则化方法得到的张量数据与理论张量数据的对比等高线图（单位：nT/m）

2.4　磁性目标张量场延拓方法

上述由总场、分量场及总场梯度正演张量场的计算方法，得到的数据均为原计算或测量平面的张量场，而实际磁性目标探测中，根据探测需求的不同、探测系统安全航行的需要以及探测区域的实际情况，往往需要得到不同测量高度的磁场数据用于估计磁性目标的位置、大小和磁矩信息，这就牵涉张量场的延拓问题。在此，若已知某测量面的张量数据，可以直接进行延拓；若事先仅知道总场及总场梯度数据，可以先对总场及总场梯度数据进行延拓后再进行位场转换，或者在位场转换后直接对张量场数据进行延拓，进而得到磁性目标在空间不同测量面的张量数据。

2.4.1　理论推导

张量场延拓包括向上和向下延拓，若测量面 $\boldsymbol{\Gamma}_A$ 和测量面 $\boldsymbol{\Gamma}_B$（图2-9）之间为无源空间，$\boldsymbol{u}_A = u(x, y, h)$ 表示测量面 $\boldsymbol{\Gamma}_A$ 上的位场数据，其在频率域的

表达式为 $U(k_x,\ k_y,\ h)=F(u(x,\ y,\ h)\ )$，则测量面 $\boldsymbol{\Gamma}_B$ 上的位场数据可由下式得到

$$u(x,y,0)=F^{-1}\left[\mathrm{e}^{-\sqrt{k_x^2+k_y^2}\,h}U(k_x,k_y,h)\right] \qquad (2\text{-}23)$$

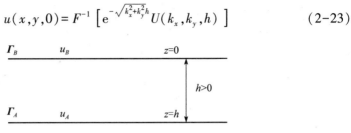

图 2-9　位场延拓理论示意图

式中：F^{-1} 为傅里叶逆变换。

式（2-23）即为位场延拓公式，当 $h>0$ 时，为向上延拓；当 $h<0$ 时，为向下延拓。

位场向下延拓为不适定问题，存在较大的计算波动性，且随着延拓距离的增大，整个延拓过程会对数据中的高频噪声产生显著放大，进而使得有效信号被噪声信号淹没。因此，为了实现位场稳定地向下延拓，研究人员提出了多种不同的方法，可分为空间域和频率域两种，又可细分为迭代法、泰勒级数法、正则化法、样条函数法、高斯-牛顿法、共轭梯度法、相关系数法等。

Evjen[141] 于 20 世纪 30 年代提出了向下延拓的泰勒级数法，并证明了该方法的实用性。若位于 z_0 测量面的位场 $f(x,\ y,\ z_0)$ 已知，则基于泰勒级数的向下延拓公式为

$$f(x,y,z)=f(x,y,z_0)+\left[\frac{\partial f}{\partial z}\right]_{z_0}(z-z_0)+\cdots+\frac{1}{m!}\left[\frac{\partial^m f}{\partial z^m}\right]_{z_0}(z-z_0)^m+\cdots \quad (2\text{-}24)$$

式中：$\partial^m f/\partial z^m$ 为对位场 $f(x,\ y,\ z_0)$ 求 m 阶垂向导数。

由式（2-24）可知，该延拓方法的核心问题即为位场垂向导数的计算，且其计算的精度将直接影响位场延拓的精度。常用的垂向导数频率域计算公式为

$$\mathrm{FT}\left[\frac{\partial^n f}{\partial z^n}\right]=k^n\cdot\mathrm{FT}[f] \quad n=1,2,\cdots,m \qquad (2\text{-}25)$$

式中：$k=\sqrt{k_x^2+k_y^2}$ 为垂向导数算子，k_x 和 k_y 分别为位场在 x 和 y 方向上的空间分辨率。

分析式（2-25）可知，当测量面上的张量数据存在噪声时，由于垂向导数算子 k 的放大作用，导致计算得到的垂向导数非常不稳定，进而使其计算结果不能直接代入式（2-24）进行位场数据的向下延拓。因此，为了得到较为

稳定的向下延拓结果，本书提出了正则化垂向导数求解方法（Regularized Vertical Derivative，RVD），以降低垂向导数因子对位场中噪声的放大效果，改进后的垂向导数频率域计算公式为

$$\mathrm{FT}\left[\frac{\partial^n f}{\partial z^n}\right] = \frac{k^n}{1+\alpha \cdot k^{2n}} \cdot \mathrm{FT}[f] \tag{2-26}$$

式中：α 为正则化参数，用于平衡计算结果的不稳定性及光滑性，其参数选择的优劣直接决定垂向导数的求解精度。本书采用 L 曲线法寻找最优的正则化参数进而实现张量场数据的向下延拓。

2.4.2　仿真分析

假设空间内存在两个水平圆柱体（图 2-10），其中心深度分别为 18m 和 20m，半径均为 4m，在 y 方向的长度分别为 30m 和 20m，外部磁场磁倾角为 60°，磁偏角为 40°，总磁化强度模量为 16A/m。令水平方向上的采样间隔为 1m，则其在 $z=0$m、5m、10m 平面内产生的张量场如图 2-11 至图 2-13 所示。

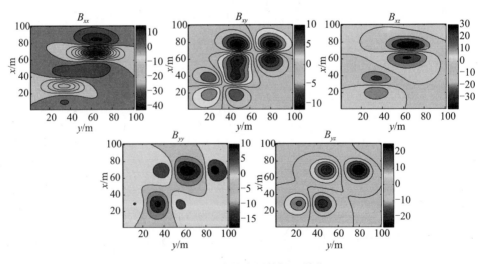

图 2-10　磁性目标及其空间位置

图 2-11　$z=0$ 测量面内的张量数据（单位：nT/m）

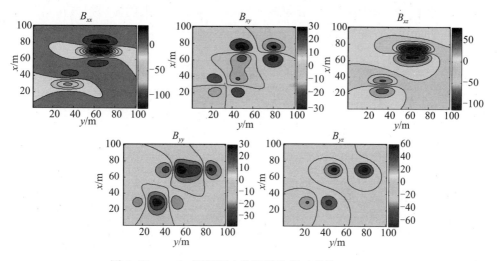

图 2-12　$z=5$m 测量面内的张量数据（单位：nT/m）

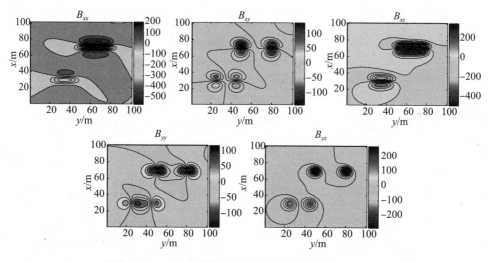

图 2-13　$z=10$m 测量面内的张量数据（单位：nT/m）

　　为了得到稳定的向下延拓结果，Fedi 和 Florio[142] 提出了 ISVD 方法求解垂向导数，另外，Tao Ma[143] 也提出了频率域向下延拓的一步迭代法（One-Step method），为了对比所提延拓方法的精度，本书同时给出 ISVD 和 One-Step 方法的延拓结果。

　　为了仿真更为真实的情况，首先在 $z=0$ 测量面内的张量各分量中均加入幅值为其最大值 2.5% 的高斯白噪声；然后利用不同方法进行向下延拓，其中 B_{xy} 和 B_{yy} 分量向下延拓 5m 和 10m 的结果如图 2-14 至图 2-17 所示。将延拓结果与图 2-12 及图 2-13 所示的理论值对比可知，利用位场延拓方法可以实现不同测量面张量场数据的转换，其转换结果具有较高的可信度。

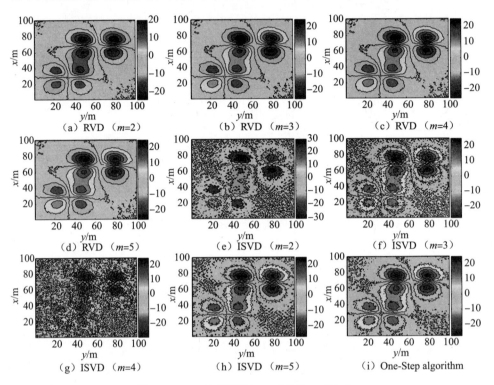

图 2-14　B_{xy} 向下延拓 5m（单位：nT/m）

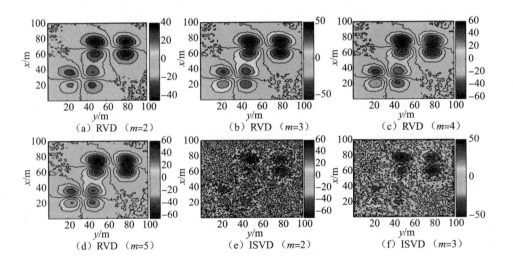

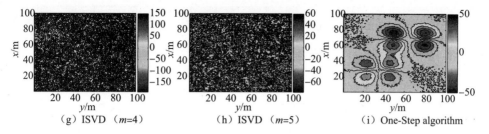

（g）ISVD（$m=4$）　　　　（h）ISVD（$m=5$）　　　　（i）One-Step algorithm

图 2-15　B_{xy} 向下延拓 10m（单位：nT/m）

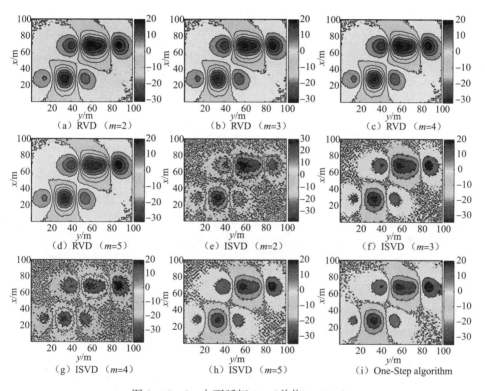

（a）RVD（$m=2$）　　　　（b）RVD（$m=3$）　　　　（c）RVD（$m=4$）

（d）RVD（$m=5$）　　　　（e）ISVD（$m=2$）　　　　（f）ISVD（$m=3$）

（g）ISVD（$m=4$）　　　　（h）ISVD（$m=5$）　　　　（i）One-Step algorithm

图 2-16　B_{yy} 向下延拓 5m（单位：nT/m）

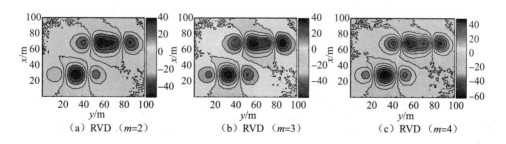

（a）RVD（$m=2$）　　　　（b）RVD（$m=3$）　　　　（c）RVD（$m=4$）

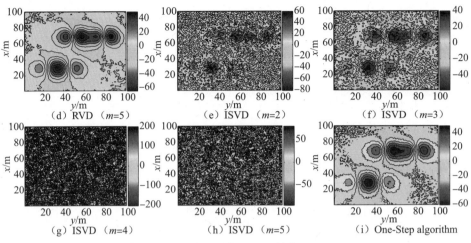

图 2-17　B_{yy} 向下延拓 10m（单位：nT/m）

由图 2-14～图 2-17 可知，ISVD 方法得到的延拓结果具有较大的高频扰动，这是由于尽管 ISVD 方法通过垂向积分在一定程度上进行了低频滤波，使得计算得到的奇数次的垂向导数较为平稳，但是，该方法在时域空间中计算得到的偶数次的垂向导数并没有进行滤波处理，即随着偶数阶垂向导数阶次的增加，信号中有用信号快速减弱，而其中包含的高频噪声幅值却未减弱，且随着延拓距离的增加，受分数因子 $(z-z_0)^m/m!$ 的影响，偶数阶垂向导数的信噪比急速降低，进而导致延拓结果出现较大的高频扰动。相比而言，RVD 方法得到的延拓结果的等值线均较为光滑，这是由于 RVD 方法在计算各阶垂向导数时都采用了正则化方法，通过寻找最优正则化参数构建垂向导数计算因子，相当于每次计算时都引入了一个低通滤波器，更好地抑制了延拓过程中高频噪声的放大，进而得到信噪比更高的延拓结果。不同延拓方法得到的延拓结果 RMSE 对比见表 2-1。

表 2-1　不同延拓方法得到的延拓结果的 RMSE 对比

延拓距离	方法	B_{xx}				B_{xy}				B_{xz}	
		$m=2$	$m=3$	$m=4$	$m=5$	$m=2$	$m=3$	$m=4$	$m=5$	$m=2$	$m=3$
2m	RVD	0.606	0.563	0.558	0.557	0.329	0.318	0.317	0.317	0.920	0.883
	ISVD	0.999	0.9	0.785	0.803	0.715	0.629	0.539	0.553	1.901	1.678
	One-Step	1.292				0.909					
5m	RVD	3.895	3.04	2.787	2.721	1.484	1.272	1.212	1.197	4.844	4.097
	ISVD	4.877	4.634	5.838	4.748	3.075	1.981	2.936	1.701	8.374	6.045
	One-Step	3.717				1.980					

续表

延拓距离	方法	B_{xx}				B_{xy}				B_{xz}	
		m=2	m=3	m=4	m=5	m=2	m=3	m=4	m=5	m=2	m=3
10m	RVD	45.47	39.48	35.94	34.10	12.12	10.63	9.76	9.31	48.89	43.81
	ISVD	44.44	52.03	105.67	60.01	14.65	13.24	65.76	22.82	51.49	54.47
	One-Step		46.53				68.36				
14m	RVD	372.8	363.6	355.6	349.6	71.20	68.61	66.44	64.81	381.3	373.6
	ISVD	369.3	386.2	541.1	397.1	71.62	74.96	265.01	105.47	378.6	394.4
	One-Step		377.4				389.59				

延拓距离	方法	B_{xz}		B_{yy}				B_{yz}			
		m=4	m=5	m=2	m=3	m=4	m=5	m=2	m=3	m=4	m=5
2m	RVD	0.879	0.878	0.326	0.315	0.314	0.313	0.582	0.569	0.567	0.567
	ISVD	1.442	1.479	0.711	0.625	0.534	0.548	1.528	1.337	1.141	1.172
	One-Step	2.315		0.961				1.859			
5m	RVD	3.887	3.836	1.463	1.244	1.191	1.178	2.238	1.926	1.844	1.826
	ISVD	8.560	5.595	3.056	1.958	2.922	1.673	6.462	3.838	6.044	3.104
	One-Step	4.295		1.434				2.356			
10m	RVD	40.95	39.55	11.90	10.39	9.64	9.26	17.32	15.03	13.74	13.11
	ISVD	181.65	74.18	14.46	13.08	65.87	22.77	26.69	20.05	140.2	43.95
	One-Step	47.90		11.18				15.96			
14m	RVD	367.4	363.2	70.06	67.45	65.62	64.25	100.27	96.25	92.91	90.5
	ISVD	791.8	439.0	70.34	74.17	365.80	103.99	105.54	108.7	555.0	194.0
	One-Step	384.2		70.64				100.68			

为了定量分析不同延拓方法的延拓精度以及泰勒级数延拓法中截断参数的影响，计算延拓结果与理论值之间的均方根误差（Root Mean Square Error，RMSE），计算公式为

$$\rho = \sqrt{\frac{\left(\sum_{i=1}^{N_x} \sum_{j=1}^{N_y} (\hat{B}_m(i,j) - B_m(i,j))^2 \right)}{(N_x \cdot N_y)}} \qquad (2\text{-}27)$$

式中：N_x 和 N_y 为 x 和 y 方向的采样点数；$\hat{B}_m(i,j)$ 为延拓计算值；$B_m(i,j)$ 为理论值。

由表 2-1 可知，随着延拓距离的增加，3 种方法的 RMSE 均快速增大。因此在实际应用中，张量场的延拓距离要选择适当，延拓结果的准确度与延拓距离成反比。RVD 方法中 RMSE 随着截断参数 m 的增大而下降，而且随着 m 的增大 RMSE 的下降速度逐渐减小，但 ISVD 方法并不存在这个规律，这也验证了上述对 ISVD 方法计算的偶数阶垂向导数并未进行滤波这一分析的正确性。

另外，相同延拓距离和相同截断参数时，RVD 方法的 RMSE 小于 ISVD 方法，表明 RVD 方法计算垂向导数的精度要高于 ISVD 方法。与 One-Step 方法的比较可知，RVD 方法的延拓精度受泰勒级数截断的影响较小，在实际应用中，m 的选择不需要复杂的寻优过程。

2.5 磁梯度张量的正演计算

磁法测量的主要目的是利用获得的实测数据对待测磁性体的几何参数和磁性参数进行确定。其中利用数学的方法求解磁性体的磁场分布情况为磁测数据的正演问题。正演问题是解释磁测数据的基础，更是正确认识问题、深化研究的重要支撑。特别是对磁性体的三维姿态反演，必须建立在正演表达式基础上才能进行，因此正演问题是对磁异常进行解释的基础性工作。

2.5.1 长方体正演计算

建立笛卡儿坐标系，定义 x 指向北，y 指向东，z 方向垂直向下。定义 D_0 为背景磁场的磁偏角，I_0 为磁倾角，定义 l_0、m_0、n_0 分别为地磁场的方向余弦，分别为

$$\begin{cases} l_0 = \cos I_0 \cos D_0 \\ m_0 = \cos I_0 \sin D_0 \\ n_0 = \sin I_0 \end{cases} \tag{2-28}$$

设直立长方体沿 x、y、z 方向的长度分别为 a、b、c，长方体中心坐标为 (x_0, y_0, z_0)。M 为磁性体磁化强度，坐标 $P(x, y, z)$ 为地面观测点，长方体的空间分布如图 2-18 所示。

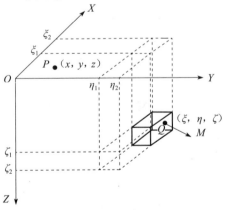

图 2-18　长方体空间分布

长方体磁异常三分量正演公式如下：

$$B_x = \frac{u_0 M}{4\pi} \left\{ \begin{array}{l} -l \cdot \arctan \dfrac{(\xi-x)(\eta-y)}{(\xi-x)^2+r(\zeta-z)+(\zeta-z)^2} \\ +m \cdot \ln[r+(\zeta-z)]+n \cdot \ln[r+(\eta-y)] \end{array} \right\} \left| \begin{array}{c} x_0+\frac{a}{2} \\ x_0-\frac{a}{2} \end{array} \right. \left| \begin{array}{c} y_0+\frac{b}{2} \\ y_0-\frac{b}{2} \end{array} \right. \left| \begin{array}{c} z_0+\frac{c}{2} \\ z_0-\frac{c}{2} \end{array} \right. \quad (2\text{-}29)$$

$$B_y = \frac{u_0 M}{4\pi} \left\{ \begin{array}{l} l \cdot \ln[r+(\zeta-z)]+n \cdot \ln[r+(\xi-x)] \\ -m \cdot \arctan \dfrac{(\xi-x)(\eta-y)}{(\eta-y)^2+r(\zeta-z)+(\zeta-z)^2} \end{array} \right\} \left| \begin{array}{c} x_0+\frac{a}{2} \\ x_0-\frac{a}{2} \end{array} \right. \left| \begin{array}{c} y_0+\frac{b}{2} \\ y_0-\frac{b}{2} \end{array} \right. \left| \begin{array}{c} z_0+\frac{c}{2} \\ z_0-\frac{c}{2} \end{array} \right. \quad (2\text{-}30)$$

$$B_z = \frac{u_0 M}{4\pi} \left\{ \begin{array}{l} l \cdot \ln[r+(\eta-y)]+m \cdot \ln[r+(\xi-x)] \\ -n \cdot \arctan \dfrac{(\xi-x)(\eta-y)}{r(\zeta-z)} \end{array} \right\} \left| \begin{array}{c} x_0+\frac{a}{2} \\ x_0-\frac{a}{2} \end{array} \right. \left| \begin{array}{c} y_0+\frac{b}{2} \\ y_0-\frac{b}{2} \end{array} \right. \left| \begin{array}{c} z_0+\frac{c}{2} \\ z_0-\frac{c}{2} \end{array} \right. \quad (2\text{-}31)$$

磁梯度张量正演公式如下：

$$B_{xx} = \frac{u_0 M}{4\pi} \left\{ \begin{array}{l} l \dfrac{(\eta-y) \cdot [(\xi-x)^2-(\zeta-z)r]}{[(\xi-x)^2+(\zeta-z)^2][r+(z-\zeta)]r} \\ +m \dfrac{(x-\xi)}{[r+(\zeta-z)]r}+n \dfrac{(x-\xi)}{[r+(\eta-y)^2]r} \end{array} \right\} \left| \begin{array}{c} x_0+\frac{a}{2} \\ x_0-\frac{a}{2} \end{array} \right. \left| \begin{array}{c} y_0+\frac{b}{2} \\ y_0-\frac{b}{2} \end{array} \right. \left| \begin{array}{c} z_0+\frac{c}{2} \\ z_0-\frac{c}{2} \end{array} \right. \quad (2\text{-}32)$$

$$B_{xy} = \frac{u_0 M}{4\pi} \left\{ l \dfrac{(x-\xi)}{[r+(\zeta-z)]r}+m \dfrac{(y-\eta)}{[r+(\zeta-z)]r}-n \dfrac{1}{r} \right\} \left| \begin{array}{c} x_0+\frac{a}{2} \\ x_0-\frac{a}{2} \end{array} \right. \left| \begin{array}{c} y_0+\frac{b}{2} \\ y_0-\frac{b}{2} \end{array} \right. \left| \begin{array}{c} z_0+\frac{c}{2} \\ z_0-\frac{c}{2} \end{array} \right. \quad (2\text{-}33)$$

$$B_{xz} = \frac{u_0 M}{4\pi} \left\{ \begin{array}{l} l \dfrac{(\xi-x)(\eta-y)}{[(x-\xi)^2+(z-\zeta)^2]r} \\ -m \dfrac{1}{r}+n \dfrac{(z-\zeta)}{[r+(\eta-y)]r} \end{array} \right\} \left| \begin{array}{c} x_0+\frac{a}{2} \\ x_0-\frac{a}{2} \end{array} \right. \left| \begin{array}{c} y_0+\frac{b}{2} \\ y_0-\frac{b}{2} \end{array} \right. \left| \begin{array}{c} z_0+\frac{c}{2} \\ z_0-\frac{c}{2} \end{array} \right. \quad (2\text{-}34)$$

$$B_{yy} = \frac{u_0 M}{4\pi} \left\{ \begin{array}{l} l \dfrac{(y-\eta)}{[r+(\zeta-z)]r}+n \dfrac{(y-\eta)}{[r+(\xi-x)]r} \\ +m \dfrac{(\xi-x)[(y-\eta)^2+r \cdot (z-\zeta)]}{[(z-\zeta)^2+(y-\eta)^2][r+(\zeta-z)]r} \end{array} \right\} \left| \begin{array}{c} x_0+\frac{a}{2} \\ x_0-\frac{a}{2} \end{array} \right. \left| \begin{array}{c} y_0+\frac{b}{2} \\ y_0-\frac{b}{2} \end{array} \right. \left| \begin{array}{c} z_0+\frac{c}{2} \\ z_0-\frac{c}{2} \end{array} \right.$$

$$(2\text{-}35)$$

$$B_{yz} = \frac{u_0 M}{4\pi} \left\{ \begin{array}{l} -l \dfrac{1}{r}+m \dfrac{(x-\xi)(y-\eta)}{[(y-\eta)^2+(z-\zeta)^2]r} \\ +n \dfrac{(z-\zeta)}{[r+(\xi-x)]r} \end{array} \right\} \left| \begin{array}{c} x_0+\frac{a}{2} \\ x_0-\frac{a}{2} \end{array} \right. \left| \begin{array}{c} y_0+\frac{b}{2} \\ y_0-\frac{b}{2} \end{array} \right. \left| \begin{array}{c} z_0+\frac{c}{2} \\ z_0-\frac{c}{2} \end{array} \right. \quad (2\text{-}36)$$

$$B_{zz} = \frac{u_0 M}{4\pi} \left\{ \begin{array}{l} l \dfrac{(z-\zeta)}{[r+(\eta-y)]r}+m \dfrac{(z-\zeta)}{[r+(\xi-x)]r} \\ +n \dfrac{(x-\xi)(y-\eta)[(z-\zeta)^2+r^2]}{[(x-\xi)^2+(z-\zeta)^2][(y-\eta)^2+(z-\zeta)^2]r} \end{array} \right\} \left| \begin{array}{c} x_0+\frac{a}{2} \\ x_0-\frac{a}{2} \end{array} \right. \left| \begin{array}{c} y_0+\frac{b}{2} \\ y_0-\frac{b}{2} \end{array} \right. \left| \begin{array}{c} z_0+\frac{c}{2} \\ z_0-\frac{c}{2} \end{array} \right.$$

$$(2\text{-}37)$$

式中：l、m、n 分别为方向余弦，当仅考虑感应磁化时，其数值与地磁场条件下的方向余弦相等，$r=\sqrt{(x-\xi)^2+(y-\eta)^2+(z-\zeta)^2}$。

根据上述长方体磁梯度张量正演公式推导，建立一个长方体模型，测区范围为 2.1m×2.1m，每个观测点间距为 0.1m。在仅考虑感应磁化条件下，磁性体的磁化强度为 50A/m，其磁倾角为 90°，磁偏角为 0°。长方体的尺寸为：1m×1m×0.2m（长×宽×高），中心位置为（1.1m，1.1m，0.3m）。产生的磁场三分量、磁梯度张量、张量不变量以及磁总场模量如图 2-19 和图 2-20 所示。

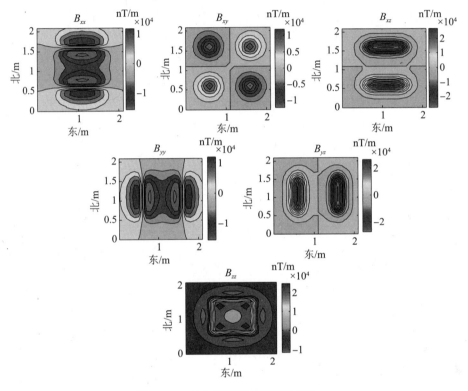

图 2-19　长方体磁梯度张量数据分布

从图 2-19 和图 2-20 可以看出，相比其他磁测数据，磁梯度张量场包含更多的磁性体信息。磁梯度张量 B_{xz} 和 B_{yz} 呈现双极分布，其中 B_{xz} 沿南北走向分布，B_{yz} 沿东西走向分布；磁梯度张量 B_{xx}、B_{xy} 和 B_{yy} 呈现四极分布，其中 B_{xx} 沿南北走向，B_{xy} 沿中心呈对称分布，B_{yy} 沿东西走向；磁梯度张量 B_{zz} 比其他分量与场源位置对应关系较好。通过比较 I_1、I_2 不变量及磁总场模量数据可以看出，张量不变量的衰减速度远大于磁总场模量的衰减速度，与场源的实际位置对应关系更加准确。

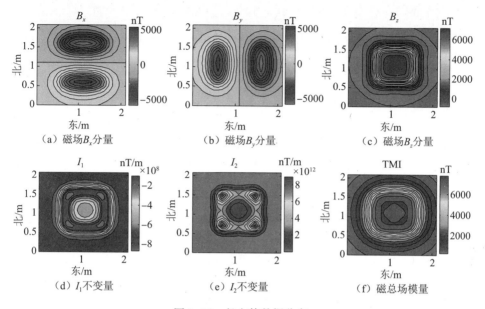

（a）磁场 B_x 分量　　　　（b）磁场 B_y 分量　　　　（c）磁场 B_z 分量

（d）I_1 不变量　　　　（e）I_2 不变量　　　　（f）磁总场模量

图 2-20　长方体数据分布

2.5.2　水平圆柱体正演计算

设水平圆柱体轴线与 y 平行，长度为 L，圆柱体中心坐标为（x_0，y_0，z_0），横截面面积为 S，M_0 为磁性体磁化强度，有效磁化强度为 $M = M_0 S$，坐标 $P(x, y, z)$ 为地面观测点，水平圆柱体空间分布如图 2-21 所示。

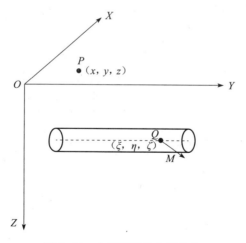

图 2-21　水平圆柱体空间分布

磁性体中心点 Q 的坐标为 (ξ, η, ζ)，设 $X=x-\xi$、$Y=y-\eta$、$Z=z-\zeta$、$r=\sqrt{X^2+Y^2+Z^2}$，l、m、n 分别为实际磁化的方向余弦，水平圆柱体磁异常三分量正演公式如下：

$$B_x=\frac{u_0M}{4\pi}\left\{\begin{array}{l}l\dfrac{Y[Y^2(Z^2-X^2)-(X^2+Z^2)(2X^2-Z^2)]}{(X^2+Z^2)^2r^3}\\[2mm]+m\dfrac{X}{r^3}-n\dfrac{XYZ(3r^2-Y^2)}{(X^2+Z^2)^2r^3}\end{array}\right\}\Bigg|_{y_0-\frac{L}{2}}^{y_0+\frac{L}{2}} \qquad (2-38)$$

$$B_y=\frac{u_0M}{4\pi}\left\{l\frac{X}{r^3}+m\frac{Y}{r^3}+n\frac{Z}{r^3}\right\}\Bigg|_{y_0-\frac{L}{2}}^{y_0+\frac{L}{2}} \qquad (2-39)$$

$$B_z=\frac{u_0M}{4\pi}\left\{\begin{array}{l}-l\dfrac{XYZ(3r^2-Y^2)}{(X^2+Z^2)^2r^3}+m\dfrac{Z}{r^3}\\[2mm]n\dfrac{Y[Y^2(X^2-Z^2)-(X^2+Z^2)(2Z^2-X^2)]}{(X^2+Z^2)^2r^3}\end{array}\right\}\Bigg|_{y_0-\frac{L}{2}}^{y_0+\frac{L}{2}} \qquad (2-40)$$

磁梯度张量正演公式如下：

$$B_{xx}=\frac{u_0M}{4\pi}\left\{\begin{array}{l}-l\dfrac{XY}{(X^2+Z^2)^2r^3}[(Y^2Z^2-Y^2X^2-2X^4-X^2Z^2+Z^4)\left(\dfrac{3}{r^2}+\dfrac{4}{X^2+Z^2}\right)+2(4X^2+Y^2+Z^2)]\\[2mm]m\dfrac{r^2-3X^2}{r^5}-n\dfrac{YZ}{(X^2+Z^2)^2r^3}[-X^2(3X^2+2Y^2+3Z^2)\left(\dfrac{3}{r^2}+\dfrac{4}{X^2+Z^2}\right)+9X^2+3Y^2+2Z^2]\end{array}\right\}\Bigg|_{y_0-\frac{L}{2}}^{y_0+\frac{L}{2}}$$

$$\qquad (2-41)$$

$$B_{xy}=\frac{u_0M}{4\pi}\left\{\begin{array}{l}-l\dfrac{3Y^2(Y^2Z^2-Y^2X^2-2X^4-X^2Z^2+Z^4)+r^2(-3Y^2Z^2+3X^2Y^2+2X^4+X^2Z^2-Z^4)}{(X^2+Z^2)^2r^5}\\[2mm]-m\dfrac{3XY}{r^5}-n\dfrac{3XZ}{(X^2+Z^2)^2r^3}\left[-\dfrac{Y^2(3X^2+2Y^2+3Z^2)}{r^2}+X^2+2Y^2+Z^2\right]\end{array}\right\}\Bigg|_{y_0-\frac{L}{2}}^{y_0+\frac{L}{2}}$$

$$\qquad (2-42)$$

$$B_{xz}=\frac{u_0M}{4\pi}\left\{\begin{array}{l}-l\dfrac{YZ}{(X^2+Z^2)^2r^3}[(Y^2Z^2-X^2Y^2-2X^4-X^2Z^2+Z^4)\left(\dfrac{3}{r^2}+\dfrac{4}{X^2+Z^2}\right)-2(Y^2-X^2+2Z^2)]\\[2mm]-m\dfrac{3XZ}{r^5}-n\dfrac{XY}{(X^2+Z^2)^2r^3}[-Z^2(3X^2+2Y^2+3Z^2)\left(\dfrac{3}{r^2}+\dfrac{4}{X^2+Z^2}\right)+3X^2+9Y^2+2Z^2]\end{array}\right\}\Bigg|_{y_0-\frac{L}{2}}^{y_0+\frac{L}{2}}$$

$$\qquad (2-43)$$

$$B_{yy}=\frac{u_0M}{4\pi}\left\{\frac{-3lXY+m(r^2-3Y^2)-3nYZ}{r^5}\right\}\Bigg|_{y_0-\frac{L}{2}}^{y_0+\frac{L}{2}} \qquad (2-44)$$

$$B_{yz}=\frac{u_0M}{4\pi}\left\{\frac{-3lXZ-mYZ+3n(r^2-3Z^2)}{r^5}\right\}\Bigg|_{y_0-\frac{L}{2}}^{y_0+\frac{L}{2}} \qquad (2-45)$$

$$B_{zz} = \frac{u_0 M}{4\pi} \left\{ \begin{array}{l} -l \dfrac{XY}{(X^2+Z^2)^2 r^3} \left[-Z(3X^2+2Y^2+3Z^2)\left(\dfrac{3}{r^2} + \dfrac{4}{X^2+Z^2} \right) +3X^2+9Y^2+2Z^2 \right] \\[4mm] +m \dfrac{r^2-3Z^2}{r^5} -n \dfrac{2YZ}{(X^2+Z^2)^2 r^3} \left[-Z(X^2+Y^2+4Z^2)\left(\dfrac{3}{r^2} + \dfrac{4}{X^2+Z^2} \right) +X^2+Y^2+4Z^2 \right] \end{array} \right\} \Bigg|_{y_0-\frac{L}{2}}^{y_0+\frac{L}{2}}$$

$$(2-46)$$

根据上述水平圆柱体磁梯度张量正演公式推导，建立一个水平圆柱体模型，测区范围为 2.1m×2.1m，每个观测点间距为 0.1m。在仅考虑感应磁化条件下，磁性体的磁化强度为 50A/m，磁倾角为 90°，磁偏角为 0°。水平圆柱体沿东西走向，中心坐标为（1m，1m，0.3m），轴向长度为 1m，半径为 0.15m。产生的磁场三分量、磁梯度张量、张量不变量以及磁总场模量如图 2-22 和图 2-23 所示。

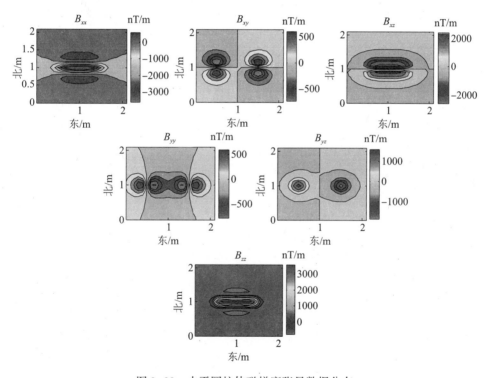

图 2-22　水平圆柱体磁梯度张量数据分布

从图 2-22 和图 2-23 中可以看出，水平圆柱体磁梯度张量 B_{xz} 和 B_{yz} 呈现双极分布，其中 B_{xz} 沿南北走向分布，B_{yz} 沿东西走向分布；磁梯度张量 B_{xy} 和 B_{yy} 呈现四极分布，其中 B_{xy} 沿中心成对称分布，B_{yy} 沿东西走向；磁梯度张量 B_{xx} 呈现三极分布，沿南北走向；与其他分量相比，磁梯度张量 B_{zz} 与场源的位

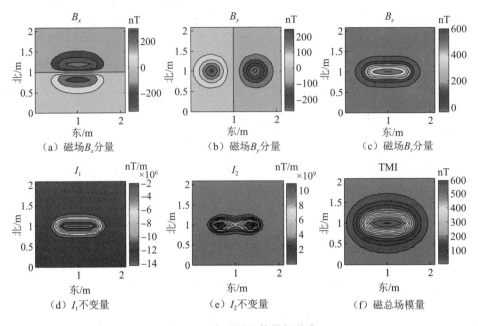

（a）磁场B_x分量　　（b）磁场B_y分量　　（c）磁场B_z分量

（d）I_1不变量　　（e）I_2不变量　　（f）磁总场模量

图 2-23　水平圆柱体数据分布

置对应关系较好。张量不变量的衰减速度远大于磁总场模量的衰减速度，与场源的实际位置对应关系更加准确。

2.5.3　球体正演计算

设球体中心坐标为 (x_0, y_0, z_0)，半径为 R，M_0 为磁性体磁化强度，磁矩 $M = M_0 \cdot V$，V 为球体体积，坐标 (x, y, z) 为地面观测点，球体的空间分布如图 2-24 所示。

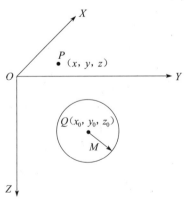

图 2-24　球体空间分布

磁性体中心点 Q 的坐标为 $(x_0,\ y_0,\ z_0)$，设 $X=x-x_0$、$Y=y-y_0$、$Z=z-z_0$、$r=\sqrt{X^2+Y^2+Z^2}$，l、m、n 分别为实际磁化的方向余弦，球体磁异常三分量正演公式如下：

$$B_x=\frac{u_0M}{4\pi r^5}\big[l(2X^2-Y^2-Z^2)+3mxy+3nxz\big] \tag{2-47}$$

$$B_y=\frac{u_0M}{4\pi r^5}\big[3lXY+m(2Y^2-X^2-Z^2)+3nyz\big] \tag{2-48}$$

$$B_z=\frac{u_0M}{4\pi r^5}\big[3lXZ+3myz+n(2Z^2-X^2-Y^2)\big] \tag{2-49}$$

磁梯度张量正演公式如下：

$$B_{xx}=\frac{u_0M}{4\pi}\left[\frac{-15X^2(lX+mY+nZ)}{r^7}+\frac{9lX+3mY+3nZ}{r^5}\right] \tag{2-50}$$

$$B_{xy}=\frac{u_0M}{4\pi}\left[\frac{-15XY(lX+mY+nZ)}{r^7}+\frac{3lY+3mX}{r^5}\right] \tag{2-51}$$

$$B_{xz}=\frac{u_0M}{4\pi}\left[\frac{-15XZ(lX+mY+nZ)}{r^7}+\frac{3lZ+3nX}{r^5}\right] \tag{2-52}$$

$$B_{yy}=\frac{u_0M}{4\pi}\left[\frac{-15Y^2(lX+mY+nZ)}{r^7}+\frac{6lY+3(lX+mY+nZ)}{r^5}\right] \tag{2-53}$$

$$B_{yz}=\frac{u_0M}{4\pi}\left[\frac{-15YZ(lX+mY+nZ)}{r^7}+\frac{3mZ+3nZ}{r^5}\right] \tag{2-54}$$

$$B_{zz}=\frac{u_0M}{4\pi}\left[\frac{-15XZ(lX+mY+nZ)}{r^7}+\frac{3(lZ+lX+mY+nZ)}{r^5}\right] \tag{2-55}$$

根据上述球体磁梯度张量正演公式，建立一个球体模型，测区范围为 2.1m×2.1m，每个观测点间距为 0.1m。在仅考虑感应磁化条件下，磁性体的磁化强度为 50A/m，磁倾角为 90°，磁偏角为 0°。球体中心坐标为 (1m，1m，0.3m)，半径为 0.15m。产生的磁场三分量、磁梯度张量、张量不变量以及磁总场模量如图 2-25 和图 2-26 所示。

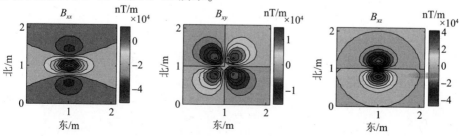

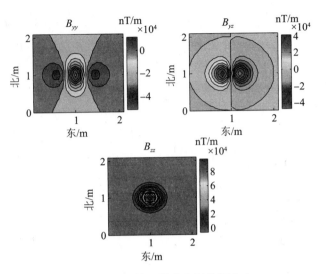

图 2-25　球体磁梯度张量数据分布

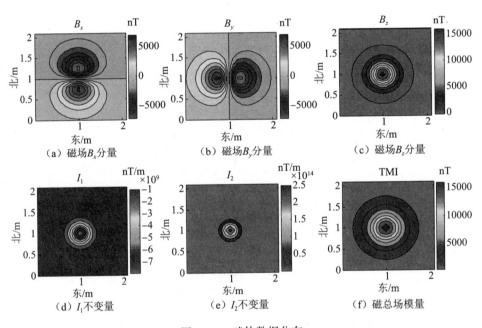

图 2-26　球体数据分布

从图 2-25 和图 2-26 中可以看出，球体磁梯度张量 B_{xz} 和 B_{yz} 呈现双极分布，其中 B_{xz} 沿南北走向分布，B_{yz} 沿东西走向分布；磁梯度张量 B_{xy} 呈现四极分布，沿中心成对称分布；磁梯度张量 B_{xx} 和 B_{yy} 呈现三极分布，其中 B_{xx} 沿南北走向，B_{yy} 沿东西走向；相比其他分量，磁梯度张量 B_{zz} 与场源的位置对应关系较好。张量不变量的衰减速度远大于磁总场模量的衰减速度，与场源的实际位置对应关系良好。

小　结

本章介绍了针对磁性目标在空间中产生的磁梯度张量场计算问题，为后续磁梯度张量测量、磁性目标的定位和识别提供了理论参考和数据支撑。

第 3 章
磁梯度张量系统的设计

3.1 引　言

　　磁梯度张量的精确测量是进行磁性目标探测的数据基础，而磁梯度张量为磁矢量在 3 个相互正交方向上的变化率，在实际测量中需要利用不同位置磁矢量的差分代替偏微分来近似估计，故张量测量系统需要由多个磁矢量传感器构成。因此，磁矢量传感器的测量精度、个数、安装位置和方向将直接决定张量测量的可行性和精度。

3.2　磁梯度张量测量理论与系统设计

3.2.1　磁梯度张量测量及其特点

　　磁梯度张量为磁标势 U 的二次偏微分和磁场矢量 $\boldsymbol{B}$ 的偏微分，无法直接测量，因此，实际测量中利用不同位置的磁矢量场的差分代替偏微分近似得到磁梯度张量各分量，计算公式为

$$B_{ij} = \frac{\Delta B_i}{\Delta d_j} \quad i、j = x, y, z \tag{3-1}$$

式中：ΔB_i 为相邻的两个矢量磁传感器测得的磁场 i 分量的差；Δd_j 为相邻的两个磁传感器在 j 方向上的距离。

　　磁梯度张量测量是在总场和矢量场测量的基础上发展起来的，具有以下特点。

　　（1）磁梯度张量测量需要多个矢量传感器同时测量空间中不同位置的磁

场矢量，然后通过差分计算张量分量值。

（2）利用差分近似微分时，忽略了泰勒级数中的高阶项，因此，测得的磁梯度张量值与理论磁梯度张量值存在一定的偏差。

（3）由于背景地磁场的梯度较小，磁性目标探测时，在一定范围内测量得到的磁梯度张量场可认为仅仅是由磁异常目标产生的。

（4）磁梯度张量各分量受地磁日变及地磁场大小的影响较小。

（5）由于测得的磁梯度张量主要是由磁性目标引起的，因此，其对方向的敏感性要弱于磁矢量测量。

3.2.2　磁梯度张量系统测量方法与结构分析

磁梯度张量是区域内磁场矢量在正交方向上的空间变化率，其本质是空间内点与点之间磁场的分布关系。磁梯度张量矩阵中包含的 9 个分量元素均为磁标势 φ_{m} 的二次偏微分或磁场矢量三轴分量 $B_{x,y,z}$ 的偏微分，这是磁场关于空间中各测量点位置坐标间的连续性函数，单纯地对测量点进行各场量测量而直接得到张量各分量，这从本质上是不能实现的。

3.2.3　完整磁梯度张量系统及其结构误差

磁梯度张量矩阵 G 的 9 个元素若均由差分计算得到，则完整的张量系统共需要 18 个单轴分量输出。在空间建立笛卡儿坐标系，规定 x 轴正向为东（E）、y 轴正向为北（N）、z 轴正向朝上，系统结构如图 3-1 所示，由 6 个三轴磁传感器构成，基线距离设为 d，整个系统共有 18 个单分量磁轴。

因 G 中 9 个分量中仅有 5 个相互独立，根据这一原则，可优化张量系统结构，尽量减小由传感器阵列结构引入的测量误差，且要便于装配和进行系统校准。

为了说明式（3-1）计算目标磁梯度张量值的近似性，不失一般性，在 x 轴梯度测量方向上，以张量矩阵 G_{11} 元素的测量值与真实值

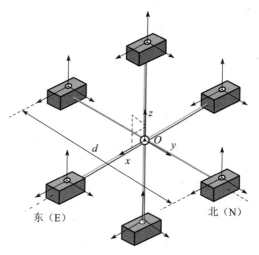

图 3-1　完整十八单轴磁梯度张量系统
　　　　　结构示意图

为例。设两个磁传感器安装在 x 轴上关于 O 点对称，基线距离为 d，系统测量中心 O 点为坐标原点，O 点坐标 $x=0$，O 点磁场矢量为 $\boldsymbol{B}_0=(B_{0x},\ B_{0y},\ B_{0z})^{\mathrm{T}}$；两磁传感器读数分别为 $\boldsymbol{B}_1=(B_{1x},\ B_{1y},\ B_{1z})^{\mathrm{T}}$ 和 $\boldsymbol{B}_2=(B_{2x},\ B_{2y},\ B_{2z})^{\mathrm{T}}$，两磁传感器 x 轴坐标值分别为 $x=x_1$ 和 $x=x_2$；O 点处磁梯度张量矩阵 G_{11} 元素测量值读数为 $B_{xx}=(B_{2x}-B_{1x})/d$，真实值为 $B_{xx}^{(\mathrm{r})}=\partial B_x/\partial x$。在 x 轴方向上，两传感器测点处的磁场分量 B_x 在 O 点处可关于 x 坐标展开成泰勒级数：

$$\begin{cases} B_{1x}=B_{0x}+\left.\dfrac{\partial B_x}{\partial x}\right|_O x_1+\dfrac{1}{2}\left.\dfrac{\partial^2 B_x}{\partial x^2}\right|_O x_1^2+\dfrac{1}{6}\left.\dfrac{\partial^3 B_x}{\partial x^3}\right|_O x_1^3+\cdots \\[3mm] B_{2x}=B_{0x}+\left.\dfrac{\partial B_x}{\partial x}\right|_O x_2+\dfrac{1}{2}\left.\dfrac{\partial^2 B_x}{\partial x^2}\right|_O x_2^2+\dfrac{1}{6}\left.\dfrac{\partial^3 B_x}{\partial x^3}\right|_O x_2^3+\cdots \end{cases} \tag{3-2}$$

因此，二者的差分为

$$B_{2x}-B_{1x}=\left.\dfrac{\partial B_x}{\partial x}\right|_O (x_2-x_1)+\dfrac{1}{2!}\left.\dfrac{\partial^2 B_x}{\partial x^2}\right|_O (x_2^2-x_1^2)+\dfrac{1}{3!}\left.\dfrac{\partial^3 B_x}{\partial x^3}\right|_O (x_2^3-x_1^3)+\cdots \tag{3-3}$$

又有基线距离为 d，令 $x_2-x_1=d$，有 $x_2=d/2$、$x_1=-d/2$，则 G_{11} 元素测量值为

$$\begin{aligned} B_{xx}=\dfrac{B_{2x}-B_{1x}}{d}&=\left.\dfrac{\partial B_x}{\partial x}\right|_O+\dfrac{1}{3!}\left.\dfrac{\partial^3 B_x}{\partial x^3}\right|_O\dfrac{1}{2^3}(d^2+d^2)+\dfrac{1}{5!}\left.\dfrac{\partial^5 B_x}{\partial x^5}\right|_O\dfrac{1}{2^5}(d^4+d^4)+\cdots \\[2mm] &=B_{xx}^{(\mathrm{r})}+\dfrac{1}{24}\left.\dfrac{\partial^3 B_x}{\partial x^3}\right|_O d^2+\dfrac{1}{1920}\left.\dfrac{\partial^5 B_x}{\partial x^5}\right|_O d^4+\cdots \end{aligned}$$

$$\tag{3-4}$$

由式（3-4）可知，在利用式（3-2）进行差分近似微分过程时，因忽略了泰勒级数的 3 阶及以上高阶奇数项，实测磁梯度张量值与理论值存在一定偏差，称为结构误差[112]。据此，可以得到完整十八单轴张量系统结构在中心 O 处进行测量的理论结构误差矩阵，即

$$\Delta\tilde{\boldsymbol{G}}_o=\begin{bmatrix} \dfrac{1}{24}\left.\dfrac{\partial^3 B_x}{\partial x^3}\right|_O d^2+\cdots & \dfrac{1}{24}\left.\dfrac{\partial^3 B_y}{\partial x^3}\right|_O d^2+\cdots & \dfrac{1}{24}\left.\dfrac{\partial^3 B_z}{\partial x^3}\right|_O d^2+\cdots \\[4mm] \dfrac{1}{24}\left.\dfrac{\partial^3 B_x}{\partial y^3}\right|_O d^2+\cdots & \dfrac{1}{24}\left.\dfrac{\partial^3 B_y}{\partial y^3}\right|_O d^2+\cdots & \dfrac{1}{24}\left.\dfrac{\partial^3 B_z}{\partial y^3}\right|_O d^2+\cdots \\[4mm] \dfrac{1}{24}\left.\dfrac{\partial^3 B_x}{\partial z^3}\right|_O d^2+\cdots & \dfrac{1}{24}\left.\dfrac{\partial^3 B_y}{\partial z^3}\right|_O d^2+\cdots & \dfrac{1}{24}\left.\dfrac{\partial^3 B_z}{\partial z^3}\right|_O d^2+\cdots \end{bmatrix} \tag{3-5}$$

式中：$\Delta\tilde{\boldsymbol{G}}_o$ 即为图 3-1 中完整十八单轴磁梯度张量系统在测量点 O 处的结构误差矩阵，该结构误差矩阵由基线距离和磁矢量高阶奇数项导数共同决定，而高阶导数阶数的增加量纲会急速衰减。在考虑安装和实际测量方便条件下，应

尽量使系统的实际结构误差达到最小，此时结构误差可忽略不计。

结合现有资料、参考国外研究，本书对完整十八单轴磁梯度张量系统进行简化设计，将磁通门传感器阵列结构划分为 5 种基本结构模式，分别是平面十字形结构、等边三角形结构、正方形结构、直角四面体结构和正四面体结构。首先，同十八单轴张量系统结构一样，在三维空间中建立笛卡儿坐标系，规定 x 轴正向为东（E）、y 轴正向为北（N）、z 轴正向朝上。设磁通门阵列结构的基线距离均为 d，下面分别针对 5 种基本结构类型的张量探测情况进行讨论。

3.2.4 平面十字形结构

平面十字形基本结构如图 3-2 所示。

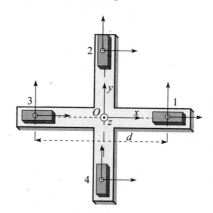

图 3-2 平面十字形磁梯度张量系统结构示意图

该结构由 4 个磁通门传感器按照等距的标准平面十字形成对排列，测量点是十字形的中心 O 点。传感器标号分别为 1、2、3、4，其中传感器 1 和传感器 3 的三轴磁分量测量原点连线与 x 轴重合，两原点间距为基线距离 d；传感器 2 和传感器 4 的测量原点连线与 y 轴重合，两原点间距也为基线距离 d。

若磁传感器分量输出 $\boldsymbol{B}_{pq}(p=1，2，3，4；q=x，y，z)$ 表示标号为 p 的传感器在 q 轴上的磁场分量读数，则平面十字形结构磁梯度张量系统在 O 点处张量矩阵的测量表达式为

$$\boldsymbol{G}=\frac{1}{d}\begin{bmatrix} B_{1x}-B_{3x} & B_{1y}-B_{3y} & B_{1z}-B_{3z} \\ B_{2x}-B_{4x} & B_{2y}-B_{4y} & B_{2z}-B_{4z} \\ B_{1z}-B_{3z} & B_{2z}-B_{4z} & B_{3x}+B_{4y}-(B_{1x}+B_{2y}) \end{bmatrix} \tag{3-6}$$

由式（3-6）知 $\boldsymbol{G}$ 虽为对称阵，但 B_{xy} 与 B_{yx} 测量值存在差异，本书视其为两独立分量，故 $\boldsymbol{G}$ 中共 6 个分量相互独立，分别为 B_{xx}、B_{xy}、B_{xz}、B_{yx}

B_{yy}、B_{yz}。以下结构同理。

3.2.5　等边三角形结构

等边三角形基本结构如图 3-3 所示。

该结构仅需要 3 个磁通门传感器便能完成全部张量分量的测量，各传感器分别平行排列于等边三角形的顶点处。该结构测量点为等边三角形中心 O 点，传感器 1 的测量原点落于 x 轴，这使得传感器 2 和传感器 3 的测量原点分别落于二维坐标系 xOy 的第二象限、第三象限。等边三角形边长为基线距离 d。

等边三角形结构磁梯度张量系统在 O 点处张量矩阵的测量表达式为

$$G = \frac{1}{\sqrt{3}\,d} \begin{bmatrix} 2B_{1x}-(B_{2x}+B_{3x}) & 2B_{1y}-(B_{2y}+B_{3y}) & 2B_{1z}-(B_{2z}+B_{3z}) \\ \sqrt{3}\,(B_{2x}-B_{3x}) & \sqrt{3}\,(B_{2y}-B_{3y}) & \sqrt{3}\,(B_{2z}-B_{3z}) \\ 2B_{1z}-(B_{2z}+B_{3z}) & \sqrt{3}\,(B_{2z}-B_{3z}) & B_{2x}+B_{3x}+B_{2y}+B_{3y}-(2B_{1x}+2B_{1y}) \end{bmatrix}$$

$$(3-7)$$

3.2.6　正方形结构

正方形基本结构如图 3-4 所示。

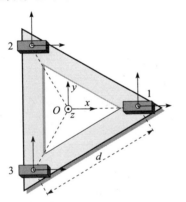
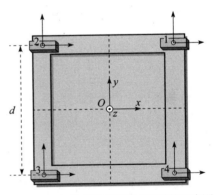

图 3-3　等边三角形磁梯度张量系统结构示意图　图 3-4　正方形磁梯度张量系统结构示意图

正方形结构磁梯度张量系统在 O 点处张量矩阵的测量表达式为

$$G = \frac{1}{2d} \begin{bmatrix} B_{1x}+B_{4x}-(B_{2x}+B_{3x}) & B_{1y}+B_{4y}-(B_{2y}+B_{3y}) & B_{1z}+B_{4z}-(B_{2z}+B_{3z}) \\ B_{1x}+B_{2x}-(B_{3x}+B_{4x}) & B_{1y}+B_{2y}-(B_{3y}+B_{4y}) & B_{1z}+B_{2z}-(B_{3z}+B_{4z}) \\ B_{1z}+B_{4z}-(B_{2z}+B_{3z}) & B_{1z}+B_{2z}-(B_{3z}+B_{4z}) & B_{2x}+B_{3x}+B_{3y}+B_{4y}-(B_{1x}+B_{4x}+B_{1y}+B_{2y}) \end{bmatrix}$$

$$(3-8)$$

该结构 4 个磁通门传感器的测量原点分别置于一个正方形的 4 个直角点

处，传感器平行排列。该结构的测量点是正方形中心 O 点，x 轴在传感器 1 和传感器 4 的测量原点连线的中垂线上；y 轴在传感器 1 和传感器 2 的测量原点连线的中垂线上。传感器 1、2、3、4 的测量原点分别落于二维坐标系 xOy 的第一、二、三、四象限。正方形边长为基线距离 d。

3.2.7　直角四面体结构

直角四面体基本结构如图 3-5 所示。

该结构由 4 个磁通门传感器分别置于直角四面体的各顶点处平行排列而成。该结构系统测量点 O 与传感器 1 的测量原点重合，3 条直角边沿坐标值方向，传感器 1、2 的测量原点连线与 x 轴重合；传感器 1、3 的测量原点连线与 y 轴重合；传感器 1、4 的测量原点连线与 z 轴重合。直角边边长为基线距离 d。

直角四面体结构磁梯度张量系统在 O 点处张量矩阵的测量表达式为

$$G = \frac{1}{d}\begin{bmatrix} B_{2x}-B_{1x} & B_{2y}-B_{1y} & B_{2z}-B_{1z} \\ B_{3x}-B_{1x} & B_{3y}-B_{1y} & B_{3z}-B_{1z} \\ B_{4x}-B_{1x} & B_{4y}-B_{1y} & B_{4z}-B_{1z} \end{bmatrix} \tag{3-9}$$

3.2.8　正四面体结构

正四面体基本结构如图 3-6 所示。

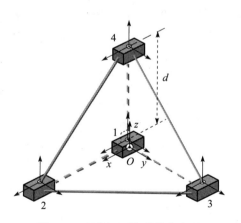

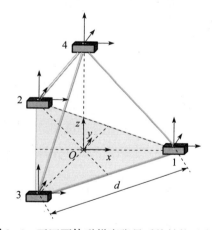

图 3-5　直角四面体磁梯度张量系统结构示意图　　图 3-6　正四面体磁梯度张量系统结构示意图

该结构由 4 个磁通门传感器分别置于正四面体的各顶点处平行排列而成，系统测量点 O 为底面正三角形的中心，底面的 3 个传感器排列方式与等边三角形结构传感器阵列完全一致，在空间顶点处加装了一个磁传感器用于丰富其垂向梯度的张量分量数据。由正四面体性质知，z 轴正好穿过顶点处传感器 4 的测量原点。正四面体边长为基线距离 d。

正四面体结构磁梯度张量系统在 O 点处张量矩阵的测量表达式为

$$G = \frac{1}{d} \begin{bmatrix} \dfrac{2B_{1x}-(B_{2x}+B_{3x})}{\sqrt{3}} & \dfrac{2B_{1y}-(B_{2y}+B_{3y})}{\sqrt{3}} & \dfrac{2B_{1z}-(B_{2z}+B_{3z})}{\sqrt{3}} \\ B_{2x}-B_{3x} & B_{2y}-B_{3y} & B_{2z}-B_{3z} \\ \dfrac{3B_{4x}-(B_{1x}+B_{2x}+B_{3x})}{\sqrt{6}} & \dfrac{3B_{4y}-(B_{1y}+B_{2y}+B_{3y})}{\sqrt{6}} & \dfrac{3B_{4z}-(B_{1z}+B_{2z}+B_{3z})}{\sqrt{6}} \end{bmatrix}$$

$$(3-10)$$

由以上 5 种基本结构的测量表达式知，基于特定结构的特点，十字形、三角形和正方形等平面结构的张量测量矩阵有 6 个独立分量，而直角四面体和正四面体等空间结构的张量测量矩阵有 9 个独立分量。

3.2.9　系统结构参数与分辨率

作为极其重要的结构参数，传感器阵列的基线距离 d 在一定程度上直接确定了张量系统的理论探测距离和测量分辨率。当张量系统分辨率高于磁性目标靶体在该点处产生的磁梯度张量值时，便能够测量出该磁源梯度信息。

以平面十字形结构阵列为例，若两传感器以测量点为中心对称排列且基线距离为 d，系统分辨率和基线距离与测量点磁场强度间关系可表示为

$$\kappa \leq d \cdot \left| \frac{\partial \boldsymbol{B}}{\partial \boldsymbol{e}} \right| \qquad (3-11)$$

式中：κ 为张量分量测量分辨率（nT/m）；e 为任意方向的空间单位矢量。

分辨率与基线距离成正相关，但并不是说基线距离越小结构误差越小，还与目标磁矩大小、磁传感器精度和定位距离等有关[102]，因此需要综合考虑传感器分辨率、探测距离、被探测目标体磁场大小和基线距离等参数进行张量系统搭建。

3.3　二阶磁梯度张量系统设计

3.3.1　二阶磁梯度张量矩阵

磁梯度张量矩阵 G 各分量是磁矢量分量对于三轴坐标的一阶偏导数，若无特殊情况说明时，本书的磁梯度张量矩阵均指式（3-6）中的 G，将其称为

一阶磁梯度张量。

以此引申出二阶磁梯度张量矩阵的概念：磁矢量分量对于三轴坐标的二阶偏导数，即为二阶磁梯度张量，可用 $\boldsymbol{G}_{\mathrm{II}}$ 表示，共由 27 个元素组成，即

$$\boldsymbol{G}_{\mathrm{II}} = \begin{bmatrix} \dfrac{\partial B_{xx}}{\partial x} & \dfrac{\partial B_{xy}}{\partial x} & \dfrac{\partial B_{xz}}{\partial x} & \dfrac{\partial B_{xx}}{\partial y} & \dfrac{\partial B_{xy}}{\partial y} & \dfrac{\partial B_{xz}}{\partial y} & \dfrac{\partial B_{xx}}{\partial z} & \dfrac{\partial B_{xy}}{\partial z} & \dfrac{\partial B_{xz}}{\partial z} \\[3mm] \dfrac{\partial B_{yx}}{\partial x} & \dfrac{\partial B_{yy}}{\partial x} & \dfrac{\partial B_{yz}}{\partial x} & \dfrac{\partial B_{yx}}{\partial y} & \dfrac{\partial B_{yy}}{\partial y} & \dfrac{\partial B_{yz}}{\partial y} & \dfrac{\partial B_{yx}}{\partial z} & \dfrac{\partial B_{yy}}{\partial z} & \dfrac{\partial B_{yz}}{\partial z} \\[3mm] \dfrac{\partial B_{zx}}{\partial x} & \dfrac{\partial B_{zy}}{\partial x} & \dfrac{\partial B_{zz}}{\partial x} & \dfrac{\partial B_{zx}}{\partial y} & \dfrac{\partial B_{zy}}{\partial y} & \dfrac{\partial B_{zz}}{\partial y} & \dfrac{\partial B_{zx}}{\partial z} & \dfrac{\partial B_{zy}}{\partial z} & \dfrac{\partial B_{zz}}{\partial z} \end{bmatrix} \quad (3-12)$$

$$= \begin{bmatrix} B_{xxx} & B_{xyx} & B_{xzx} & B_{xxy} & B_{xyy} & B_{xzy} & B_{xxz} & B_{xyz} & B_{xzz} \\ B_{yxx} & B_{yyx} & B_{yzx} & B_{yxy} & B_{yyy} & B_{yzy} & B_{yxz} & B_{yyz} & B_{yzz} \\ B_{zxx} & B_{zyx} & B_{zzx} & B_{zxy} & B_{zyy} & B_{zzy} & B_{zxz} & B_{zyz} & B_{zzz} \end{bmatrix}$$

二阶张量系统较一阶张量系统能提供更浅表的附加磁源信息，具有更强的磁源分辨力。在无源静磁场环境中，$\boldsymbol{G}_{\mathrm{II}}$ 的 27 个元素中仅有 7 个元素相互独立，如一组独立元素为 B_{xxx}、B_{xyx}、B_{xzx}、B_{yxy}、B_{yyy}、B_{yzy}、B_{zzz}。

3.3.2　二阶磁梯度张量系统

3.2 节中给出的张量系统均测量得到磁矢量分量的一阶偏导数，因此这些系统又称为一阶磁梯度张量系统。以平面十字形结构为原型，将其扩展为能够使用差分方法测量出磁矢量分量二阶偏导的二阶磁梯度张量系统。设计的该二阶系统结构如图 3-7 所示。

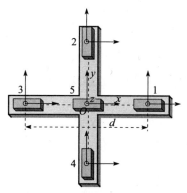

图 3-7　平面十字形二阶磁梯度张量系统结构示意图

由图 3-7 知，在原有平面十字形的结构基础上，在中心 O 点处添置了一个传感器 5。该系统能够测量得到式（3-12）中二阶张量矩阵 27 个元素中的

6个，即

$$\begin{cases} B_{xxx} = \dfrac{4B_{1x}+4B_{3x}-8B_{5x}}{d^2} \\[2mm] B_{xyx} = \dfrac{4B_{1y}+4B_{3y}-8B_{5y}}{d^2} \\[2mm] B_{xzx} = \dfrac{4B_{1z}+4B_{3z}-8B_{5z}}{d^2} \\[2mm] B_{yxy} = \dfrac{4B_{2x}+4B_{4x}-8B_{5x}}{d^2} \\[2mm] B_{yyy} = \dfrac{4B_{2y}+4B_{4y}-8B_{5y}}{d^2} \\[2mm] B_{yzy} = \dfrac{4B_{2z}+4B_{4z}-8B_{5z}}{d^2} \end{cases} \tag{3-13}$$

该二阶张量系统测得的 6 个元素全部独立。由于同样使用差分测量方法，得到的二阶张量分量也存在结构误差。设计的二阶张量系统不仅能够测量得到二阶张量分量，而且能在同一测量点处测得更加丰富的一阶张量、磁场矢量和总场数据信息。本书第 5 章就利用了该系统提供的二阶张量数据对磁源靶体进行了定位研究，并取得了较好的效果。

3.4　仿真分析与系统搭建

3.4.1　磁偶极子场源理论

大地磁场相对于一般测区（一定范围的测量区间）是匀强的，故梯度很小，可认为在该测区中测得的磁梯度张量场仅由磁异常场源产生。当磁性目标靶体与测量点间距离相对于靶体尺度 2.5 倍及以上时，可将其简化为磁偶极子[113]，此时目标靶体可由磁偶极子的位置矢量 $r=(x,\ y,\ z)^{\mathrm{T}}$ 和磁矩矢量 $m=(m_x,\ m_y,\ m_z)^{\mathrm{T}}$ 来描述，共 6 个标量值，其中位置矢量代表测量点与磁偶极子的相对位置坐标。磁偶极子磁矩矢量为 m，位置矢量为 r，则测量点处的磁场矢量和 5 个独立的张量分量可由以下两式分别得到，即

$$B = \frac{\mu}{4\pi}\left(\frac{3(m\cdot r)r}{r^5} - \frac{m}{r^3}\right) = \frac{\mu}{4\pi r^5}\begin{bmatrix} 3x^2-r^2 & 3xy & 3xz \\ 3xy & 3y^2-r^2 & 3yz \\ 3xz & 3yz & 3z^2-r^2 \end{bmatrix}\begin{bmatrix} m_x \\ m_y \\ m_z \end{bmatrix} \tag{3-14}$$

$$
\begin{bmatrix} B_{xx} \\ B_{xy} \\ B_{xz} \\ B_{yy} \\ B_{yz} \end{bmatrix} = \frac{\mu}{4\pi r^7} \begin{bmatrix} 9xR^2-15x^3 & 3yR^2-15x^2y & 3zR^2-15x^2z \\ 3yR^2-15x^2y & 3xR^2-15xy^2 & -15xyz \\ 3zR^2-15x^2z & -15xyz & 3xR^2-15xz^2 \\ 3xR^2-15xy^2 & 9yR^2-15y^3 & 3zR^2-15y^2z \\ -15xyz & 3zR^2-15y^2z & 3yR^2-15yz^2 \end{bmatrix} \begin{bmatrix} m_x \\ m_y \\ m_z \end{bmatrix} \quad (3\text{-}15)
$$

式中：μ 为介质磁导率，真空磁导率 $\mu_0 = 4\pi\times10^{-7}\mathrm{N/A}^2$，在空气中 $\mu\approx\mu_0$；$r = \|\boldsymbol{r}\| = \sqrt{r_x^2+r_y^2+r_z^2}$ 为磁偶极子与测量点间的探测距离。

磁矩分量可由磁矩模和方向余弦表示，设磁矩模为 $M = \|\boldsymbol{m}\| = \sqrt{m_x^2+m_y^2+m_z^2}$，磁偏角为 D，磁倾角为 I，则方向余弦为 $e = \cos I\cos D$、$f = \cos I\sin D$、$g = \sin I$，对应的磁矩分量为 $m_x = Me$、$m_y = Mf$、$m_z = Mg$。

3.4.2　单航线测量下 5 种结构的仿真特性

将磁偶极子放置于真空中（5m，4m，6m）处，磁矩模为 3000A·m²，磁偏角 8°，磁倾角 60°。单航线测量范围为空间（-20m，0m，0m）到（40m，0m，0m），运动过程保持系统姿态不变，采样间隔为 1m，测量试验如图 3-8 所示。

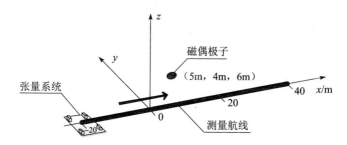

图 3-8　磁偶极子场源单航线测量试验示意图

首先利用式（3-14）、式（3-15）仿真出该单航线上理论张量场分布，再利用式（3-6）至式（3-10）分别对 5 种张量结构进行航磁测量，采样间隔为 1m，基线距离均设为 0.4m。以平面十字形结构为例，张量场理论分布值与各采样点 6 个独立张量分量测量值如图 3-9 所示；5 种结构的张量分量测量偏差如图 3-10 所示，使用均方根误差（Root Mean Square Error，RMSE）[114] 对偏差进行量化并列于表 3-1 中。为突出结构误差带来的影响，仿真中各传感器三轴输出均为理想。

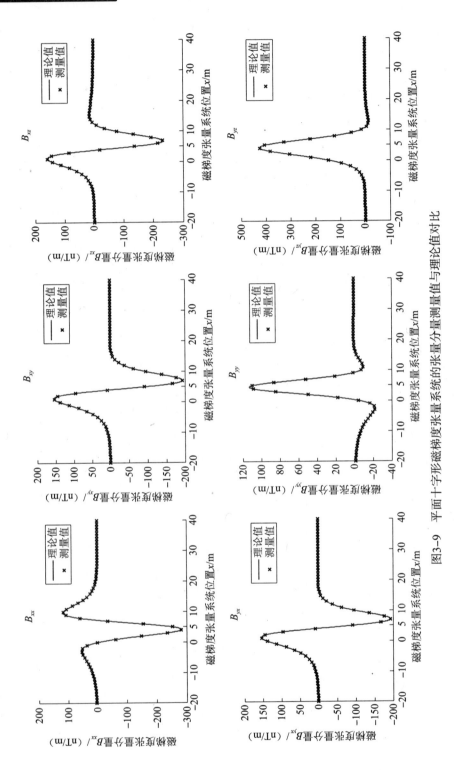

图3-9 平面十字形磁梯度张量系统的张量分量测量值与理论值对比

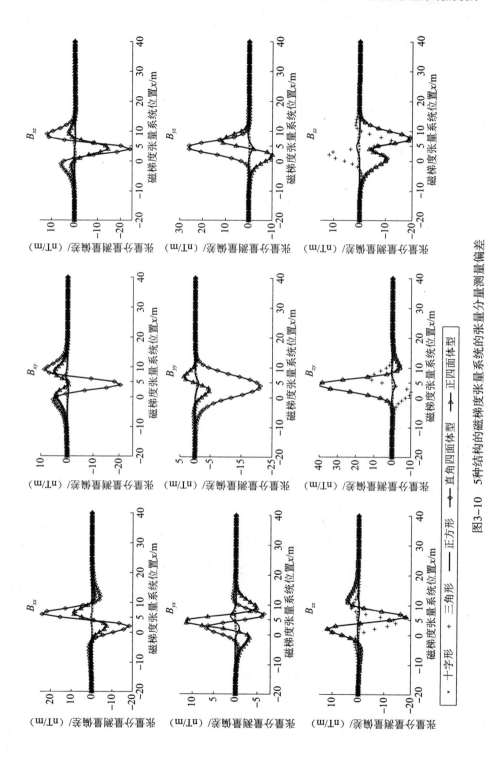

图3-10　5种结构的磁梯度张量系统的张量分量测量偏差

表 3-1　不同结构的磁梯度张量系统测量得到的全张量分量 RMSE 对比

结构类型	全张量分量 RMSE/(nT/m)								
	B_{xx}	B_{xy}	B_{xz}	B_{yx}	B_{yy}	B_{yz}	B_{zx}	B_{zy}	B_{zz}
平面十字形	0.1236	0.0872	0.1092	0.0389	0.1724	0.0449	0.1092	0.0449	0.1627
等边三角形	2.4259	1.6478	3.3125	1.6478	1.2517	3.6366	3.3125	3.6366	3.6209
正方形	0.0253	0.1801	0.1302	0.1801	0.2510	0.3116	0.1302	0.3116	0.2526
直角四面体	6.3808	4.8298	5.7537	4.8298	6.8301	6.6006	4.5222	9.9057	5.5913
正四面体	2.4259	1.6478	3.3125	1.6478	1.2517	3.6366	4.5772	9.9581	5.5117

由结果可知，推导的各结构张量测量矩阵均能在一定精度范围内实现磁异常体全张量场测量，对同一个测量目标，相同基线尺寸及传感器分辨率条件下，平面十字形和正方形磁梯度张量系统结构误差最小，其理论测量精度最高，在±500nT/m 的张量分量值测量范围内 RMSE 控制在 0.2nT/m 内，与等边三角形、空间四面体形相比，结构误差引起的测量偏差小于其 10 倍以上。此外，平面十字形结构简单，便于安装，且方便绕结构中心点 Z 轴旋转测量较高效地进行传感器系统误差（如非正交性、轴位偏差和灵敏度差等）和阵列间非对准误差的校准作业，更具实用性。

3.4.3　平面十字形磁梯度张量系统搭建

上述仿真试验表明，平面十字形和正方形磁梯度张量系统结构误差最小，其理论测量精度最高，且考虑到安装与操作的便捷性及较易于进行传感器误差参数校准，平面十字形结构则更适用于科研与工程实际。据此，本书按照图 3-2 所示的结构设计搭建了平面十字形磁梯度张量系统原理样机，如图 3-11 所示，由 4 个磁通门传感器和一个平面无磁材料制作的十字架构成。

图 3-11　实际搭建的平面十字形磁梯度张量系统

　　该系统选用由英国 Bartington 公司生产制造的 Mag-03MS 型号磁通门传感器，其外壳尺寸为 32mm×32mm×152mm，由无磁性的增强型环氧树脂制作而成，质地坚硬不易形变，给予了磁芯很好的保护。传感器相关指标：工作温度为 -40～+70℃，量程为 ±70000nT，最高测量分辨率为 0.01nT（在 1Hz 均方根噪声环境下），输入电压为 ±12V，最大功耗为 26mA，模拟输出为 ±10V，响应频率为 1kHz，温度漂移小于 0.1nT/℃。数据采集模块选用美国 National Instruments 公司的 NI USB-6281 型号采集卡，最高可实现 16 通道同步数据采集，分辨率达 18 位。

　　综合考虑磁通门传感器的分辨率、探测距离、实际需求的待测磁性目标的磁异常范围后，搭建的磁梯度张量系统传感器测量原点间基线距离设定为 50cm。

小　结

　　磁梯度张量系统的可靠搭建是进行张量测量与数据解释的前提，本章对磁梯度张量及其测量方法进行了理论分析，介绍了平面十字形磁通门阵列结构磁梯度张量系统的搭建方法，为下一步进行系统误差分析和输出校准提供了理论指导和平台支撑。

第4章
磁梯度张量系统匀强磁场下线性校正方法

4.1 引　言

矢量磁传感器普遍存在着零点偏移、灵敏度不一致、三轴非正交等多种误差（可统称为单传感器误差），若不进行有效校正，其引起的张量测量误差将达到数十甚至上千纳特[81]。另外，多个传感器安装到十字骨架上时，传感器沿安装中心点发生偏移或旋转将产生偏移和旋转误差，其中偏移误差可采用精密的机床加工来克服，但旋转误差较难避免且会引起各传感器轴间的非对准误差，进而影响测量精度。而磁梯度张量的精确测量是磁性目标探测的关键。因此，为了对张量系统中存在的多种误差进行有效校正。

4.2　磁梯度张量系统结构设计及误差分析

4.2.1　单传感器自身误差分析

磁梯度张量系统中的三分量磁场传感器是由3个单轴磁探头正交、共点放置而成。有的通过机械方法直接加工一个正交的骨架，将3个单轴探头放置在骨架的3个正交面上，尽量保证三轴正交，如磁通门传感器等。有的通过微机电系统（Micro-Electro-Mechanic System，MEMS）技术使3个磁敏感轴尽量正交，如磁阻传感器等。但受到工艺水平及机械加工误差等影响，三轴磁场传感器还是不可避免地存在了三轴非正交性误差和三轴不共点误差。

三轴磁场传感器多数都是基于电能工作的，在工作过程中，三分量磁场传感器的灵敏度定义为

$$k = \frac{B}{V} \tag{4-1}$$

式中：B 为待测量磁场值；V 为传感器输出电压值；灵敏度 k 的单位一般为 nT/mV。

由于三分量磁场传感器各磁敏感轴的材料特性，供电特性等不能保证完全一致，这样使得 3 个轴的灵敏度存在不一致，或者与标准值不一致。

电能传感器一般都存在零点偏移问题（测量值为零时而输出值不为零），磁场传感器也同样存在零点偏移误差。

磁场传感器的输出值一般会夹杂随机噪声，这是传感器电路中不可避免的噪声，通常用分辨率表示，分辨率值越小，传感器的噪声越小，传感器的性能也越好，这也成为当前衡量磁场传感器优劣的一个重要指标。

磁场传感器一般还会受到温度影响，在温度变化较大时，磁场传感器的灵敏度以及零点偏移和分辨率都会有一定的变化。

4.2.2　传感器间不对正误差分析

磁梯度张量系统中 4 个三分量磁场传感器的坐标系各对应轴应当相互平行，也就是对应磁敏感轴要互相平行，但是将 4 个三分量磁场传感器安装到十字框架上时，由于机械安装误差的存在，不可避免地存在磁传感器间的坐标系不对正误差。

根据实践经验，对磁梯度张量系统中的误差影响从大到小排序为三轴非正交性误差、传感器间坐标系不对正误差、各轴灵敏度不一致误差、零点偏移误差、三轴不共点误差、随机噪声误差。对于温度因素的影响，前人已用曲线拟合的方式给出了补偿方法[68]，并且本书以原理样机进行短时间测量验证，温度变化并不大，所以这里对温度影响暂不考虑。与三轴不共点误差和随机噪声误差相比，其他误差较小[54]，本书暂不作考虑。

综上所述，磁梯度张量系统中对于单个磁场传感器自身所要校正的误差包括三轴非正交性误差、灵敏度不一致误差和零点偏移误差；对于传感器间所要校正的误差为传感器间坐标系不对正误差。这些误差的存在将对磁梯度张量系统的测量产生很大影响，在加工工艺及安装工艺保证的基础上，需要通过数学算法作进一步校正。

4.3　单传感器误差线性校正方法

4.3.1　单传感器误差模型建立

三分量磁场传感器的 3 个磁敏感轴在理想情况下应该是正交的，假设理想磁轴形成的空间笛卡儿坐标系为 $OXYZ$，而实际传感器磁轴形成的空间坐标系不能完全正交，假设其为 $OX_1Y_1Z_1$。如图 4-1 所示，使实际传感器坐标系的 Z_1 轴与理想正交坐标系的 Z 轴重合，而且具有相同的指向；使 Y_1OZ_1 面与 YOZ 面重合，此时 OY_1 轴与 OY 轴的夹角为 ψ，OX_1 轴与 XOY 面的夹角为 θ，OX_1 轴在 XOY 面内的投影与 OX 轴的夹角为 φ。

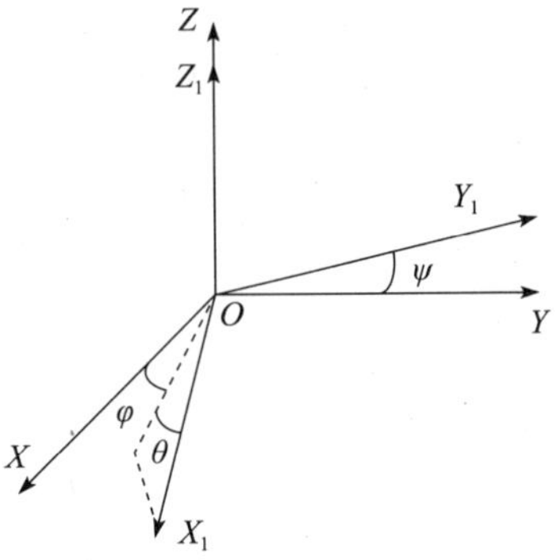

首先只考虑三轴非正交性误差时，实际三分量磁场传感器测量某磁场得到的磁场值为 $\boldsymbol{B}'' = (B''_X,\ B''_Y,\ B''_Z)^T$，与理想三轴正交传感器测量值 $\boldsymbol{B} = (B_X,\ B_Y,\ B_Z)^T$ 的关系为

$$\boldsymbol{B}'' = \boldsymbol{A}\boldsymbol{B} \qquad (4-2)$$

图 4-1 实际传感器坐标系与理想正交坐标系

式中：$\boldsymbol{A} = \begin{pmatrix} \cos\varphi\cos\theta & \sin\varphi\cos\theta & \sin\theta \\ 0 & \cos\psi & \sin\psi \\ 0 & 0 & 1 \end{pmatrix}$ 为三轴非正交性误差矩阵。

三分量磁场传感器除了三轴非正交性误差，主要还存在三轴灵敏度不一致和零点偏移误差，这两部分误差是电性质的误差，其形成的原理模型如图 4-2 所示[1]。

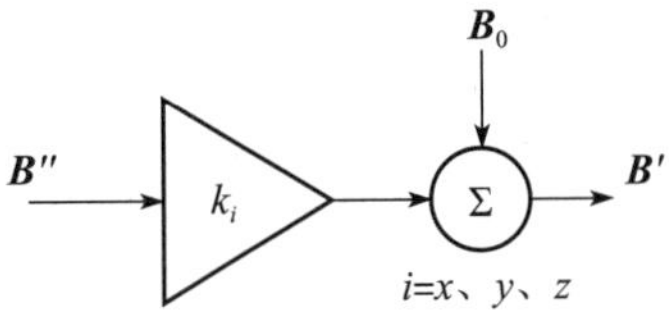

由图 4-2 可以看出，传感器 3 个轴的灵敏度各不相等，并且与标准值也有一定差异，这里假设各轴灵敏度与标准灵敏度的比例系数为 $k_i(i=x、y、z)$。在灵敏度不一致的基础上具有零点偏移向量 $\boldsymbol{B}_0 = (B_{0X},\ B_{0Y},\ B_{0Z})^T$，那么此时实际三分量磁场传感器输出值 $\boldsymbol{B}' = (B'_X,\ B'_Y,\ B'_Z)^T$ 为

$$\boldsymbol{B}' = \boldsymbol{K}\boldsymbol{B}'' + \boldsymbol{B}_0 \qquad (4-3)$$

图 4-2 灵敏度不一致及零点偏移原理

式中：$\boldsymbol{K} = \begin{pmatrix} k_x & & \\ & k_y & \\ & & k_z \end{pmatrix}$ 为三轴灵敏度不一致误差矩阵。

将式（4-2）代入式（4-3）得到由理想磁场值变为实际测量值的三分量磁场传感器综合误差模型为

$$\boldsymbol{B}' = \boldsymbol{K}\boldsymbol{A}\boldsymbol{B} + \boldsymbol{B}_0 \qquad (4-4)$$

将式（4-4）变形，可以得到理想磁场值为

$$\boldsymbol{B} = \boldsymbol{A}^{-1}\boldsymbol{K}^{-1}(\boldsymbol{B}' - \boldsymbol{B}_0) \qquad (4-5)$$

式中：k_x、k_y、k_z、ψ、θ、φ、B_{0X}、B_{0Y} 和 B_{0Z} 为三分量磁场传感器误差参数，已知这些误差参数就可以求得理想磁场测量值。

式（4-5）直观上呈现高度的非线性，采用迭代算法或人工神经网络方法对非线性模型进行求解，容易出现多解性和解不稳定现象。如果能将误差模型线性化，将有利于校正参数的求解。

4.3.2　误差模型线性化

式（4-4）中 ψ、φ 和 θ 都是小角度，其正弦值约等于本身，余弦值约等于 1，那么对式（4-4）化简，其过程为

$$\boldsymbol{B}' = \begin{pmatrix} k_x & & \\ & k_y & \\ & & k_z \end{pmatrix} \begin{pmatrix} \cos\varphi\cos\theta & \sin\varphi\cos\theta & \sin\theta \\ 0 & \cos\psi & \sin\psi \\ 0 & 0 & 1 \end{pmatrix} \boldsymbol{B} + \boldsymbol{B}_0$$

$$\boldsymbol{B}' = \begin{pmatrix} k_x & & \\ & k_y & \\ & & k_z \end{pmatrix} \begin{pmatrix} 1 & \varphi & \theta \\ 0 & 1 & \psi \\ 0 & 0 & 1 \end{pmatrix} \boldsymbol{B} + \boldsymbol{B}_0 \tag{4-6}$$

$$\boldsymbol{B}' = \begin{pmatrix} k_x & k_x\varphi & k_x\theta \\ 0 & k_y & k_y\psi \\ 0 & 0 & k_z \end{pmatrix} \boldsymbol{B} + \boldsymbol{B}_0$$

对式（4-6）移项、求逆，省略二阶小量得[2]

$$\boldsymbol{B} = \begin{pmatrix} \dfrac{1}{k_x} & \dfrac{-\varphi}{k_y} & \dfrac{\varphi\psi - \theta}{k_z} \\ 0 & \dfrac{1}{k_y} & \dfrac{-\psi}{k_z} \\ 0 & 0 & \dfrac{1}{k_z} \end{pmatrix} (\boldsymbol{B}' - \boldsymbol{B}_0)$$

$$\tag{4-7}$$

$$\boldsymbol{B} = \begin{pmatrix} \dfrac{1}{k_x} & \dfrac{-\varphi}{k_y} & \dfrac{-\theta}{k_z} \\ 0 & \dfrac{1}{k_y} & \dfrac{-\psi}{k_z} \\ 0 & 0 & \dfrac{1}{k_z} \end{pmatrix} (\boldsymbol{B}' - \boldsymbol{B}_0)$$

令

$$\begin{pmatrix} \dfrac{1}{k_x} & \dfrac{-\varphi}{k_y} & \dfrac{-\theta}{k_z} \\ 0 & \dfrac{1}{k_y} & \dfrac{-\psi}{k_z} \\ 0 & 0 & \dfrac{1}{k_z} \end{pmatrix} = \boldsymbol{C} = \begin{pmatrix} c_{11} & c_{12} & c_{13} \\ 0 & c_{22} & c_{23} \\ 0 & 0 & c_{33} \end{pmatrix} = \boldsymbol{E} + \boldsymbol{C}' \tag{4-8}$$

式中：$\boldsymbol{C}' = \begin{pmatrix} c'_{11} & c'_{12} & c'_{13} \\ 0 & c'_{22} & c'_{23} \\ 0 & 0 & c'_{33} \end{pmatrix}$。

由于 k_x、k_y 和 k_z 是实际灵敏度与标准灵敏度的比值，所以其应当在 1 附近，并且 ψ、φ 和 θ 又都是小量，所以 $\boldsymbol{C}'$ 中非零元素都为小量。则式（4-7）可以写为

$$\boldsymbol{B} = (\boldsymbol{E} + \boldsymbol{C}')(\boldsymbol{B}' - \boldsymbol{B}_0) \tag{4-9}$$
$$= \boldsymbol{B}' + \boldsymbol{C}'\boldsymbol{B}' - (\boldsymbol{E} + \boldsymbol{C}')\boldsymbol{B}_0$$

令

$$(\boldsymbol{E} + \boldsymbol{C}')\boldsymbol{B}_0 = \boldsymbol{B}'_0 = (B'_{0X}, B'_{0Y}, B'_{0Z})^{\mathrm{T}} \tag{4-10}$$

则式（4-9）可写为

$$\boldsymbol{B} = \boldsymbol{B}' + \boldsymbol{C}'\boldsymbol{B}' - \boldsymbol{B}'_0 \tag{4-11}$$

将式（4-11）左右两端取模，再平方，忽略二阶小量，并进行整理得

$$\begin{aligned} \frac{1}{2}(\|\boldsymbol{B}\|^2 - \|\boldsymbol{B}'\|^2) = & \, c'_{11}B'^2_X + c'_{22}B'^2_Y + c'_{33}B'^2_Z \\ & + c'_{12}B'_X B'_Y + c'_{13}B'_X B'_Z + c'_{23}B'_Y B'_Z \\ & - B'_{0X}B'_X - B'_{0Y}B'_Y - B'_{0Z}B'_Z \end{aligned} \tag{4-12}$$

式中：c'_{11}、c'_{22}、c'_{12}、c'_{13}、c'_{23}、c'_{33}、B'_{0X}、B'_{0Y}、B'_{0Z} 为未知参量，呈线性形式，式（4-12）实现了三分量磁场传感器误差模型的线性化。

4.3.3 模型线性求解方法

式（4-12）中 c'_{11}、c'_{22}、c'_{12}、c'_{13}、c'_{23}、c'_{33}、B'_{0X}、B'_{0Y}、B'_{0Z} 可作为误差校正系数，通过这些系数，结合式可实现对含误差的传感器测量值进行校正。式（4-12）中含有 9 个未知参数，所以至少要测量 9 组数据才能实现误差参数的求解，一般采用多于 9 组的数据进行解算。假设将三分量磁传感器在匀强磁场环境下进行空间多姿态的旋转，各姿态的测量值为 $\{\boldsymbol{B}'(t)\}_{t=1}^n$，$n > 9$。将 $\{\boldsymbol{B}'(t)\}_{t=1}^n$，$n > 9$ 代入式（4-12），可得

$$\begin{pmatrix} B'_X(1)^2 & B'_Y(1)^2 & B'_X(1)B'_Y(1) & B'_X(1)B'_Z(1) & B'_Y(1)B'_Z(1) & B'_Z(1) & -B'_X(1) & -B'_Y(1) & -B'_Z(1) \\ B'_X(2)^2 & B'_Y(2)^2 & B'_X(2)B'_Y(2) & B'_X(2)B'_Z(2) & B'_Y(2)B'_Z(2) & B'_Z(2) & -B'_X(2) & -B'_Y(2) & -B'_Z(2) \\ B'_X(3)^2 & B'_Y(3)^2 & B'_X(3)B'_Y(3) & B'_X(3)B'_Z(3) & B'_Y(3)B'_Z(3) & B'_Z(3) & -B'_X(3) & -B'_Y(3) & -B'_Z(3) \\ B'_X(4)^2 & B'_Y(4)^2 & B'_X(4)B'_Y(4) & B'_X(4)B'_Z(4) & B'_Y(4)B'_Z(4) & B'_Z(4) & -B'_X(4) & -B'_Y(4) & -B'_Z(4) \\ \vdots & \vdots & \vdots & \vdots & \vdots & \vdots & \vdots & \vdots & \vdots \\ \vdots & \vdots & \vdots & \vdots & \vdots & \vdots & \vdots & \vdots & \vdots \\ \vdots & \vdots & \vdots & \vdots & \vdots & \vdots & \vdots & \vdots & \vdots \\ \vdots & \vdots & \vdots & \vdots & \vdots & \vdots & \vdots & \vdots & \vdots \end{pmatrix} \begin{pmatrix} c'_{11} \\ c'_{22} \\ c'_{12} \\ c'_{13} \\ c'_{23} \\ c'_{33} \\ B'_{0X} \\ B'_{0Y} \\ B'_{0Z} \end{pmatrix}$$

$$= \frac{1}{2} \begin{pmatrix} \|\boldsymbol{B}\|^2 - \|\boldsymbol{B}'(1)\|^2 \\ \|\boldsymbol{B}\|^2 - \|\boldsymbol{B}'(2)\|^2 \\ \|\boldsymbol{B}\|^2 - \|\boldsymbol{B}'(3)\|^2 \\ \|\boldsymbol{B}\|^2 - \|\boldsymbol{B}'(4)\|^2 \\ \vdots \\ \vdots \\ \vdots \\ \vdots \\ \vdots \\ \vdots \end{pmatrix}$$

$$(4-13)$$

式（4-13）为线性方程组，本书将采用广义逆的方法对误差参数 c'_{11}、c'_{22}、c'_{12}、c'_{13}、c'_{23}、c'_{33}、B'_{0X}、B'_{0Y}、B'_{0Z} 进行求解，即

$$\begin{pmatrix} c'_{11} \\ c'_{22} \\ c'_{12} \\ c'_{13} \\ c'_{23} \\ c'_{33} \\ B'_{0X} \\ B'_{0Y} \\ B'_{0Z} \end{pmatrix} = \frac{1}{2} \begin{pmatrix} B'_X(1)^2 & B'_Y(1)^2 & B'_X(1)B'_Y(1) & B'_X(1)B'_Z(1) & B'_Y(1)B'_Z(1) & B'_Z(1) & -B'_X(1) & -B'_Y(1) & -B'_Z(1) \\ B'_X(2)^2 & B'_Y(2)^2 & B'_X(2)B'_Y(2) & B'_X(2)B'_Z(2) & B'_Y(2)B'_Z(2) & B'_Z(2) & -B'_X(2) & -B'_Y(2) & -B'_Z(2) \\ B'_X(3)^2 & B'_Y(3)^2 & B'_X(3)B'_Y(3) & B'_X(3)B'_Z(3) & B'_Y(3)B'_Z(3) & B'_Z(3) & -B'_X(3) & -B'_Y(3) & -B'_Z(3) \\ B'_X(4)^2 & B'_Y(4)^2 & B'_X(4)B'_Y(4) & B'_X(4)B'_Z(4) & B'_Y(4)B'_Z(4) & B'_Z(4) & -B'_X(4) & -B'_Y(4) & -B'_Z(4) \\ \vdots & \vdots & \vdots & \vdots & \vdots & \vdots & \vdots & \vdots & \vdots \\ \vdots & \vdots & \vdots & \vdots & \vdots & \vdots & \vdots & \vdots & \vdots \\ \vdots & \vdots & \vdots & \vdots & \vdots & \vdots & \vdots & \vdots & \vdots \\ \vdots & \vdots & \vdots & \vdots & \vdots & \vdots & \vdots & \vdots & \vdots \\ \vdots & \vdots & \vdots & \vdots & \vdots & \vdots & \vdots & \vdots & \vdots \end{pmatrix}^{\mathrm{H}}$$

$$\begin{pmatrix} \|\boldsymbol{B}\|^2 - \|\boldsymbol{B}'(1)\|^2 \\ \|\boldsymbol{B}\|^2 - \|\boldsymbol{B}'(2)\|^2 \\ \|\boldsymbol{B}\|^2 - \|\boldsymbol{B}'(3)\|^2 \\ \|\boldsymbol{B}\|^2 - \|\boldsymbol{B}'(4)\|^2 \\ \vdots \\ \vdots \\ \vdots \\ \vdots \\ \vdots \end{pmatrix}$$

$$(4\text{-}14)$$

根据式（4-8）和式（4-10）可求得

$$k_x = \frac{1}{1+c'_{11}}, \quad k_y = \frac{1}{1+c'_{22}}$$

$$k_z = \frac{1}{1+c'_{33}}, \quad \psi = -k_z c'_{23}$$

$$\theta = -k_z c'_{13}, \quad \varphi = -k_y c'_{12}$$

$$B_{0Z} = \frac{B'_{0Z}}{1+c'_{33}}$$

$$B_{0Y} = \frac{B'_{0Y} - c'_{23} B_{0Z}}{1+c'_{22}}$$

$$(4\text{-}15)$$

$$B_{0X} = \frac{B'_{0x} - c'_{13} B_{0Z} - c'_{12} B_{0Y}}{1+c'_{11}}$$

结合以上求解得到的单传感器误差校正参数 k_x、k_y、k_z、ψ、θ、φ、B_{0X}、B_{0Y} 和 B_{0Z}，通过式（4-7），可对测量的磁场值进行校正。

4.4　传感器间误差线性校正方法

4.4.1　传感器间误差模型建立

图4-3所示的平面十字磁梯度张量系统中4个三分量磁场传感器随着磁梯度张量系统框架在匀强磁场环境下同时进行多姿态旋转，之后利用各姿态的实际测量值，结合4.3节所述的单传感器误差校正方法对4个传感器进行同时校正。在理想情况下，校正后的4个传感器各分量值应当对应相等，但4个传感

器间还存在坐标系不对正误差，使得各传感器对应分量并不相等。

由图 4-3 可以看出，以 1 号传感器的理想正交坐标系 $Oxyz$ 为基准坐标系（或以 4 个传感器校正值的平均值坐标系为基准坐标系），假设其他 3 个（以 4 个传感器校正值的平均值坐标系为基准坐标系时，为其他 4 个）传感器中某个传感器的理想正交坐标系为 $Ox'''y'''z'''$，假设坐标系 $Ox'''y'''z'''$ 是坐标系 $Oxyz$ 经过方位 α 旋转、横滚 β 旋转和俯仰 γ 旋转得到的。在图 4-4 中，坐标系 $Oxyz$ 绕 Oz 轴旋转 α 角得到坐标系 $Ox'y'z'$，旋转的二维示意图如图 4-4 所示。

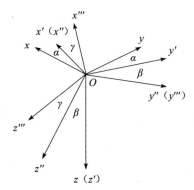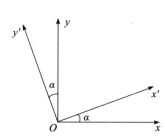

图 4-3　坐标系旋转示意图　　　图 4-4　坐标系旋转二维图

由图 4-4 所示的几何关系可知，空间某点在坐标系 $Ox'y'z'$ 和坐标系 $Oxyz$ 中的坐标关系为

$$\begin{pmatrix} x' \\ y' \\ z' \end{pmatrix} = \begin{pmatrix} \cos\alpha & \sin\alpha & 0 \\ -\sin\alpha & \cos\alpha & 0 \\ 0 & 0 & 1 \end{pmatrix} \begin{pmatrix} x \\ y \\ z \end{pmatrix} \tag{4-16}$$

坐标系 $Ox'y'z'$ 再绕 Ox' 轴旋转 β 角得到坐标系 $Ox''y''z''$，空间点在坐标系 $Ox''y''z''$ 和坐标系 $Ox'y'z'$ 中的坐标关系为

$$\begin{pmatrix} x'' \\ y'' \\ z'' \end{pmatrix} = \begin{pmatrix} 1 & 0 & 0 \\ 0 & \cos\beta & \sin\beta \\ 0 & -\sin\beta & \cos\beta \end{pmatrix} \begin{pmatrix} x' \\ y' \\ z' \end{pmatrix} \tag{4-17}$$

坐标系 $Ox''y''z''$ 再绕 Oy'' 旋转 γ 角得到坐标系 $Ox'''y'''z'''$，空间点在坐标系 $Ox'''y'''z'''$ 和坐标系 $Ox''y''z''$ 中的坐标关系为

$$\begin{pmatrix} x''' \\ y''' \\ z''' \end{pmatrix} = \begin{pmatrix} \cos\gamma & 0 & -\sin\gamma \\ 0 & 1 & 0 \\ \sin\gamma & 0 & \cos\gamma \end{pmatrix} \begin{pmatrix} x'' \\ y'' \\ z'' \end{pmatrix} \tag{4-18}$$

综合式 (4-16)、式 (4-17) 和式 (4-18) 可得空间点在坐标系 $Ox'''y'''z'''$

和坐标系 $Oxyz$ 中的坐标关系为

$$\begin{pmatrix} x''' \\ y''' \\ z''' \end{pmatrix} = \begin{pmatrix} \cos\gamma & 0 & -\sin\gamma \\ 0 & 1 & 0 \\ \sin\gamma & 0 & \cos\gamma \end{pmatrix} \begin{pmatrix} 1 & 0 & 0 \\ 0 & \cos\beta & \sin\beta \\ 0 & -\sin\beta & \cos\beta \end{pmatrix} \begin{pmatrix} \cos\alpha & \sin\alpha & 0 \\ -\sin\alpha & \cos\alpha & 0 \\ 0 & 0 & 1 \end{pmatrix} \begin{pmatrix} x \\ y \\ z \end{pmatrix}$$

(4-19)

令 $\boldsymbol{R} = \begin{pmatrix} \cos\gamma & 0 & -\sin\gamma \\ 0 & 1 & 0 \\ \sin\gamma & 0 & \cos\gamma \end{pmatrix} \begin{pmatrix} 1 & 0 & 0 \\ 0 & \cos\beta & \sin\beta \\ 0 & -\sin\beta & \cos\beta \end{pmatrix} \begin{pmatrix} \cos\alpha & \sin\alpha & 0 \\ -\sin\alpha & \cos\alpha & 0 \\ 0 & 0 & 1 \end{pmatrix}$，$\boldsymbol{R}$ 为坐

标系旋转矩阵。

根据坐标系旋转关系，1 号基准传感器磁场测量值 $\boldsymbol{B}_1 = (B_{1x},\ B_{1y},\ B_{1z})^{\mathrm{T}}$ 与其他传感器磁场测量值 $\boldsymbol{B}_i = (B_{ix},\ B_{iy},\ B_{iz})^{\mathrm{T}}$ （$i = 2,\ 3,\ 4$）间的关系为

$$\begin{pmatrix} B_{ix} \\ B_{iy} \\ B_{iz} \end{pmatrix} = \boldsymbol{R} \begin{pmatrix} B_{1x} \\ B_{1y} \\ B_{1z} \end{pmatrix}$$

(4-20)

式中：α、β 和 γ 为传感器间坐标系不对正误差，求得 α、β 和 γ 即可将各传感器测量值统一到同一个坐标系中。式（4-20）可作为传感器间坐标系不对正误差校正模型，但是该模型呈现出非线性。

4.4.2　误差模型线性化

将坐标旋转矩阵 $\boldsymbol{R}$ 展开

$$\boldsymbol{R} = \begin{pmatrix} \cos\gamma & 0 & -\sin\gamma \\ 0 & 1 & 0 \\ \sin\gamma & 0 & \cos\gamma \end{pmatrix} \begin{pmatrix} 1 & 0 & 0 \\ 0 & \cos\beta & \sin\beta \\ 0 & -\sin\beta & \cos\beta \end{pmatrix} \begin{pmatrix} \cos\alpha & \sin\alpha & 0 \\ -\sin\alpha & \cos\alpha & 0 \\ 0 & 0 & 1 \end{pmatrix}$$

$$\boldsymbol{R} = \begin{pmatrix} \cos\alpha\cos\gamma - \sin\alpha\sin\beta\sin\gamma & \sin\alpha\cos\gamma + \cos\alpha\sin\beta\sin\gamma & -\cos\beta\sin\gamma \\ -\sin\alpha\cos\beta & \cos\alpha\cos\beta & \sin\beta \\ \cos\alpha\sin\gamma + \sin\alpha\sin\beta\cos\gamma & \sin\alpha\sin\gamma - \cos\alpha\sin\beta\cos\gamma & \cos\beta\cos\gamma \end{pmatrix}$$

(4-21)

$\boldsymbol{R}$ 共含有 9 个分量，令

$$\boldsymbol{R} = \begin{pmatrix} r_{11} & r_{12} & r_{13} \\ r_{21} & r_{22} & r_{23} \\ r_{31} & r_{32} & r_{33} \end{pmatrix}$$

(4-22)

将式代入，可得

$$
\begin{pmatrix} B_{ix} \\ B_{iy} \\ B_{iz} \end{pmatrix} = \begin{pmatrix} r_{11} & r_{12} & r_{13} \\ r_{21} & r_{22} & r_{23} \\ r_{31} & r_{32} & r_{33} \end{pmatrix} \begin{pmatrix} B_{1x} \\ B_{1y} \\ B_{1z} \end{pmatrix}
$$

$$
(B_{ix} \quad B_{iy} \quad B_{iz}) = (B_{1x} \quad B_{1y} \quad B_{1z}) \begin{pmatrix} r_{11} & r_{21} & r_{31} \\ r_{12} & r_{22} & r_{32} \\ r_{13} & r_{23} & r_{33} \end{pmatrix} \tag{4-23}
$$

$$
(B_{ix} \quad B_{iy} \quad B_{iz}) = (B_{1x} \quad B_{1y} \quad B_{1z}) R^{\mathrm{T}}
$$

式（4-23 中的 $\boldsymbol{R}^{\mathrm{T}} = \begin{pmatrix} r_{11} & r_{21} & r_{31} \\ r_{12} & r_{22} & r_{32} \\ r_{13} & r_{23} & r_{33} \end{pmatrix}$ 可作为坐标系不对正误差校正矩阵，其

中含有 9 个参数，利用这些误差参数可将不同三分量传感器坐标系统统一到标准坐标系下，式（4-23）为线性校正模型。

4.4.3　模型线性求解方法

整个磁梯度张量系统在匀强磁场环境下进行多姿态测量，还可列出多个形如式（4-23）的方程，由这些方程组成线性方程组为

$$
\begin{pmatrix} B_{ix}(1) & B_{iy}(1) & B_{iz}(1) \\ B_{ix}(2) & B_{iy}(2) & B_{iz}(2) \\ \vdots & \vdots & \vdots \\ B_{ix}(j) & B_{iy}(j) & B_{iz}(j) \\ \vdots & \vdots & \vdots \end{pmatrix} = \begin{pmatrix} B_{1x}(1) & B_{1y}(1) & B_{1z}(1) \\ B_{1x}(2) & B_{1y}(2) & B_{1z}(2) \\ \vdots & \vdots & \vdots \\ B_{1x}(j) & B_{1y}(j) & B_{1z}(j) \\ \vdots & \vdots & \vdots \end{pmatrix} \boldsymbol{R}^{\mathrm{T}} \tag{4-24}
$$

式中：j 为不同旋转姿态序号，只要 $j \geqslant 3$ 就可对式（4-24）中 $\boldsymbol{R}^{\mathrm{T}}$ 包含的 9 个误差校正参数进行求解。本书通过广义逆的方法对这些误差参数进行求解，即

$$
\boldsymbol{R}^{\mathrm{T}} = \begin{pmatrix} B_{1x}(1) & B_{1y}(1) & B_{1z}(1) \\ B_{1x}(2) & B_{1y}(2) & B_{1z}(2) \\ \vdots & \vdots & \vdots \\ B_{1x}(j) & B_{1y}(j) & B_{1z}(j) \\ \vdots & \vdots & \vdots \end{pmatrix}^{\mathrm{H}} \begin{pmatrix} B_{ix}(1) & B_{iy}(1) & B_{iz}(1) \\ B_{ix}(2) & B_{iy}(2) & B_{iz}(2) \\ \vdots & \vdots & \vdots \\ B_{ix}(j) & B_{iy}(j) & B_{iz}(j) \\ \vdots & \vdots & \vdots \end{pmatrix} \tag{4-25}
$$

根据式（4-25），将某传感器坐标系下的磁场值统一到标准坐标系下的公式为

$$
(B_{i1x} \quad B_{i1y} \quad B_{i1z}) = (B_{ix} \quad B_{iy} \quad B_{iz})(\boldsymbol{R}^{\mathrm{T}})^{-1} \tag{4-26}
$$

4.5 磁张量系统校正实测试验

磁通门传感器具有重量轻、体积小、功耗低、电路简单、温度范围宽、稳定性好、方向性强、灵敏度高等优点，在地磁及环境磁学测量中得到了广泛的应用。本书采用中船重工集团有限公司第 710 所研制的经典式三分量磁通门传感器构成平面十字结构的磁梯度张量系统原理样机，该磁通门传感器的分辨率为 0.1nT，响应频率为 1kHz，工作温度为 - 40 ~ 70℃，温度漂移小于0.5nT/℃，功耗为 45mA。本书构建的平面十字结构的磁梯度张量系统如图 4-5 所示。

（a）系统实物 　　　　　　　　　　（b）单个三分量磁通门传感器

图 4-5 平面十字磁梯度张量系统

该磁梯度张量系统的十字骨架采用铝材加工而成，4 个磁通门传感器固定在十字形的 4 个端点。综合考虑磁传感器的分辨率、探测距离和被探测目标的磁梯度[24]，将磁梯度张量系统的基线距离设定为 0.35m。

供电模块采用干电池，先经过 7805 和 7905 芯片产生稳定的±5V 电压，再供给三分量磁通门传感器。数据采集模块采用阿尔泰公司的 USB2852 信号采集卡，其可实现 12 通道的同步数据采集，其分辨率达 16 位。采用腾越公司的TY-YN0800 型加固一体机作为软件操作终端。

在磁梯度张量系统多姿态测量磁场数据时需要用到三轴转台，为此本书专门设计了三轴转台，设计结构如图 4-6 所示，并委托航天科工集团三院进行转台的具体加工组装。为了避免转台对传感器磁场有磁性干扰，转台的材料采用铝材和铜材。

三轴转台的主要技术参数如下。

姿态旋转范围：

方位角为 360°

横滚角为±40°

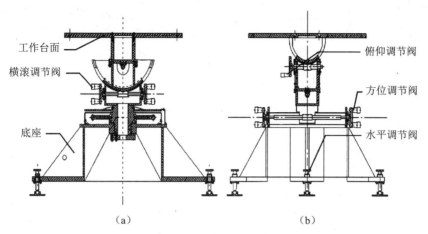

（a）　　　　　　　　　　（b）

图 4-6　三轴无磁转台

俯仰角为±40°

位置精度：

方位角误差不大于±6′；

俯仰角误差不大于±6′；

倾斜角误差不大于±6′。

图 4-7　质子磁力仪

为了寻找匀强磁场环境，并监测环境磁场变化情况，还要用到高精度的总场磁力仪，该试验采用了质子磁力仪，如图 4-7 所示。该质子磁力仪的总场分辨率为 0.1nT，调谐范围为 20000～100000nT，精度为 0.5nT，工作温度为−30～60℃。

将平面十字结构的磁梯度张量系统固定在三轴无磁转台上，并将整个系统置于匀强磁场环境下，如图4-8所示。该匀强磁场环境为宽阔的草坪，周围没

图 4-8　试验环境及设备

有大型钢铁建筑及高压输电线。以转台中心所在位置为基准点，在其四周 2m×2m 的区域用质子磁力仪检测磁场均匀情况。经测量，基准点处磁场总场值为 53908nT，立方体区域内磁场均匀度优于 0.48‰；用质子磁力仪在转台中心位置监测试验环境 30min，磁场波动值在 20nT 以内。

三轴无磁转台以台面水平时为初始位置，在水平方向、横滚方向和俯仰方向每间隔一定角度进行一次旋转，磁梯度张量系统在转台每个姿态时进行一次测量，共进行了 20 个姿态的测量，测量数据如表 4-1 所列。

表 4-1 磁梯度张量系统线性校正所用测量数据

姿态序号	B_{1x}/nT	B_{1y}/nT	B_{1z}/nT	B_{2x}/nT	B_{2y}/nT	B_{2z}/nT	B_{3x}/nT	B_{3y}/nT	B_{3z}/nT	B_{4x}/nT	B_{4y}/nT	B_{4z}/nT
1	−6341	28876	−44487	−6333	27951	−45340	−8220	30180	−45101	−7564	26737	−44663
2	−22952	18370	−44909	−23819	16585	−45111	−24720	19507	−44753	−24596	14715	−44833
3	−28292	−839	−45306	−30400	−2868	−44893	−29957	237	−44554	−30477	−4989	−45060
4	−19840	−19769	−45493	−23045	−21331	−44772	−21464	−18618	−44557	−22494	−23158	−45251
5	−1570	−29530	−45373	−5191	−30161	−44797	−3240	−28188	−44796	−4367	−31304	−45303
6	17969	−25560	−45001	14860	−25193	−44979	16210	−24021	−45150	15456	−25596	−45214
7	29618	−9733	−44572	27627	−8767	−45222	27758	−8072	−45445	27624	−8711	−45005
8	27944	10562	−44279	27201	11389	−45394	26015	12205	−45552	26491	11430	−44788
9	13730	25808	−44239	13763	25888	−45445	11796	27307	−45427	12602	25431	−44659
10	−6341	−6773	−52848	−8844	−7844	−52793	−8314	−5334	−52670	−8804	−9156	−52867
11	−6299	11775	−51784	−7608	10691	−52220	−8307	13200	−52030	−8181	9375	−51889
12	−6333	28905	−44508	−6326	27971	−45368	−8195	30207	−45126	−7525	26758	−44691
13	−6503	42521	−31982	−5161	41881	−33131	−8036	43591	−32859	−6946	40816	−32179
14	−6753	51129	−15540	−4251	50884	−16780	−7838	51891	−16553	−6484	50008	−15722
15	8881	−7611	−52661	6508	−7958	−52930	6866	−6014	−52932	6565	−8755	−52865
16	8696	−25241	−47478	5421	−25423	−47250	6916	−23752	−47334	6060	−26199	−47583
17	8437	−40042	−36530	4650	−39926	−35846	7042	−38766	−36019	5709	−40626	−36539
18	8124	−50039	−21261	4276	−49534	−20226	7219	−49059	−20471	5560	−50074	−21146
19	5507	28101	−44791	5596	27767	−45889	3577	29532	−45754	4371	26986	−45130
20	−10181	29137	−43758	−10164	28014	−44528	−12015	30380	−44265	−11383	26666	−43893
21	−24698	30077	−37438	−24537	28361	−37875	−26266	31048	−37499	−25801	26553	−37369
22	755	−28809	−45976	−2777	−29352	−45469	−952	−27433	−45518	−2007	−30416	−45975
23	16266	−29841	−43137	12935	−29518	−42929	14557	−28374	−43120	13679	−29969	−43311

　　运用本章所提出的单传感器自身误差线性校正方法，结合表4-1中的测量数据首先对 4 个传感器的自身误差进行校正，得到的误差校正参数如表4-2所列。

表 4-2　线性校正得到的单传感器误差参数

参数	传感器 1	传感器 2	传感器 3	传感器 4
k_x	0.9957	1.0052	0.9917	0.9999
k_y	1.0013	0.9988	1.0008	0.9991
k_z	0.9922	0.9965	0.9942	0.9896
ψ	0.0137	0.0125	−0.0268	0.0449
θ	−0.0054	0.0105	−0.0060	0.0160
φ	−0.0610	0.0520	−0.0558	0.0541
B_{0X}	244	196	−182	−178
B_{0Y}	−266	286	214	−178
B_{0Z}	−144	−219	−237	−372

　　由表 4-2 所列的校正参数来看，求解得到的误差参数与实际传感器的误差范围大致相仿，没有异常值的出现，表明线性校正算法具有良好的稳定性。校正前后各传感器的磁总场值（TMI）与外界标准总场差值的波动情况如图4-9所示。

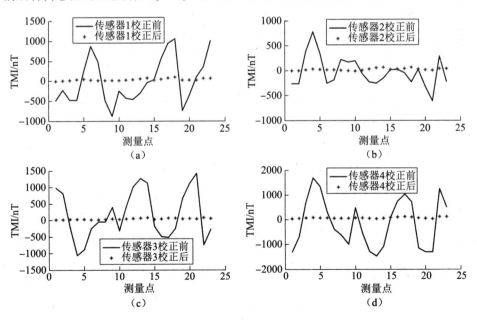

图 4-9　匀强磁场环境下校正前后 TMI 差值波动对比

由图 4-9 可以看出，在匀强磁场环境下，4 个传感器在不同姿态时，校正前传感器测量得到的外界总场值与外界标准总场值相差达上千纳特，校正后差值波动明显减小，使传感器测量得到的外界总场值接近外界标准值，校正了传感器的自身误差，提高了传感器的测量性能。

运用经过自身误差校正后的 4 个传感器各姿态测量数据进行传感器间坐标系不对正误差校正，求解得到的校正参数如表 4-3 所列。

表 4-3　线性校正得到的传感器间误差参数

参数	传感器 2 相对传感器 1	传感器 3 相对传感器 1	传感器 4 相对传感器 1
r_{11}	0.9993	0.9997	0.9986
r_{12}	−0.0510	−0.0096	−0.0879
r_{13}	0.0209	0.0320	0.0129
r_{21}	0.0509	0.0095	0.0886
r_{22}	0.9983	0.9998	0.9973
r_{23}	0.0258	0.0206	0.0061
r_{31}	−0.0222	−0.0316	−0.0126
r_{32}	−0.0251	−0.0210	−0.0042
r_{33}	0.9990	0.9993	1.0001

运用表 4-3 中的传感器间坐标系不对正误差校正参数对各传感器间坐标系不对正误差进行校正。由于整个磁梯度张量系统处于匀强磁场环境下，那么在整个系统校正完成后，理想情况下系统输出的各磁梯度张量分量应当接近于 0nT/m。实际系统在校正前后输出的磁梯度张量分量如图 4-10 所示。由式（4-1）可知磁梯度张量分量存在对称关系，所以图 4-10 只用部分分量对整个磁梯度张量进行表示。

由图 4-10 可以看到，校正前磁梯度张量的分量值远远偏离 0，甚至多达上千纳特每米，而系统在校正之后，各磁梯度张量分量明显减小，趋向于 0，说明系统中的误差得到了有效校正。

从试验结果可以看到，无论是以总场度量的传感器自身误差，还是以磁梯度张量分量度量的整个系统的误差都得到了明显改善，验证了本书所提匀强磁场环境下磁梯度张量系统线性校正方法的正确性及有效性。如果还需要进一步提高磁梯度张量系统的精度，需要选择磁场均匀度更好、磁场波动更小的实验室环境，并且要选用分辨率等各项性能指标更好的三分量磁场传感器。

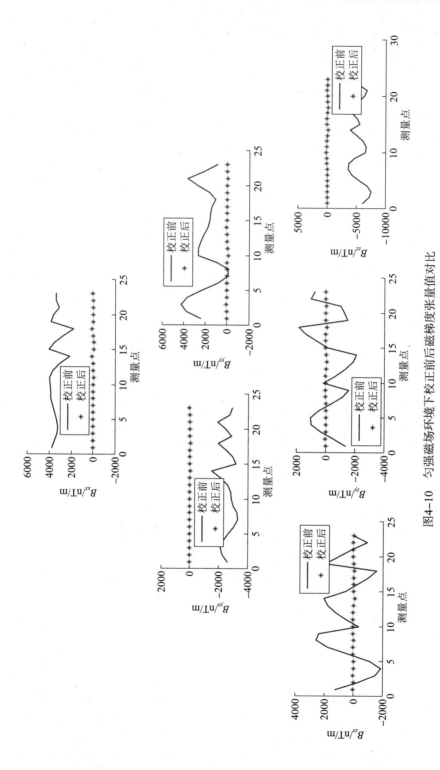

图4-10　匀强磁场环境下校正前后磁梯度张量值对比

小　结

本章在设计平面十字结构磁梯度张量系统的基础上，分析了磁梯度张量系统中存在的误差因素，主要包括单传感器三轴非正交性误差、各轴灵敏度不一致误差、零点偏移误差和传感器间坐标系不对正误差，这些误差在磁梯度张量系统构建中不可避免，需要采用数学算法对其进行校正。

（1）通过分析单传感器的误差形成原因，将误差因素的物理模型转化为数学模型，建立起单传感器综合误差模型，采用舍弃高阶小量、三角函数近似及系数代换等方式对模型进行了化简变形，并最终得到以外界匀强磁场环境为约束基准的线性校正模型，采用广义逆的方法对模型进行线性求解。

（2）以某传感器校正后坐标系为参考坐标系，建立了传感器间坐标系不对正误差模型，对模型采用变量代换的方式进行了线性化处理，得到了关于各传感器校正后磁场与参考传感器校正后磁场的线性误差模型。对磁梯度张量系统进行整体多姿态旋转测量，运用各姿态数据对误差模型进行广义逆求解，得到误差校正参数。

在匀强磁场环境下，通过质子磁力仪标定外界磁场环境，采用无磁转台使磁梯度张量系统原理样机进行多姿态旋转测量，运用本章所提方法对磁梯度张量系统进行了校正试验，经校正后单传感器磁场波动及磁梯度张量各分量波动明显减小，整个磁梯度张量系统的性能得到很大改善。

第 5 章
基于辅助永磁体的非匀强磁场下校正方法研究

5.1 引 言

第 4 章研究了匀强磁场环境下磁梯度张量系统的误差校正方法，经试验验证取得了良好效果，但是匀强磁场环境在工程实践中并不容易满足。在野外环境时，需要用质子磁力仪等高精度总场磁力仪寻找磁场均匀度比较好的区域，这种区域寻找起来费时费力，并且由于地球磁场日变的影响，寻找到的均匀磁场区域在经过长时间后，磁场均匀度会有所变化，总场值也会有所波动，每次开展校正试验前都要用质子磁力仪等对试验区域进行重新标定。

在实验室中产生匀强磁场环境时，需要建造大型的三轴亥姆霍兹线圈，一组线圈内通入电流产生磁场，先将线圈内部中心区域的地球磁场在各个方向抵消掉，之后另一组线圈根据需要磁场的大小和方向加载相应电流来产生匀强磁场。国内现有的大型亥姆霍兹线圈（中国计量科学院，直径 3m）在 20cm 范围内产生磁场的均匀度可达十万分之二，但在 30~40cm（前文磁梯度张量系统基线距离 35cm）范围内产生磁场的均匀度仅有 1‰，并不优于前文中野外环境磁场的均匀度（0.48‰）。如果要在 30~40cm 范围内产生均匀度达到十万分之二的磁场环境，就需要建造超大型的亥姆霍兹线圈，这种超大型亥姆霍兹线圈建造起来十分昂贵、复杂。为此，本章改变前人的研究思路，寻求非匀强磁场环境下的磁梯度张量系统校正方法，避免磁梯度张量系统校正中对环境的苛刻要求。

5.2 辅助永磁体的选取

本章利用一块辅助永磁体完成对磁梯度张量系统的校正。永磁体由能够长期保持磁性的硬磁性材料构成，其磁滞回线如图 5-1 （a）所示，$\boldsymbol{B}_r$ 为剩磁，$\boldsymbol{H}_c$ 为矫顽力，该磁滞回线总体较"肥胖"，$\boldsymbol{B}_r$ 和 $\boldsymbol{H}_c$ 都较大，该类型的磁体被磁化后剩磁较大，不易失磁，可认为其磁矩恒定。图 5-1 （b）所示为软磁性材料的磁滞回线，$\boldsymbol{B}_r$ 和 $\boldsymbol{H}_c$ 都较小，磁滞回线"细长"，剩磁较小，易被磁化，也容易失磁。

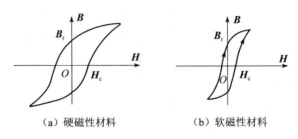

（a）硬磁性材料　　　　　　（b）软磁性材料

图 5-1　不同磁性材料的磁滞回线[3]

永磁体有天然的磁石和人造磁钢。磁石为氧化物类矿物磁铁矿的矿石，其磁性在自然环境中形成，一般经打磨加工后可以直接利用。磁钢由几种硬的强金属合成，如铁与铝、镍、钴等，有时由铜、铌、钽合成，用来制作超硬度永磁合金。磁钢因金属成分的不同，磁性不同，用途也不同，并且因充磁方向的不同而具有不同方向的磁矩。本书选用剩磁较大，感磁很小的三方向都具有磁矩的立方体磁钢作为辅助永磁体，磁钢边长 1cm。

5.3　基于永磁体的单传感器误差校正方法

按照前面的分析，对于单传感器自身误差这里仅考虑三轴非正交性误差、三轴灵敏度不一致误差和零点偏移误差。非正交性误差和灵敏度不一致误差将通过辅助永磁体进行校正，零点偏移误差将通过掉转磁轴取平均的方法进行校正。

5.3.1　校正算法理论推演

将三轴磁场传感器放置在非匀强磁场环境中（日常环境），数据采集系统记录下此时三轴磁场传感器的输出磁场 $\boldsymbol{B}_1' = (B_{1X}',\ B_{1Y}',\ B_{1Z}')^{\mathrm{T}}$。考虑单传感器三轴非正交性误差、三轴灵敏度不一致误差和零点偏移误差，根据三轴磁场传感器综合误差模型可得

$$\boldsymbol{B}_1' = \boldsymbol{KAB}' + \boldsymbol{B}_0 \tag{5-1}$$

式中：$\boldsymbol{B}' = (B_X',\ B_Y',\ B_Z')^{\mathrm{T}}$ 为非匀强磁场环境中三轴磁场传感器所在位置的

真实磁场；$\boldsymbol{K} = \begin{pmatrix} k_x & & \\ & k_y & \\ & & k_z \end{pmatrix}$ 为三轴灵敏度不一致误差矩阵；$\boldsymbol{A} =$

$\begin{pmatrix} \cos\varphi\cos\theta & \sin\varphi\cos\theta & \sin\theta \\ 0 & \cos\psi & \sin\psi \\ 0 & 0 & 1 \end{pmatrix}$ 为三轴非正交性误差矩阵；$\boldsymbol{B}_0 = (B_{0X}, B_{0Y},$

$B_{0Z})^{\mathrm{T}}$ 为零点偏移向量；ψ、φ 和 θ 为三轴磁传感器的三轴非正交性误差；k_x、k_y 和 k_z 为三轴灵敏度不一致误差；B_{0X}、B_{0Y} 和 B_{0Z} 为零点偏移误差。

之后在距离磁传感器一定距离上放置选择好的辅助永磁体，永磁体与磁传感器的距离根据永磁体的磁性确定，以传感器增加的磁场在传感器量程的 1/3 左右为宜，离得太近可能会使磁传感器超过量程而烧坏。数据采集系统记录下放置永磁体后磁场传感器的输出值 $\boldsymbol{B}_1'' = (B_{1X}'', B_{1Y}'', B_{1Z}'')^{\mathrm{T}}$。考虑单传感器三轴非正交性误差、三轴灵敏度不一致误差和零点偏移误差，根据三轴磁场传感器综合误差模型可得

$$\boldsymbol{B}_1'' = \boldsymbol{KAB}'' + \boldsymbol{B}_0 \tag{5-2}$$

式中：$\boldsymbol{B}'' = (B_X'', B_Y'', B_Z'')^{\mathrm{T}}$ 为放置永磁体后三轴磁场传感器所在位置的真实磁场值。

式（5-2）减去式（5-1）可得

$$\boldsymbol{B}_1'' - \boldsymbol{B}_1' = \boldsymbol{KA}\Delta\boldsymbol{B} \tag{5-3}$$

式中：$\Delta\boldsymbol{B} = (\boldsymbol{B}'' - \boldsymbol{B}')$ 为永磁体在传感器所在位置产生的真实磁场值。

永磁体的边长（1cm）远远小于永磁体与传感器的距离（30~50cm），这时可将永磁体简化为磁偶极子。仅考虑永磁体的剩磁，根据磁偶极子公式，永磁体在距离其为 r 的磁传感器处产生的磁场值还可以表示为

$$\Delta\boldsymbol{B} = \boldsymbol{T}_1\boldsymbol{m} \tag{5-4}$$

式中：$\boldsymbol{T}_1 = \dfrac{\mu_0}{4\pi r^5} \begin{pmatrix} 3x^2 - r^2 & 3xy & 3xz \\ 3xy & 3y^2 - r^2 & 3yz \\ 3xz & 3yz & 3z^2 - r^2 \end{pmatrix}$ 为位置参数矩阵；μ_0 为真空磁导率；

$r = \sqrt{x^2 + y^2 + z^2}$ 为 r 的模；$\boldsymbol{m} = (m_x, m_y, m_z)^{\mathrm{T}}$ 为永磁体 3 个方向的磁矩。位置矩阵可以通过精确测量永磁体与磁场传感器的距离得到。

将式（5-4）代入式（5-3），可得

$$\boldsymbol{B}_1'' - \boldsymbol{B}_1' = \boldsymbol{KAT}_1\boldsymbol{m} \tag{5-5}$$

改变永磁体相对磁传感器的位置，还可列出若干组形如式（5-5）的方程，取其中的 3 组为

$$\begin{cases} \boldsymbol{B}_1'' - \boldsymbol{B}_1' = \boldsymbol{KAT}_1\boldsymbol{m} \\ \boldsymbol{B}_1''' - \boldsymbol{B}_1' = \boldsymbol{KAT}_2\boldsymbol{m} \\ \boldsymbol{B}_1^f - \boldsymbol{B}_1' = \boldsymbol{KAT}_3\boldsymbol{m} \end{cases} \tag{5-6}$$

式中：$\boldsymbol{B}_1'''$ 和 $\boldsymbol{B}_1^f$ 分别为永磁体在第二位置和第三位置时磁场传感器的实际输出值；$\boldsymbol{T}_2$ 和 $\boldsymbol{T}_3$ 分别为永磁体在第二位置和第三位置时的位置矩阵。式（5-6）中仅含 ψ、φ、θ、k_x、k_y、k_z、m_x、m_y 和 m_z 等 9 个未知参数，含有 9 个方程，通过求解方程组可得到这些未知参数。

5.3.2 基于最大值法的校正参数求解

式（5-6）是含有 9 个未知参数的方程组，但由于方程的非线性程度很高，采用一般的移项，消去同类项的方法不能求解。所以本书采用建立目标函数，通过优化目标函数的方法进行求解。将式（5-6）中各参量移到方程的一侧，并且令

$$\begin{pmatrix} f_1 \\ f_2 \\ f_3 \end{pmatrix} = \begin{pmatrix} \boldsymbol{B}_1'' - \boldsymbol{B}_1' - \boldsymbol{KAT}_1\boldsymbol{m} \\ \boldsymbol{B}_1''' - \boldsymbol{B}_1' - \boldsymbol{KAT}_2\boldsymbol{m} \\ \boldsymbol{B}_1^f - \boldsymbol{B}_1' - \boldsymbol{KAT}_3\boldsymbol{m} \end{pmatrix} \tag{5-7}$$

建立待优化的目标函数为

$$f = \max(\,|f|_1,\,|f_2|,\,|f_3|\,) \tag{5-8}$$

式（5-8）采用了各方程的最大值作为目标函数，该方法可以称为最大值法。式中对 ψ、φ、θ、k_x、k_y、k_z、m_x、m_y 和 m_z 等 9 个未知参数进行优化，使 f 取得最小值，此时的 ψ、φ、θ、k_x、k_y、k_z、m_x、m_y 和 m_z 可作为方程组的近似解。本书将采用遗传算法对式（5-8）进行优化求解。遗传算法求解流程如图 5-2 所示。

根据图 5-2 中遗传算法求解流程，结合三轴磁场传感器校正实际，对求解过程进行以下设计和改进。

（1）染色体编码。将 ψ、φ、θ、k_x、k_y、k_z、m_x、m_y 和 m_z 作为遗传算法中的染色体，对染色体进行二进制编码。编码位数为 16 位。根据传感器误差范围确定参数上下限为 $-0.02 \leq \psi$、θ、$\varphi \leq 0.02$，$0.9 \leq k_x$、k_y、$k_z \leq 1.1$，$-20\,\text{Am}^2 \leq m_x$、$m_y$、$m_z \leq 20\,\text{Am}^2$。

（2）选取适应度函数。适应度函数值决定了染色体是否可以保留到下一代，这里将式（5-8）直接作为适应度函数。将二进制编码的染色体 ψ、φ、θ、k_x、k_y、k_z、m_x、m_y 和 m_z 代入适应度函数，将得到的函数值进行排序，函数值大的染色体适应度越小，被淘汰的概率越高，函数值小的染色体适应

度越大，被保留的概率越高。

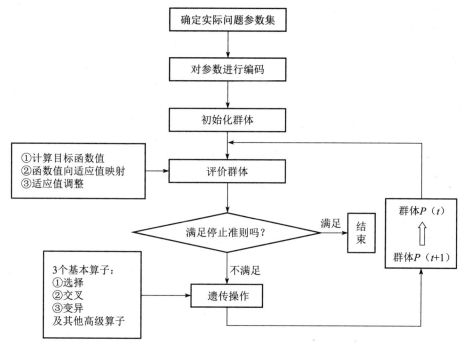

图 5-2　遗传算法求解流程框图

（3）所用遗传算子。遗传算法中对染色体的操作算子包括选择、交叉和变异等，通过这些算子达到保留适应度高的染色体，淘汰适应度低的染色体。本书采用一般的选择算子保留适应度较高的染色体。对于适应度较低的染色体将采用自适应变化的交叉概率和自适应变化的变异概率进行操作。所用自适应的交叉概率将随着进化代数的增多将逐渐减小，最后趋于稳定值，避免后期算法不稳定，使算法收敛过慢或不能收敛。所用自适应的变异概率将对适应度低的个体加大变异，对适应度高的个体减小变异概率。

5.3.3　零点偏移量求解

在 5.3.1 小节中利用辅助永磁体求解三轴非正交性误差和三轴灵敏度不一致误差的过程中，由于零点偏移量 $\boldsymbol{B}_0 = (B_{0X},\ B_{0Y},\ B_{0Z})^{\mathrm{T}}$ 在作减法的过程中被消掉了，并未对其进行校正求解，这里单独设计其求解过程。

将三轴磁场传感器放置在某一个方向上，记录下 X 轴的输出值 $\boldsymbol{B}_x^+$，之后将传感器 X 轴在原位置调转 180°，记下调转后 X 轴的输出值 $\boldsymbol{B}_x^-$，计算 X 轴的零点偏移量为

$$b_x = \frac{B_x^+ + B_x^-}{2} \tag{5-9}$$

采用相同的方法可以求解得到 Y 轴和 Z 轴的零点偏移量为

$$b_y = \frac{B_y^+ + B_y^-}{2} \tag{5-10}$$

$$b_z = \frac{B_z^+ + B_z^-}{2} \tag{5-11}$$

5.3.4 单传感器误差校正仿真试验

假定某三轴磁场传感器的三轴非正交性误差 ψ、θ、φ 分别为 0.01、0.02、0.01；灵敏度不一致误差 k_x、k_y、k_z 分别为 1.0056、0.9923、1。选用的立方体辅助永磁体边长为 1cm，磁矩 m_x、m_y、m_z 分别为 $1Am^2$、$1Am^2$、$2Am^2$。将辅助永磁体在磁传感器周围进行多位置放置，如图 5-3 所示。

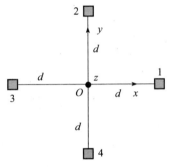

图 5-3 单传感器校正永磁体放置位置

图 5-3 中点 O 为三轴磁场传感器在所在位置，x 和 y 是传感器的两个磁轴方向，传感器的另一磁轴 z 竖直向上。辅助永磁体在磁传感器平面下方距离 d 处的平面上，1、2、3 和 4 是永磁体放置位置在磁传感器平面上的投影（多余 3 个位置，冗余位置可使求解更准确），永磁体投影与磁传感器的水平距离和垂直距离也为 d，这里 d 取 30cm。

在日常环境中（非匀强磁场环境），根据建立的模型进行数值仿真计算，得到永磁体在 4 个不同位置时三轴磁场传感器的测量值，如表 5-1 所列。

表 5-1 改变永磁体位置时磁场传感器的测量值

测量项	位置 1	位置 2	位置 3	位置 4
$\Delta B_x / \text{nT}$	3317	1363	4660	1205
$\Delta B_y / \text{nT}$	1306	3255	1267	4580
$\Delta B_z / \text{nT}$	655	655	3274	3274

结合表 5-1 中仿真的磁场传感器测量数据，运用本节提出的基于辅助永磁体的三轴磁场传感器校正方法对磁场传感器的误差进行校正计算。通过永磁体在不同位置的仿真数据，建立磁场、永磁体磁矩和传感器误差参数的关系式，

由关系式建立基于最大值的目标函数，采用遗传算法对目标函数进行求解，得到传感器的校正参数及永磁体磁矩。遗传算法优化过程的收敛情况及校正参数求解数值如图 5-4 所示。

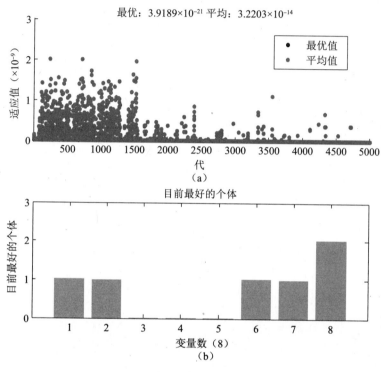

图 5-4　校正参数优化结果

图 5-4（b）显示了 8 个未知参数的优化情况（k_z 已设置为标准值 1，故没有再对其进行优化求解）。前两个参数代表灵敏度不一致，求解数值 k_x、k_y 分别为 1.00558、0.99228，3、4 和 5 表示三轴非正交性误差，求解数值 ψ、θ、φ 分别为 0.01、0.02、0.01，6、7 和 8 表示永磁体的磁矩，求解数值 m_x、m_y、m_z 分别为 0.98、0.96、1.98。该方法求解得到三轴磁场传感器的误差参数与设定的误差参数十分接近，验证了本书所提方法的有效性。

5.4　基于永磁体的磁梯度张量系统误差校正方法

5.4.1　校正算法理论推演

本书所用的磁梯度张量系统含有 4 个三轴磁场传感器，首先采用 0 的方法将各磁场传感器各轴的零点偏移误差求解出来；之后用辅助永磁体在整个磁梯度张量系统周围进行多位置对 4 个三分量磁场传感器的三轴非正交性误差及三轴灵敏度不一致误差进行同时校正。当单个磁场传感器误差校正完成后，就涉及传感器间误差校正问题。

这里仍采用图 3-7 所示的平面十字磁梯度张量系统结构，以 1 号传感器的理想正交坐标系 $Oxyz$ 为基准坐标系，假设其他 3 个传感器中某个传感器的理想正交坐标系为 $Ox'''y'''z'''$，假设坐标系 $Ox'''y'''z'''$ 是坐标系 $Oxyz$ 经过方位旋转、横滚旋转和俯仰旋转得到的，如图 4-3 所示。那么坐标系 $Ox'''y'''z'''$ 与坐标系 $Oxyz$ 中矢量的关系为

$$\begin{pmatrix} x''' \\ y''' \\ z''' \end{pmatrix} = \boldsymbol{R} \begin{pmatrix} x \\ y \\ z \end{pmatrix} \tag{5-12}$$

式中：$\begin{pmatrix} x''' \\ y''' \\ z''' \end{pmatrix}$ 为坐标系 $Ox'''y'''z'''$ 中某矢量；$\begin{pmatrix} x \\ y \\ z \end{pmatrix}$ 为坐标系 $Oxyz$ 中某矢量；$\boldsymbol{R} =$

$\begin{pmatrix} \cos\beta & 0 & -\sin\beta \\ 0 & 1 & 0 \\ \sin\beta & 0 & \cos\beta \end{pmatrix} \begin{pmatrix} 1 & 0 & 0 \\ 0 & \cos\gamma & \sin\gamma \\ 0 & -\sin\gamma & \cos\gamma \end{pmatrix} \begin{pmatrix} \cos\alpha & \sin\alpha & 0 \\ -\sin\alpha & \cos\alpha & 0 \\ 0 & 0 & 1 \end{pmatrix}$ 为坐标旋转矩阵；α、

γ 和 β 为传感器坐标系间非对正误差角度。

磁梯度张量系统中 4 个传感器同时校正时，得到的辅助永磁体的磁矩应当基本相同，只是体现在各坐标系的分量值有所不同。根据式（5-12）的关系式，永磁体的磁矩在坐标系 $Ox'''y'''z'''$ 和坐标系的 $Oxyz$ 关系应满足

$$\begin{pmatrix} m_x''' \\ m_y''' \\ m_z''' \end{pmatrix} = \boldsymbol{R} \begin{pmatrix} m_x \\ m_y \\ m_z \end{pmatrix} \tag{5-13}$$

式中：$\begin{pmatrix} m_x''' \\ m_y''' \\ m_z''' \end{pmatrix}$ 为永磁体磁矩在坐标系 $Ox'''y'''z'''$ 中的分量值；$\begin{pmatrix} m_x \\ m_y \\ m_z \end{pmatrix}$ 为永磁体磁矩

在坐标系 $Oxyz$ 中的分量值。通过求解式（5-13）$\boldsymbol{R}$ 中的角度就可得到某传感器的理想正交坐标系相对 1 号传感器的理想正交坐标系非对正误差角度，采用相同的方法可以分别求得 2 号、3 号和 4 号传感器理想正交坐标系相对 1 号传感器理想正交坐标系的非对正误差，实现磁梯度张量系统的校正。

5.4.2　基于均方根法的校正参数求解

式（5-13）中含有 3 个未知参量，含有 3 个方程，可求解得到这些未知参数，但该方程同样具有高度的非线性，采用移项、消元的方法难以求解。本书仍采用优化算法对方程进行非线性求解，但将建立平均值法的目标函数。令

式（5-13）中 $\boldsymbol{R} = \begin{pmatrix} r_{11} & r_{12} & r_{13} \\ r_{21} & r_{22} & r_{23} \\ r_{31} & r_{32} & r_{33} \end{pmatrix}$，将式中各参量移到方程的一侧，并且令

$$\begin{pmatrix} F_1 \\ F_2 \\ F_3 \end{pmatrix} = \begin{pmatrix} m_{x'''} - r_{11}m_x - r_{12}m_y - r_{13}m_z \\ m_{y'''} - r_{21}m_x - r_{22}m_y - r_{23}m_z \\ m_{z'''} - r_{31}m_x - r_{32}m_y - r_{33}m_z \end{pmatrix} \tag{5-14}$$

建立待优化的目标函数为

$$F = \sqrt{\frac{1}{3}\left(|F_1|^2 + |F_2|^2 + |F_3|^2 \right)} \tag{5-15}$$

式（5-15）采用了各方程的均方根作为目标函数，该方法可以称为均方根法。对式（5-12）中的 α、γ 和 β 等 3 个未知参数进行优化，使 f 取得最小值，此时的 α、γ 和 β 可作为方程组的近似解。这里仍采用遗传算法对式（5-15）进行优化求解。

（1）染色体编码。将 α、γ 和 β 作为染色体进行 16 位二进制编码，根据先验知识确定参数范围为 $-0.02 \leqslant \alpha$、γ、$\beta \leqslant 0.02$。

（2）选取适应度函数。将式（5-15）直接作为适应度函数。

（3）所用遗传算子。这里仍采用基本的选择算子和自适应的交叉概率和自适应的变异概率对染色体进行操作。

5.4.3　磁梯度张量系统误差校正仿真试验

根据一般三分量磁场传感器的加工水平，以及 4 个磁场传感器固定在十字形骨架上的对正水平，设定磁梯度张量系统中 4 个三轴磁场传感器的三轴非正交性误差、三轴灵敏度不一致误差以及 2 号、3 号和 4 号磁场传感器的理想正交坐标系相对于 1 号磁场传感器的理想正交坐标的非对正误差如表 5-2 所列，k_z 都设置为 1。假设各磁场传感器的单轴测量精度为 0.05nT，所用永磁体的磁矩 m_x、m_y、m_z 分别为 1Am^2、1Am^2、2Am^2。

表 5-2　磁梯度张量系统误差参数设定值

参数	传感器 1	传感器 2	传感器 3	传感器 4
k_x	1.0056	1.0034	0.9935	0.9931
k_y	0.9923	1.0052	0.9926	1.0075
ψ	0.0113	0.0237	0.0276	0.0178
θ	0.0121	0.0154	0.0189	0.0234
φ	0.0224	0.0265	0.0245	0.0189
α	0	0.0289	0.0325	0.0236
γ	0	0.0356	0.0356	0.0679
β	0	0.0675	0.0457	0.0128

　　将辅助永磁体放置在磁梯度张量系统周围的 4 个位置，如图 5-5 所示。图 5-5 中 1、2、3 和 4 为磁梯度张量系统 4 个三轴磁场传感器所在位置 $d = 0.25cm$ 为系统基线距离的一半。x 和 y 是各磁场传感器的两个磁轴方向，传感器的另一磁轴 z 竖直向上。辅助永磁体在磁传感器平面下方距离 d 处的平面上，A、B、C 和 D 是永磁体放置位置在磁传感器平面上的投影。

　　假设在日常环境中（非匀强磁场环境），依据建立的数学模型进行数值仿真计算，得到永磁体在 4 个不同位置时各个传感器的磁场测量值，如表 5-3 所列。结合表 5-3 中的仿真数据运用基于辅助永磁

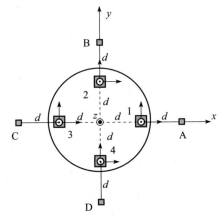

图 5-5　磁梯度张量系统校正中永磁体的位置

体的非匀强磁场环境下误差校正方法，对整个磁梯度张量系统进行校正，所求校正参数如表 5-4 所列，所求校正参数与设定参数的差值如表 5-5 所列。

表 5-3　永磁体在不同位置时整个系统的测量值

位置	1 号传感器/nT	2 号传感器/nT
永磁体位置 A	(−3328, −1307, −655)	(−492, −135, −407)
永磁体位置 B	(−143, −504, −378)	(−1464, −3287, −633)
永磁体位置 C	(409, −117, −59)	(1024, 359, 182)
永磁体位置 D	(404, 1002, 126)	(−91, 411, −80)

位置	3 号传感器/nT	4 号传感器/nT
永磁体位置 A	(−11，−132，−265)	(−13，−181，−620)
永磁体位置 B	(−109，−36，−635)	(−120，−32，−270)
永磁体位置 C	(4385，−1233，3527)	(473，−655，−76)
永磁体位置 D	(−592，511，−172)	(−1071，4912，2938)

表 5-4　非匀强磁场环境下所求校正参数

参数	1 号传感器	2 号传感器	3 号传感器	4 号传感器
k_x	1.0057	1.0037	0.9940	0.9935
k_y	0.9925	1.0055	0.9931	1.0076
ψ	0.0111	0.0234	0.0278	0.0176
θ	0.0119	0.0154	0.0188	0.0231
φ	0.0225	0.0264	0.0250	0.0191
α	0	0.0297	0.0395	0.0156
γ	0	0.0360	0.0394	0.0637
β	0	0.0678	0.0490	0.0089

表 5-5　所求校正参数与设定参数的差值

参数	传感器 1	传感器 2	传感器 3	传感器 4
k_x	0.0001	0.0003	0.0005	0.0004
k_y	0.0002	0.0003	0.0005	0.0001
ψ	−0.0002	−0.0003	0.0002	−0.0002
θ	−0.0002	0	−0.0001	−0.0003
φ	0.0001	−0.0001	**0.0005**	0.0002
α	0	0.0008	0.007	**−0.008**
γ	0	0.0004	0.0038	−0.0042
β	0	0.0003	0.0033	−0.0039

由表 5-4 可以看到求解得到的单传感器误差及传感器间误差在设定误差范围内，没有明显的错误结果，说明校正方法比较稳定。由表 5-5 可以看到各传感器灵敏度不一致误差解算值与设定值相差很小，说明校正方法求解精度较高。

如表 5-5 所列，各传感器三轴非正交性误差解算值与设定值最大相差 0.0005（0.03°），求解精度相当高。传感器间坐标系不对正误差解算值与设定值最大相差-0.008（-0.46°），求解精度稍差，但也可满足一般工程实际需要，究其原因是由于传感器间坐标系不对正误差校正是在单传感器误差校正的基础上进行的，两步校正中都会累积一定的误差，最终导致传感器间坐标系不对正误差求解精度稍差。

小　结

本章介绍了非匀强磁场环境下的磁梯度张量系统校正方法。

（1）磁场传感器先在非匀强磁场环境（日常环境）中进行测量，以永磁体磁矩和位置矢量表示永磁体产生的真实磁场，加入传感器自身误差影响系数，形成解算形式的永磁体磁场值。通过解算形式的永磁体磁场值和传感器直接测量得到的永磁体磁场值建立误差校正模型。永磁体改变放置位置，将传感器测量值和永磁体位置矢量代入误差校正模型可形成多个结构相似的方程，通过这些方程建立基于最大值法的优化目标函数，通过改进遗传算法对目标函数中的待优化参数进行优化求解，得到单传感器误差校正参数。零点偏移通过调转传感器取平均的方法进行校正。

（2）完成磁梯度张量系统各个传感器自身误差同时校正的基础上，利用坐标系旋转矩阵，建立有关参考传感器坐标系下的永磁体磁矩和其他传感器坐标系下的永磁体磁矩的方程组，通过均方根法对方程组中各个方程进行综合计算，形成目标函数，通过改进遗传算法对目标函数进行优化，即可得到传感器间坐标系不对正的误差参数。

第6章
磁梯度张量系统载体磁扰线性补偿方法

6.1 引　言

　　磁梯度张量系统可以放置在固定位置对磁性目标进行监测定位和跟踪，也可以由人工携带对磁性目标进行侦察定位和识别，如果要大范围快速探测就要将系统搭载到运动载体上（无人车辆或无人机等）。载体一般由钢铁等铁磁性材料构成，铁磁性材料在地球磁场中被磁化后，自身会对外产生磁场，从而对磁梯度张量系统的探测结果产生影响，降低探测精度，甚至使探测数据不可用。

　　对整个磁梯度张量系统载体磁扰补偿可以考虑分别对各个三分量磁场传感器进行补偿的方法来实现，但这种方法对于一个传感器就会有 12 个误差参数，对于 4 个传感器就会多达 48 个，求解比较复杂。并且现有的磁梯度张量整体补偿方法大多建立的是非线性模型，非线性求解容易出现多解性，使求解不稳定[89]。

　　因此，本章将在深入分析载体硬磁软磁性材料对磁梯度张量系统影响机理的基础上，建立磁梯度张量载体磁场干扰的线性补偿模型，保证磁梯度张量系统搭载到运动载体上时的探测精度。

6.2　载体磁场分量补偿方法

　　载体磁场分量补偿模型在载体磁场梯度张量补偿方法的推导过程中需要用到，并鉴于以往研究中对载体磁场分量补偿模型的推导过程过于繁琐，本节将以更加简洁的方式对载体磁场分量补偿模型进行推导。

　　载体中铁磁性材料分为硬磁材料和软磁材料，分别会对磁场分量测量产生固有磁场影响和感应磁场影响，固有磁场与感应磁场的产生机理和表现形式各不相同，对磁场分量测量的影响也有所不同。

6.2.1　固有磁场影响分析

　　硬磁材料是经外界磁场磁化，在外界磁场消失后仍能保持很大剩磁的磁性材料，这类磁性材料的特点是矫顽力大。该种材料具有非常明显的磁滞特性，与永久磁体相似，磁滞回线具有较大的"面积"，如图5-1（a）所示。它产生的磁感应强度不随载体位置或姿态的改变而变化，称为固有磁场。由于这类材料和磁场分量传感器在载体上的位置都是不变的，所以不论载体位置或姿态怎样变化，磁场分量传感器感受到的硬磁材料产生的磁场都是不变的，即固定磁场相当于给磁场分量传感器的测量值增加一个常值偏置，其表达式为

$$\boldsymbol{B}_0 = \begin{pmatrix} B_{x0} & B_{y0} & B_{z0} \end{pmatrix}^{\mathrm{T}} \tag{6-1}$$

　　载体固有磁场在一段时间内可当作恒定的常数值，但当载体长时间处于地磁场环境中，或人为改变磁场分量传感器在载体上的位置时，其大小和方向也会有所变化[9]。当载体在地磁环境中往复的改变行驶方向或行驶速度，积累足够多次数的磁化退磁循环，载体的剩磁有可能会发生变化。载体受到猛烈撞击或有外形改变时，其固有磁场也会有所改变。因此，载体在使用一段时间后，需要重新对其固有磁场进行校正。

6.2.2　感应磁场影响分析

　　软磁材料容易被外界磁场磁化，当外磁场消失后，所保留的剩磁也较小。该种磁性材料的矫顽力很小，其磁滞回线相对狭窄，具有较小的"面积"，如图5-1（b）所示。该种材料被外界磁场磁化而具有磁性，其具有磁性后反过来会影响外界磁场，影响的大小和方向与外界磁场和软磁材料自身特性及姿态等有关，称为感应磁场。

　　钢铁构件的基本组成单元是原子，每个原子都包含原子核及同时做公转和自转运动的电子。电子的公转将形成电流，该电流称为原子电流。每个原子电流可等效为一个环状电流，在外界磁场作用下，在每个环状电流上都会产生一个磁力矩，该磁力矩将使各个环状电流沿着外界磁场的方向有序排列起来，最终对外显示感应磁性。

　　软磁材料中的每个原子电流环可等效为一个磁偶极子，那么软磁材料产生的感应磁场可以由若干个磁偶极子产生的磁场叠加来等效。由电磁学知识可知，磁性材料在外界磁场的磁化作用下会产生磁矩，其磁化磁矩与外界磁场成正比例关系，那么载体中某磁偶极子的磁化磁矩为

$$\begin{cases} m_{xi} = \lambda_{xi} B_x \\ m_{yi} = \lambda_{yi} B_y \\ m_{zi} = \lambda_{zi} B_z \end{cases} \tag{6-2}$$

式中：$\boldsymbol{B} = (B_x \quad B_y \quad B_z)^{\mathrm{T}}$ 为外界磁化磁场；i 为某个磁偶极子的序号；λ_{xi}、λ_{yi} 和 λ_{zi} 为磁化系数；m_{xi}、m_{yi} 和 m_{zi} 为被磁化磁偶极子的磁矩。

该磁偶极子在磁场分量传感器所在位置产生的磁场分量值为

$$\boldsymbol{B}_i = \begin{pmatrix} B_{xi} \\ B_{yi} \\ B_{zi} \end{pmatrix} = \frac{\mu_0}{4\pi r_i^5} \begin{pmatrix} 3x_i^2 - r_i^2 & 3x_i y_i & 3x_i z_i \\ 3x_i y_i & 3y_i^2 - r_i^2 & 3y_i z_i \\ 3x_i z_i & 3y_i z_i & 3z_i^2 - r_i^2 \end{pmatrix} \begin{pmatrix} m_{xi} \\ m_{yi} \\ m_{zi} \end{pmatrix} \tag{6-3}$$

式中：μ_0 为真空磁导率；$\boldsymbol{r}_i = (x_i, \ y_i, \ z_i)^{\mathrm{T}}$ 为磁偶极子到磁场分量传感器中心的位置矢量；r_i 为位置矢量 $\boldsymbol{r}_i$ 的模。

将式（6-2）代入式（6-3），将 B_x、B_y 和 B_z 单独提出来，整理后可得

$$\boldsymbol{B}_i = \begin{pmatrix} B_{xi} \\ B_{yi} \\ B_{zi} \end{pmatrix} = \begin{pmatrix} f_{11i} & f_{12i} & f_{13i} \\ f_{21i} & f_{22i} & f_{23i} \\ f_{31i} & f_{32i} & f_{33i} \end{pmatrix} \begin{pmatrix} B_x \\ B_y \\ B_z \end{pmatrix} \tag{6-4}$$

式中：$\begin{pmatrix} f_{11i} & f_{12i} & f_{13i} \\ f_{21i} & f_{22i} & f_{23i} \\ f_{31i} & f_{32i} & f_{33i} \end{pmatrix} = \frac{\mu_0}{4\pi r_i^5} \begin{pmatrix} (3x_i^2 - r_i^2)\lambda_{xi} & 3x_i y_i \lambda_{yi} & 3x_i z_i \lambda_{zi} \\ 3x_i y_i \lambda_{xi} & (3y_i^2 - r_i^2)\lambda_{yi} & 3y_i z_i \lambda_{zi} \\ 3x_i z_i \lambda_{xi} & 3y_i z_i \lambda_{yi} & (3z_i^2 - r_i^2)\lambda_{zi} \end{pmatrix}$ 为外磁场磁化磁偶极子，使其在磁场分量传感器处产生磁场的系数。

软磁材料的感应磁场可以等效于若干个磁偶极子感应磁场的叠加，那么被磁化的软磁材料整体在磁场分量传感器处产生的磁场可以表示为

$$\boldsymbol{B}_{\text{感}} = \begin{pmatrix} B_{\text{感}x} \\ B_{\text{感}y} \\ B_{\text{感}z} \end{pmatrix} = \sum_i \begin{pmatrix} f_{11i} & f_{12i} & f_{13i} \\ f_{21i} & f_{22i} & f_{23i} \\ f_{31i} & f_{32i} & f_{33i} \end{pmatrix} \begin{pmatrix} B_x \\ B_y \\ B_z \end{pmatrix} \tag{6-5}$$

将式（6-5）进一步化简为

$$\boldsymbol{B}_{\text{感}} = \begin{pmatrix} B_{\text{感}x} \\ B_{\text{感}y} \\ B_{\text{感}z} \end{pmatrix} = \begin{pmatrix} f_{11} & f_{12} & f_{13} \\ f_{21} & f_{22} & f_{23} \\ f_{31} & f_{32} & f_{33} \end{pmatrix} \begin{pmatrix} B_x \\ B_y \\ B_z \end{pmatrix} \tag{6-6}$$

式中：$f_{kj}(k=1, \ 2, \ 3, \ j=1, \ 2, \ 3)$ 为外磁场 $\boldsymbol{B} = (B_x \quad B_y \quad B_z)^{\mathrm{T}}$ 磁化软磁材料，使其在磁场分量传感器处产生分量磁场的系数；$\boldsymbol{B}_{\text{感}} = (B_{\text{感}x} \quad B_{\text{感}y} \quad B_{\text{感}z})^{\mathrm{T}}$ 为软磁性材料产生的感应磁场值。

6.2.3 磁场分量补偿模型建立

综合载体硬磁材料产生的固有磁场式（6-1）和软磁材料产生的感应磁场式（6-6），以及原有的背景磁场值，可以得到磁场分量传感器测量得到的磁场为

$$\begin{pmatrix} B'_x \\ B'_y \\ B'_z \end{pmatrix} = \begin{pmatrix} B_x \\ B_y \\ B_z \end{pmatrix} + \begin{pmatrix} f_{11} & f_{12} & f_{13} \\ f_{21} & f_{22} & f_{23} \\ f_{31} & f_{32} & f_{33} \end{pmatrix} \begin{pmatrix} B_x \\ B_y \\ B_z \end{pmatrix} + \begin{pmatrix} B_{x0} \\ B_{y0} \\ B_{z0} \end{pmatrix} \tag{6-7}$$

将式（6-7）进行合并，可得

$$\begin{pmatrix} B'_x \\ B'_y \\ B'_z \end{pmatrix} = \begin{pmatrix} f_{11}+1 & f_{12} & f_{13} \\ f_{21} & f_{22}+1 & f_{23} \\ f_{31} & f_{32} & f_{33}+1 \end{pmatrix} \begin{pmatrix} B_x \\ B_y \\ B_z \end{pmatrix} + \begin{pmatrix} B_{x0} \\ B_{y0} \\ B_{z0} \end{pmatrix} \tag{6-8}$$

令 $\begin{pmatrix} f_{11}+1 & f_{12} & f_{13} \\ f_{21} & f_{22}+1 & f_{23} \\ f_{31} & f_{32} & f_{33}+1 \end{pmatrix} = \begin{pmatrix} b_{11} & b_{12} & b_{13} \\ b_{21} & b_{22} & b_{23} \\ b_{31} & b_{32} & b_{33} \end{pmatrix}$，则式（6-8）可写为

$$\begin{pmatrix} B'_x \\ B'_y \\ B'_z \end{pmatrix} = \begin{pmatrix} b_{11} & b_{12} & b_{13} \\ b_{21} & b_{22} & b_{23} \\ b_{31} & b_{32} & b_{33} \end{pmatrix} \begin{pmatrix} B_x \\ B_y \\ B_z \end{pmatrix} + \begin{pmatrix} B_{x0} \\ B_{y0} \\ B_{z0} \end{pmatrix} \tag{6-9}$$

式（6-9）中含有 $b_{kj}(k=1,2,3,j=1,2,3)$ 和 $\boldsymbol{B}_0 = (B_{x0} \quad B_{y0} \quad B_{z0})^T$ 共12个未知参数，只要对载体和磁场分量传感器进行4个以上姿态的旋转，就可相应列出4个以上形如式（6-9）的方程组，即可求解得到这12个未知参数，这12个参数就是载体磁场分量值的补偿系数。

6.2.4 载体磁场分量补偿试验

为了验证载体磁场分量补偿算法的效果，选用了美国生产的FVM-400型三轴磁通门磁力仪，如图6-1所示。在载体磁场分量补偿前要对FVM-400按照前文所提方法完成一系列的校正（三轴非正交性误差、三轴灵敏度不一致误差和零点偏移误差校正），这时将FVM-400近似作为一个理想的测量系统来考察其受载体磁场干扰的情况。

FVM-400的主要技术参数如下。

（1）测量范围：±100000nT。

（2）分辨率：1nT。

图6-1 FVM-400型
三轴磁力仪

（3）测量精度：0.25%。

（4）单位：nT、μT 或 mG。

（5）可采用 RS232 传输测量数据。

选用一块未经消磁的铁块作为模拟载体，其体积为 0.003m³，考察其对磁场分量传感器测量的影响情况，并将针对该铁块求解磁场分量补偿系数。

在磁场分量补偿试验过程中，需要对 FVM-400 传感器和铁块一起进行多姿态旋转，所以仍需要用到三轴无磁转台。该试验中对图 4-6 中设计的无磁转台另外设计了固定模拟载体的活动支架。

载体磁场分量补偿试验分为以下几个步骤进行。

（1）在均匀磁场环境下，将 FVM-400 探头固定在转台中央处。

（2）转台进行 10 个姿态的旋转（为增加求解的准确性，多于 4 个姿态），记录下各姿态 FVM-400 的测量数据，如表 6-1 中"无铁块"一栏所列，并记下转台的相应姿态角度值。

表 6-1 载体磁场分量补偿系数求解所用 10 组测量数据

序号	有铁块			无铁块		
	B'_x	B'_y	B'_z	B_x	B_y	B_z
1	45897	−224	15690	43909	−265	15354
2	12622	−8140	42384	11724	−9163	43042
3	−31655	−7266	31921	−30876	−8953	32887
4	−4317	42266	13878	−3549	43956	14268
5	8566	−21793	38272	7620	−23755	38805
6	7566	−15186	41174	6747	−16757	41819
7	−10891	2202	43245	−10703	1367	44246
8	22153	28601	27354	21544	29913	27718
9	11184	−37730	20726	9877	−40600	20778
10	−41986	−12875	16378	−40676	−15184	17102

（3）在磁通门探头周围一定距离上放置试验铁块模拟载体产生磁场干扰，如图 6-2 所示。

（4）按照（2）中记下的转台姿态角度值重复这 10 个姿态的旋转，记录下各姿态 FVM-400 的测量数据，如表 6-1 中"有铁块"一栏所列。

（5）为了验证补偿效果，按照（1）~（4）的步骤，转台又单独进行了 3 个姿态的无铁块和有铁块的旋转，并记录 FVM-400 的测量数据，如表 6-2 所列。

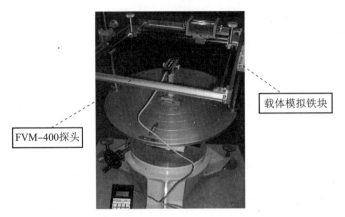

图 6-2　载体分量磁场磁补偿试验

表 6-2　验证载体磁场分量补偿效果所用 3 组测量数据

序号	有铁块/nT			无铁块（标准磁场值）/nT		
	B'_x	B'_y	B'_z	B_x	B_y	B_z
1	35523	19234	23715	34260	20182	23766
2	29823	−15944	32092	28183	−17222	32207
3	5104	−27779	34000	4162	−30152	34456

结合表 6-1 中的测量数据，运用磁场分量补偿方法，对铁块的 12 个磁场分量补偿系数进行求解，其值为 $\begin{pmatrix} b_{11} & b_{12} & b_{13} \\ b_{21} & b_{22} & b_{23} \\ b_{31} & b_{32} & b_{33} \end{pmatrix} = \begin{pmatrix} 1.0412 & -0.0171 & 0.0044 \\ -0.0164 & 0.9433 & -0.0012 \\ 0.0126 & -0.0040 & 0.9778 \end{pmatrix}$，

$\begin{pmatrix} B_{x0} \\ B_{y0} \\ B_{z0} \end{pmatrix} = \begin{pmatrix} 90.9 \\ 766.4 \\ 122.7 \end{pmatrix}$。运用这 12 个补偿系数对表 6-2 中的数据进行补偿验证，补偿

结果如表 6-3 所列。

表 6-3　载体磁场分量补偿效果

序号	补偿前磁场分量误差/nT			补偿系数解算磁场分量值/nT			补偿后磁场分量误差/nT		
	X 方向	Y 方向	Z 方向	X 方向	Y 方向	Z 方向	X 方向	Y 方向	Z 方向
1	1263	−948	−51	34262	20204	23767	2	22	1
2	1640	1278	−115	28137	−17186	32262	−46	36	55
3	942	2373	−456	4174	−30146	34471	12	6	15

由表 6-3 可以看到，补偿前载体对磁场分量值影响高达 2373nT，这样大的磁场误差已经超过了一般磁性目标产生的磁场，使磁场分量测量数据不可用。补偿后磁场分量误差降低至 55nT，对载体的硬磁、软磁干扰起到了较好的补偿作用，验证了前文重新推导的载体磁场分量补偿方法的正确性和有效性。

6.3　磁梯度张量线性补偿方法

与载体磁场分量干扰相似载体中的硬磁材料和软磁材料分别会对磁梯度张量探测产生固有磁梯度张量影响和感应磁梯度张量影响。

由于磁梯度张量 9 个分量中只有 5 个是独立的，为了下文叙述的简洁，根据图 3-2 表示的平面十字结构的磁梯度张量系统，将磁梯度张量系统测量的磁梯度张量值 G 重新表示为

$$G = \begin{pmatrix} B_{xx} & B_{yx} & B_{zx} & B_{yy} & B_{zy} \end{pmatrix}^T$$

$$= \left(\frac{B_{1x}-B_{3x}}{d}, \quad \frac{B_{1y}-B_{3y}}{d}, \quad \frac{B_{1z}-B_{3z}}{d}, \quad \frac{B_{2y}-B_{4y}}{d}, \quad \frac{B_{2z}-B_{4z}}{d} \right)^T \qquad (6\text{-}10)$$

6.3.1　固有磁梯度张量模型建立

载体中硬磁材料和磁梯度张量系统都固连在载体上的，不论载体姿态怎样变化，硬磁材料所产生的合成磁场在磁梯度张量系统处都是不变的。也就是说，固有磁场对磁梯度张量系统的影响相当于增加了一个常数磁梯度张量偏置，其表达式为

$$G_0 = \begin{pmatrix} B_{xx0} & B_{yx0} & B_{zx0} & B_{yy0} & B_{zy0} \end{pmatrix}^T \qquad (6\text{-}11)$$

载体在地磁环境中经过长期的往复加速及转向运动，或受到外界猛烈撞击而变形时，其固有磁场会有所改变，这时固有磁场的磁梯度张量值也会有所改变，对固有磁场产生的磁梯度张量值要重新测定。

6.3.2　感应磁梯度张量模型建立

软磁材料产生的感应磁梯度张量影响可以等效为若干个磁偶极子产生的磁梯度张量的叠加。软磁材料中某磁偶极子在磁梯度张量系统所在位置产生的磁梯度张量值为

$$\boldsymbol{G}_i = \begin{pmatrix} B_{xxi} \\ B_{yxi} \\ B_{zxi} \\ B_{yyi} \\ B_{zyi} \end{pmatrix} = \frac{\mu_0}{4\pi} \begin{pmatrix} \dfrac{-15\boldsymbol{m}_i \cdot \boldsymbol{r}_i}{r_i^7}x_i^2 + \dfrac{6m_{xi} \cdot x_i}{r_i^5} + \dfrac{3\boldsymbol{m}_i \cdot \boldsymbol{r}_i}{r_i^5} \\[3mm] \dfrac{-15\boldsymbol{m}_i \cdot \boldsymbol{r}_i}{r_i^7}y_i x_i + \dfrac{3m_{yi} \cdot x_i}{r_i^5} + \dfrac{3m_{xi} \cdot y_i}{r_i^5} \\[3mm] \dfrac{-15\boldsymbol{m}_i \cdot \boldsymbol{r}_i}{r_i^7}z_i x_i + \dfrac{3m_{zi} \cdot x_i}{r_i^5} + \dfrac{3m_{xi} \cdot z_i}{r_i^5} \\[3mm] \dfrac{-15\boldsymbol{m}_i \cdot \boldsymbol{r}_i}{r_i^7}y_i^2 + \dfrac{6m_{yi} \cdot y_i}{r_i^5} + \dfrac{3\boldsymbol{m}_i \cdot \boldsymbol{r}_i}{r_i^5} \\[3mm] \dfrac{-15\boldsymbol{m}_i \cdot \boldsymbol{r}_i}{r_i^7}z_i y_i + \dfrac{3m_{zi} \cdot y_i}{r_i^5} + \dfrac{3m_{yi} \cdot z_i}{r_i^5} \end{pmatrix} \qquad (6-12)$$

式中：i 为某磁偶极子的序号；$\boldsymbol{m}_i = (m_{xi}, m_{yi}, m_{zi})^{\mathrm{T}}$ 为该磁偶极子的磁矩；$\boldsymbol{r}_i = (x_i, y_i, z_i)^{\mathrm{T}}$ 为该磁偶极子到磁梯度张量系统中心的位置矢量。

将磁偶极子磁矩表达式（6-2）代入式（6-12），将 B_x、B_y 和 B_z 单独提出来，整理后可得

$$\boldsymbol{G}_i = \begin{pmatrix} B_{xxi} \\ B_{yxi} \\ B_{zxi} \\ B_{yyi} \\ B_{zyi} \end{pmatrix} = \begin{pmatrix} c_{11i} & c_{12i} & c_{13i} \\ c_{21i} & c_{22i} & c_{23i} \\ c_{31i} & c_{32i} & c_{33i} \\ c_{41i} & c_{42i} & c_{43i} \\ c_{51i} & c_{52i} & c_{53i} \end{pmatrix} \begin{pmatrix} B_x \\ B_y \\ B_z \end{pmatrix} \qquad (6-13)$$

式中：c_{mni}（$m = 1 \sim 5$，$n = 1 \sim 3$）为外磁场磁化磁偶极子，使其对外产生磁梯度张量的系数。

磁梯度张量的本质是磁场分量的微分运算，微分运算符合线性叠加原理，可知磁梯度张量也可以进行线性叠加，软磁材料的感应磁场可等效为若干个磁偶极子磁场的叠加，那么对于被磁化的软磁性材料整体对外产生的磁梯度张量值可以表示为若干个磁偶极子产生的磁梯度张量值的叠加，即

$$\boldsymbol{G}' = \begin{pmatrix} B'_{xx} \\ B'_{yx} \\ B'_{zx} \\ B'_{yy} \\ B'_{zy} \end{pmatrix} = \sum_i \begin{pmatrix} c_{11i} & c_{12i} & c_{13i} \\ c_{21i} & c_{22i} & c_{23i} \\ c_{31i} & c_{32i} & c_{33i} \\ c_{41i} & c_{42i} & c_{43i} \\ c_{51i} & c_{52i} & c_{53i} \end{pmatrix} \begin{pmatrix} B_x \\ B_y \\ B_z \end{pmatrix} \qquad (6-14)$$

将式（6-14）进一步化简，可得

$$G' = \begin{pmatrix} B'_{xx} \\ B'_{yx} \\ B'_{zx} \\ B'_{yy} \\ B'_{zy} \end{pmatrix} = \begin{pmatrix} c_{11} & c_{12} & c_{13} \\ c_{21} & c_{22} & c_{23} \\ c_{31} & c_{32} & c_{33} \\ c_{41} & c_{42} & c_{43} \\ c_{51} & c_{52} & c_{53} \end{pmatrix} \begin{pmatrix} B_x \\ B_y \\ B_z \end{pmatrix} \qquad (6\text{-}15)$$

式中：$c_{mn}(m=1\sim5，n=1\sim3)$ 为外磁场磁化软磁材料，使其对外产生磁梯度张量的系数；$G' = (B'_{xx} \quad B'_{yx} \quad B'_{zx} \quad B'_{yy} \quad B'_{zy})^{\mathrm{T}}$ 为软磁性材料产生的感应磁场对磁梯度张量系统测量值的影响。

6.3.3 磁梯度张量补偿模型建立

在匀强磁场环境下，磁梯度张量系统测量的磁梯度张量值应当接近零，但由于载体固定磁场和感应磁场的影响使磁梯度张量系统测量值 G'' 远远偏离零值，结合式（6-11）和式（6-15）得到载体磁场补偿模型为

$$G'' = G' + G_0 \qquad (6\text{-}16)$$

将式（6-16）进一步写为

$$\begin{pmatrix} B''_{xx} \\ B''_{yx} \\ B''_{zx} \\ B''_{yy} \\ B''_{zy} \end{pmatrix} = \begin{pmatrix} c_{11} & c_{12} & c_{13} \\ c_{21} & c_{22} & c_{23} \\ c_{31} & c_{32} & c_{33} \\ c_{41} & c_{42} & c_{43} \\ c_{51} & c_{52} & c_{53} \end{pmatrix} \begin{pmatrix} B_x \\ B_y \\ B_z \end{pmatrix} + \begin{pmatrix} B_{xx0} \\ B_{yx0} \\ B_{zx0} \\ B_{yy0} \\ B_{zy0} \end{pmatrix} \qquad (6\text{-}17)$$

式中：$G'' = (B''_{xx} \quad B''_{yx} \quad B''_{zx} \quad B''_{yy} \quad B''_{zy})^{\mathrm{T}}$ 为在匀强磁场环境下，存在载体磁场干扰时磁梯度张量系统的测量值；$B = (B_x \quad B_y \quad B_z)^{\mathrm{T}}$ 为无载体情况下环境磁场三分量值，由于环境磁场三分量值也会受到载体硬磁、软磁干扰，无法直接测量得到。这里运用式（6-1）和式（6-6）推导的载体磁场分量干扰补偿模型式（6-9）求解 B 如下，即

$$\begin{pmatrix} B_x \\ B_y \\ B_z \end{pmatrix} = \begin{pmatrix} b_{11} & b_{12} & b_{13} \\ b_{21} & b_{22} & b_{23} \\ b_{31} & b_{32} & b_{33} \end{pmatrix}^{-1} \left(\begin{pmatrix} B'_x \\ B'_y \\ B'_z \end{pmatrix} - \begin{pmatrix} B_{x0} \\ B_{y0} \\ B_{z0} \end{pmatrix} \right) \qquad (6\text{-}18)$$

式中：$B' = (B'_x \quad B'_y \quad B'_z)^{\mathrm{T}}$ 为受到载体硬磁软磁干扰后磁梯度张量系统测量得到的三分量磁场值，可由式近似得到；$B_0 = (B_{x0} \quad B_{y0} \quad B_{z0})^{\mathrm{T}}$ 为硬磁材料产生的固有磁场对三分量磁场值的影响；$b_{kj}(k=1，2，3；j=1，2，3)$ 为外磁场磁化载体中软磁材料，使其对外产生三分量磁场值的系数。

将式（6-18）代入式（6-17）得

$$\begin{pmatrix} B''_{xx} \\ B''_{yx} \\ B''_{zx} \\ B''_{yy} \\ B''_{zy} \end{pmatrix} = \begin{pmatrix} c_{11} & c_{12} & c_{13} \\ c_{21} & c_{22} & c_{23} \\ c_{31} & c_{32} & c_{33} \\ c_{41} & c_{42} & c_{43} \\ c_{51} & c_{52} & c_{53} \end{pmatrix} \begin{pmatrix} b_{11} & b_{12} & b_{13} \\ b_{21} & b_{22} & b_{23} \\ b_{31} & b_{32} & b_{33} \end{pmatrix}^{-1} \left(\begin{pmatrix} B'_x \\ B'_y \\ B'_z \end{pmatrix} - \begin{pmatrix} B_{x0} \\ B_{y0} \\ B_{z0} \end{pmatrix} \right) + \begin{pmatrix} B_{xx0} \\ B_{yx0} \\ B_{zx0} \\ B_{yy0} \\ B_{zy0} \end{pmatrix} \quad (6-19)$$

令

$$\begin{pmatrix} c_{11} & c_{12} & c_{13} \\ c_{21} & c_{22} & c_{23} \\ c_{31} & c_{32} & c_{33} \\ c_{41} & c_{42} & c_{43} \\ c_{51} & c_{52} & c_{53} \end{pmatrix} \begin{pmatrix} b_{11} & b_{12} & b_{13} \\ b_{21} & b_{22} & b_{23} \\ b_{31} & b_{32} & b_{33} \end{pmatrix}^{-1} = \begin{pmatrix} m_{11} & m_{12} & m_{13} \\ m_{21} & m_{22} & m_{23} \\ m_{31} & m_{32} & m_{33} \\ m_{41} & m_{42} & m_{43} \\ m_{51} & m_{52} & m_{53} \end{pmatrix}$$，那么式（6-19）可

写为

$$\begin{pmatrix} B''_{xx} \\ B''_{yx} \\ B''_{zx} \\ B''_{yy} \\ B''_{zy} \end{pmatrix} = \begin{pmatrix} m_{11} & m_{12} & m_{13} \\ m_{21} & m_{22} & m_{23} \\ m_{31} & m_{32} & m_{33} \\ m_{41} & m_{42} & m_{43} \\ m_{51} & m_{52} & m_{53} \end{pmatrix} \begin{pmatrix} B'_x \\ B'_y \\ B'_z \end{pmatrix} + \begin{pmatrix} B_{xx0} \\ B_{yx0} \\ B_{zx0} \\ B_{yy0} \\ B_{zy0} \end{pmatrix} - \begin{pmatrix} m_{11} & m_{12} & m_{13} \\ m_{21} & m_{22} & m_{23} \\ m_{31} & m_{32} & m_{33} \\ m_{41} & m_{42} & m_{43} \\ m_{51} & m_{52} & m_{53} \end{pmatrix} \begin{pmatrix} B_{x0} \\ B_{y0} \\ B_{z0} \end{pmatrix}$$

$$(6-20)$$

$$\begin{pmatrix} B''_{xx} \\ B''_{yx} \\ B''_{zx} \\ B''_{yy} \\ B''_{zy} \end{pmatrix} = \begin{pmatrix} m_{11} & m_{12} & m_{13} \\ m_{21} & m_{22} & m_{23} \\ m_{31} & m_{32} & m_{33} \\ m_{41} & m_{42} & m_{43} \\ m_{51} & m_{52} & m_{53} \end{pmatrix} \begin{pmatrix} B'_x \\ B'_y \\ B'_z \end{pmatrix} + \begin{pmatrix} B_{xx0} - m_{11}B_{x0} - m_{12}B_{y0} - m_{13}B_{z0} \\ B_{yx0} - m_{21}B_{x0} - m_{22}B_{y0} - m_{23}B_{z0} \\ B_{zx0} - m_{31}B_{x0} - m_{32}B_{y0} - m_{33}B_{z0} \\ B_{yy0} - m_{41}B_{x0} - m_{42}B_{y0} - m_{43}B_{z0} \\ B_{zy0} - m_{51}B_{x0} - m_{52}B_{y0} - m_{53}B_{z0} \end{pmatrix}$$

令 $\begin{pmatrix} B_{xx0} - m_{11}B_{x0} - m_{12}B_{y0} - m_{13}B_{z0} \\ B_{yx0} - m_{21}B_{x0} - m_{22}B_{y0} - m_{23}B_{z0} \\ B_{zx0} - m_{31}B_{x0} - m_{32}B_{y0} - m_{33}B_{z0} \\ B_{yy0} - m_{41}B_{x0} - m_{42}B_{y0} - m_{43}B_{z0} \\ B_{zy0} - m_{51}B_{x0} - m_{52}B_{y0} - m_{53}B_{z0} \end{pmatrix} = \begin{pmatrix} B'_{xx0} \\ B'_{yx0} \\ B'_{zx0} \\ B'_{yy0} \\ B'_{zy0} \end{pmatrix}$，那么式（6-20）可写为

$$\begin{pmatrix} B''_{xx} \\ B''_{yx} \\ B''_{zx} \\ B''_{yy} \\ B''_{zy} \end{pmatrix} = \begin{pmatrix} m_{11} & m_{12} & m_{13} \\ m_{21} & m_{22} & m_{23} \\ m_{31} & m_{32} & m_{33} \\ m_{41} & m_{42} & m_{43} \\ m_{51} & m_{52} & m_{53} \end{pmatrix} \begin{pmatrix} B'_x \\ B'_y \\ B'_z \end{pmatrix} + \begin{pmatrix} B'_{xx0} \\ B'_{yx0} \\ B'_{zx0} \\ B'_{yy0} \\ B'_{zy0} \end{pmatrix} \tag{6-21}$$

令 $\begin{pmatrix} m_{11} & m_{12} & m_{13} \\ m_{21} & m_{22} & m_{23} \\ m_{31} & m_{32} & m_{33} \\ m_{41} & m_{42} & m_{43} \\ m_{51} & m_{52} & m_{53} \end{pmatrix} = \boldsymbol{M}$，$\begin{pmatrix} B'_{xx0} \\ B'_{yx0} \\ B'_{zx0} \\ B'_{yy0} \\ B'_{zy0} \end{pmatrix} = \boldsymbol{G}'_0$，将式（6-21）简写为

$$\boldsymbol{G}'' = \boldsymbol{M}\boldsymbol{B}' + \boldsymbol{G}'_0 \tag{6-22}$$

式（6-22）为最终的磁梯度张量系统载体的磁梯度张量干扰补偿模型，模型中存在 $m_{st}(s=1\sim5;\ t=1,\ 2,\ 3)$ 和 $\boldsymbol{G}'_0 = (B'_{xx0} \quad B'_{yx0} \quad B'_{zx0} \quad B'_{yy0} \quad B'_{zy0})^{\mathrm{T}}$ 共 20 个未知参数，可作为载体磁梯度张量补偿系数，该模型呈线性形式。

只要载体和固连在其上的磁梯度张量系统同时进行 4 个以上姿态的旋转，将梯度张量测量值 $\boldsymbol{G}''$ 和三分量测量值 $\boldsymbol{B}'$ 代入式（6-22），采用广义逆的方法即可求解得到载体的 20 个磁梯度张量补偿系数。当磁梯度张量系统探测目标时，用这 20 个补偿系数和磁梯度张量系统测量得到的三分量磁场值就可以计算得到载体产生的干扰磁梯度张量值，在磁梯度张量系统测量的总磁梯度张量值中减去载体产生的干扰磁梯度张量值，即可得到目标的"净"磁梯度张量值，实现对磁梯度张量系统载体磁梯度张量的补偿。

6.3.4　载体磁梯度张量补偿试验

运用 710 所研制的经典式三分量磁通门传感器构成平面十字形结构的磁梯度张量系统原理样机，磁通门传感器的分辨率为 0.1nT，磁梯度张量系统的基线距离为 0.35m。在磁梯度张量系统载体磁扰补偿前要对系统按照前文所提方法完成一系列的系统校正，降低磁梯度张量系统固有误差（单个三分量磁传感器三轴非正交性误差、三轴灵敏度不一致误差、零点偏移误差和 4 个传感器间轴系不对正误差等），这时将磁梯度张量系统近似作为一个理想的测量系统来考察其受载体磁场干扰的情况。

选用一块未经消磁的铁块作为模拟载体，其体积为 0.003m³，考察其对磁梯度张量系统探测的影响情况，并针对该铁块求解磁梯度张量补偿系数。

在载体磁梯度张量补偿试验过程中，仍需要对整个磁梯度张量系统和模拟

载体铁块进行多方位旋转，所以这里仍需用到加装活动支架的三轴无磁转台。

在近似均匀的磁场环境下（该匀强磁场环境为一个宽阔的草坪，周围没有大型钢铁建筑及高压输电线），将磁梯度张量系统固定在三轴无磁转台上，在一定距离上放置试验铁块模拟载体产生磁梯度张量干扰，如图6-3所示。

磁梯度张量系统连同铁块在转台上进行多姿态旋转（为了增加求解的准确性，进行了15个姿态的旋转），记录各姿态时磁梯度张量系统各传感器的原始测量数据如表6-4所列，该数据用作求解载体磁梯度补偿系数。为验证补偿系数的补偿效果，在匀强磁场环境下，对磁梯度张量系统及铁块又进行了4个姿态的旋转，磁梯度张量系统测量的磁梯度张量值及磁场三分量值如表6-5所列。

载体模拟铁块

磁梯度张量系统

图6-3　载体磁梯度张量补偿试验

表6-4　载体磁梯度张量补偿系数求解所用15组测量数据

姿态序号	B_{1x}/nT	B_{1y}/nT	B_{1z}/nT	B_{2x}/nT	B_{2y}/nT	B_{2z}/nT	B_{3x}/nT	B_{3y}/nT	B_{3z}/nT	B_{4x}/nT	B_{4y}/nT	B_{4z}/nT
1	−13510	−28275	−43400	−16598	−29847	−42671	−14945	−27110	−42624	−16809	−30649	−43559
2	6385	−27171	−46617	3408	−27554	−46328	4700	−25700	−46401	3126	−28300	−47071
3	20187	−13284	−48691	17909	−12823	−49071	18201	−11604	−49144	17537	−13547	−49326
4	20251	−17629	−47459	17799	−17124	−47706	18340	−15984	−47809	17428	−17833	−48096
5	6439	−31228	−44127	3347	−31523	−43705	4854	−29815	−43806	3052	−32255	−44572
6	−13471	−32014	−40750	−16645	−33503	−39903	−14797	−30908	−39879	−16874	−34288	−40896
7	−30155	−19580	−38919	−32808	−22101	−38097	−31452	−18695	−37897	−32989	−22942	−38814
8	−35793	289	−39483	−37567	−2656	−39117	−37269	1133	−38780	−37764	−3548	−39305
9	−27729	18253	−42197	−28688	15737	−42503	−29511	19259	−42106	−28952	14849	−42127
10	−9761	25904	−45771	−10323	24457	−46663	−11851	27198	−46330	−10665	23607	−45957
11	9677	19697	−48536	8889	19430	−49633	7439	21276	−49469	8485	18637	−49013
12	21541	2523	−49215	19991	3036	−50052	19379	4240	−50056	19576	2296	−49862

续表

姿态序号	B_{1x}/nT	B_{1y}/nT	B_{1z}/nT	B_{2x}/nT	B_{2y}/nT	B_{2z}/nT	B_{3x}/nT	B_{3y}/nT	B_{3z}/nT	B_{4x}/nT	B_{4y}/nT	B_{4z}/nT
13	21640	−1821	−49390	19869	−1298	−50096	19511	−111	−50128	19463	−2039	−50043
14	9798	15345	−50148	8727	15052	−51120	7546	16946	−50989	8353	14243	−50639
15	−9649	21790	−47855	−10494	20304	−48633	−11760	23117	−48332	−10802	19442	−48062

表 6-5　验证载体磁梯度张量补偿效果所用 4 组测量数据

姿态序号	测量的磁场三分量值 $\boldsymbol{B}' = \begin{pmatrix} B'_x & B'_y & B'_z \end{pmatrix}^{\text{T}}$	直接测量磁梯度张量值/(nT/m) $\boldsymbol{G}_{cl} = \begin{pmatrix} B_{xxcl} & B_{yxcl} & B_{zxcl} & B_{yycl} & B_{zycl} \end{pmatrix}$
1	(−27725, 15241, −43967)	(−291, −383, 628, 287, 227)
2	(−36752, −2356, −39679)	(−238, −325, 543, 67, 197)
3	(−32174, −22112, −37342)	(−189, −138, 330, −171, 238)
4	(−16305, −34625, −38052)	(−136, 43, 132, −259, 382)

运用本章所提出的载体磁梯度张量补偿方法，结合磁梯度张量系统测量数据（表 6-4），求解得到模拟载体的 20 个磁梯度张量补偿系数为

$$\begin{pmatrix} m_{11} & m_{12} & m_{13} \\ m_{21} & m_{22} & m_{23} \\ m_{31} & m_{32} & m_{33} \\ m_{41} & m_{42} & m_{43} \\ m_{51} & m_{52} & m_{53} \end{pmatrix} = \begin{pmatrix} 0.0038 & -0.0011 & 0.0131 \\ 0.0050 & -0.0085 & -0.0103 \\ -0.0074 & 0.0071 & -0.0132 \\ 0.0001 & 0.0091 & -0.0126 \\ 0.0061 & -0.0021 & -0.0049 \end{pmatrix}, \quad \begin{pmatrix} B'_{xx0} \\ B'_{yx0} \\ B'_{zx0} \\ B'_{yy0} \\ B'_{zy0} \end{pmatrix} = \begin{pmatrix} 407 \\ -570 \\ -245 \\ -410 \\ 195 \end{pmatrix}$$

运用这 20 个载体磁梯度张量补偿系数，结合表 6-5 中的测量数据解算模拟载体产生的磁梯度张量值，解算得到的磁梯度张量值与磁梯度张量系统直接测量得到的磁梯度张量值越接近，说明磁梯度张量补偿效果越好。在以后的测量中从系统测量的总的磁梯度张量中减去解算得到的载体的磁梯度张量，即为目标的净磁梯度张量。磁梯度张量补偿系数求解得到的磁梯度张量值及磁梯度张量补偿误差如表 6-6 所列。

表 6-6　载体磁梯度张量补偿效果

姿态序号	补偿系数解算的磁梯度张量值/(nT/m) $\boldsymbol{G}_{js} = \begin{pmatrix} B_{xxjs} & B_{yxjs} & B_{zxjs} & B_{yyjs} & B_{zyjs} \end{pmatrix}$	解算值与直接测量值的差值/(nT/m)	磁梯度张量补偿最大误差/(nT/m)
1	(−292, −385, **651**, 276, 211)	(1, −3, **23**, −11, −16)	23
2	(−251, −326, 536, 61, **171**)	(−13, −1, −6, −6, **−26**)	−26

105

姿态序号	补偿系数解算的磁梯度张量值/(nT/m) $G_{js} = (\ B_{xxjs}\quad B_{yxjs}\quad B_{zxjs}\quad B_{yyjs}\quad B_{zyjs}\ )$	解算值与直接测量值的差值/(nT/m)	磁梯度张量补偿最大误差/(nT/m)
3	(−181, −159, 332, **−146**, 228)	(8, −21, 2, **24**, −11)	24
4	(−117, 34, 135, −249, **354**)	(19, −9, 3, 11, **−28**)	−28

小　结

在进行大范围快速探测时，磁梯度张量系统需要搭载到运动载体上，运动载体包含的硬磁软磁材料产生的磁场会影响磁梯度张量的测量结果，甚至淹没探测信息，所以本章提出了磁梯度张量系统载体磁扰线性补偿方法。

（1）分析了硬磁材料产生固有磁场的机理，以及软磁材料产生感应磁场的机理。硬磁材料产生磁场可以作为一个固定偏置，软磁材料产生磁场可以等效为多磁偶极子磁场的叠加，结合固有磁场和感应磁场重新推导了载体磁场干扰补偿模型。以铁块模拟载体，在三轴无磁转台上对磁场分量传感器进行了载体干扰补偿试验，试验表明重新推导的补偿模型能够很好地补偿载体干扰引起的测量误差，保证系统测量精度。

（2）将载体磁场对磁梯度张量测量的影响分为硬磁材料影响和软磁材料影响。硬磁材料对磁梯度张量的影响可看作一个固定磁梯度张量偏置，一段时间内保持稳定。软磁材料的影响可等效为多磁偶极子磁梯度张量的叠加，将多磁偶极子产生的磁梯度张量用磁矩和位置矢量表示，进行系数代换，可将感应磁梯度张量表示为系数矩阵与外界磁场三分量值乘积的形式。

将系统测量的外界磁场三分量值先进行一次磁场分量补偿，得到去除载体干扰的外界磁场三分量值，并将其代入感应磁梯度张量表达式中。通过固定磁梯度张量和感应磁梯度张量建立了载体磁扰线性补偿模型，该模型共包含 20 个补偿系数。

第 7 章
磁梯度张量识别应用研究

7.1 引　言

对于被探测的磁性目标，一方面期望可以侦察到其位置或监测到其运动状态；另一方面期望能对其形状、位置和个数等作出一定的识别。磁性目标识别首先要掌握典型磁性目标的磁场特征，结合目标磁场测量值，选择合适的特征量和识别方法，与典型磁性目标的磁场特征进行比对，确定属于哪类磁性目标。在定位跟踪中，探测系统距离磁性目标较远，可将其简化为磁偶极子，在磁性目标识别过程中不能再将其单纯简化为磁偶极子，要根据磁性目标的形状特征进行相应磁场计算。

利用磁梯度张量的单一分量可实现对垂直磁化目标的形状判断，但对于斜磁化或水平磁化目标以及多目标有时难以完成识别，并且单一分量测量结果受系统姿态变化影响很大，给识别带来困难。磁梯度张量的9个分量整体及特定变换中蕴含着更加丰富的信息，对其进行有效挖掘，可进一步增大数据分辨力，提高磁梯度张量系统对磁性目标的识别能力。为此，本章将研究基于磁梯度张量奇异值分解（SVD）的磁性目标识别方法，以期为磁梯度张量系统识别应用奠定基础。

7.2　垂直磁化时典型磁性目标识别

磁性目标识别的基础是对典型磁性目标磁场特征的事先推导，也就是目标磁场的正演分析。典型的磁性目标形体有球体、圆柱体和长方体等，大多数目标可以简化为这些典型几何体或这些几何体的组合。

7.2.1 球体磁性目标的识别

均匀磁化球体产生的磁场与磁偶极子产生的磁场相似，根据均匀磁化球体周围磁梯度张量计算公式[13]，利用数值仿真方法，对均匀磁化球体产生的磁梯度张量值进行图形绘制，如图 7-1 所示。该球体直径为 0.5m，磁矩为（0，0，1）Am^2，球心在坐标原点，求解区域为边长 3.6m 的方形，点距为 0.2m，高出球心 0.5m，球心在求解区域的投影与方形求解区域中心重合。

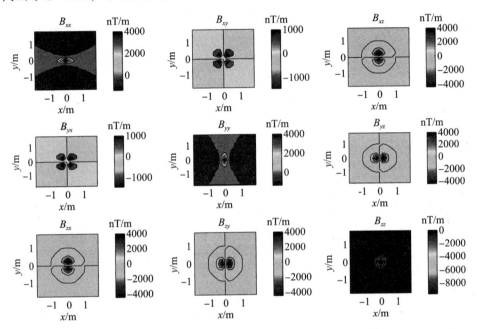

图 7-1 垂直磁化球体磁场特征

由图 7-1 可以看到，磁梯度张量分量 B_{zz} 呈现单极，B_{zx} 和 B_{zy} 呈现双极，B_{xx} 和 B_{yy} 呈现三极，B_{yx} 呈现多极。磁梯度张量分量 B_{zz} 轮廓呈现圆形，与球体在水平面投影图形一致，B_{zz} 轮廓中心与球体中心所在位置相对应，可以说 B_{zz} 的轮廓与球体存在一定对应关系，利用这种对应关系可以对球体的形状和位置等做出一定的判断。

7.2.2 水平圆柱体磁性目标识别

根据均匀磁化水平圆柱体周围磁梯度张量计算公式[13]，利用数值仿真方法，对均匀磁化水平圆柱体的磁梯度张量值进行图形绘制，如图 7-2 所示。该水平圆柱体的半长为 0.8m，半径为 0.2m，线磁矩为（0，0，10）Am，目标中心在坐标原点，求解区域为边长 3.6m 的方形，点距为 0.2m，高出圆柱体中心 0.5m，圆柱体中心在求解区域的投影与方形求解区域中心重合。

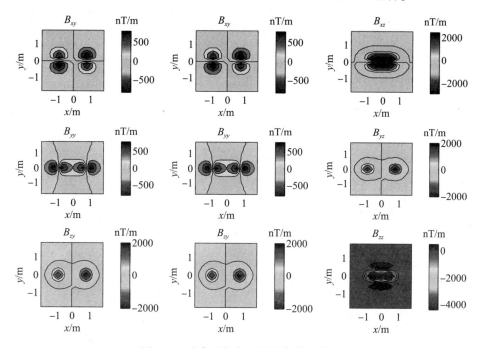

图 7-2　垂直磁化水平圆柱体磁场特征

由图 7-2 可以看到，磁梯度张量分量 B_{zz} 呈现单极，周围有少量干扰；B_{zx} 和 B_{zy} 都呈现双极，但 B_{zx} 的两极都呈长方形，B_{zy} 的两极都呈圆形；B_{yx} 和 B_{yy} 都呈现四极，但 B_{yx} 四极在中心四周对称分布，B_{yy} 四极都分布在 x 轴方向，关于中心对称；B_{xx} 近似呈现单级，有较大的干扰存在。

磁梯度张量分量 B_{zz} 轮廓呈长方形，并在两端有一定弧度，与圆柱体在水平面投影形状相似，并且 B_{zz} 图形中心与水平圆柱体的中心相对应，利用 B_{zz} 轮廓特征可以对水平圆柱体的形状和位置做出一定的判断。B_{xx} 轮廓也呈现长方形，但是端点比较尖锐，与水平圆柱体的对应关系不如 B_{zz} 明显和准确。

7.2.3　直立长方体磁性目标识别

根据均匀磁化长方体周围磁梯度张量计算公式[13]，利用数值仿真方法，对边长为 (1, 1, 0.6) m，磁化强度为 (0, 0, 10) A/m，中心在坐标原点的均匀磁化长方体的磁梯度张量进行图形绘制，如图 8-3 所示。求解区域为边长 3.6m 的方形，点距为 0.2m，高出长方体中心 0.5m，长方体中心在求解区域的投影与方形求解区域中心重合。

由图 7-3 可以看到，磁梯度张量值分量 B_{zz} 呈单极，周围有少量干扰；B_{zx} 和 B_{zy} 都呈现双极，但 B_{zx} 的两极以 x 轴呈对称分布，B_{zy} 的两极以 y 轴呈对称分布；B_{yx}、B_{yy} 和 B_{xx} 都呈现四极，但 B_{yx} 四极在中心四周对称分布，B_{yy} 四极都分布在 x 轴方向，关于中心对称，B_{xx} 四极都分布在 y 轴方向，关于中心对称。磁梯度张量分量 B_{zz} 轮廓呈现长方形，与长方体在水平面投影图形相一致，B_{zz} 的中心与长方体中心所在位置相对应，利用 B_{zz} 的轮廓特征可以对长方体的形状和位置做出一定判断，其他分量轮廓与对长方体形状和位置的对应关系欠佳，不利于识别判断。

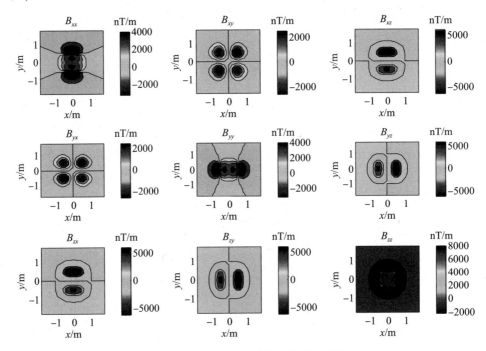

图 7-3　垂直磁化直立长方体磁场特征

7.3　基于 SVD 的斜磁化磁性目标识别方法

由 7.2 节中垂直磁化典型磁性目标磁场特征分析可以看到，磁梯度张量值的某些分量与具体的磁性目标体相对应，根据这种对应关系可以对目标的形状、位置做出初步判断。图 7-1 至图 7-3 中仿真的图形都是在目标垂直磁化的情况下得到的，但是实际中磁化方向可能是任意的，这时根据磁梯度张量图将不容易完成目标识别，本节以球体磁性目标任意方向磁化的情形为例进行阐述。

7.3.1　磁梯度张量识别能力分析

将图 7-1 中的球体磁矩改为（1，1，1）Am^2，其他条件不变，进行图形仿真，如图 7-4 所示。

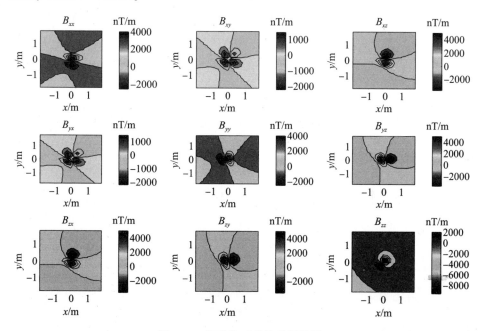

图 7-4　斜磁化时球体磁场特性

图 7-4 与图 7-1 相比，磁梯度张量值的 B_{zz} 由单极变为双极，B_{zx}、B_{zy}、B_{xx}、B_{yy} 和 B_{yx} 各极都有所变形，中心有所偏移。同样是球体但是在垂直磁化和斜磁化时出现了不同轮廓形状，根据图 7-4 中磁梯度张量值的 B_{zz} 已经无法再对目标的形状和位置做出清晰地判断，通过其他分量的图形也找不到明确的对应关系。

水平圆柱体、直立长方体以及其他一些磁性体在斜磁化时，识别难度也会有所增大，也会出现无法清晰判断的问题，所以单纯通过磁梯度张量分量值对目标进行识别是不稳定的，需要寻找更加稳定的特征量，这种特征量需要与目标形状、位置存在稳定的一一对应关系。本书提出了基于磁体度张量 SVD 的磁性目标识别方法。

7.3.2　磁梯度张量 SVD 识别方法

奇异值分解（Singular Value Decomposition，SVD）是一种重要的矩阵分解式，

它在矩阵理论和计算中发挥着重要作用。SVD 的核心是在空间中选取合适的标准正交基，使矩阵分解成最简单的表示形式。SVD 技术在信号处理、控制理论和系统辨识等领域都有着重要的应用，在信号降噪和故障诊断领域也有大量的应用研究。

假设 A 是 $m×n(m>n)$ 阶矩阵，秩为 $r(r≤n)$，则存在 $n×n$ 维的正交矩阵 V 和 $m×m$ 维正交阵 U，使得

$$U^T A V = \Sigma \tag{7-1}$$

式（7-1）中 Σ 是 $m×n$ 的非负对角矩阵，则

$$\Sigma = \begin{pmatrix} S & 0 \\ 0 & 0 \end{pmatrix}, \quad S = \mathrm{diag}(\sigma_1, \sigma_2, \cdots, \sigma_r) \tag{7-2}$$

式中：σ_1，σ_2，$\cdots$，σ_r，连同 $\sigma_{r+1} = \cdots = \sigma_n = 0$ 称为 A 的奇异值，它们是按不增顺序排列的。U、V 的列矢量 u_i 和 v_i 分别是 A 的左右奇异矢量。用图形表示式（7-1）的 SVD 过程，如图 7-5 所示。

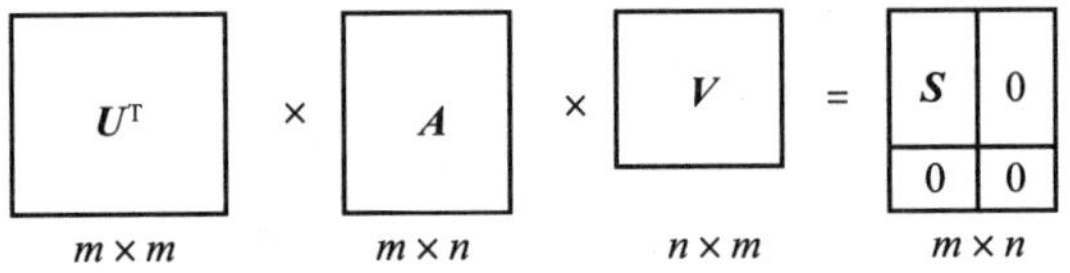

图 7-5　矩阵 SVD 示意图

从图 7-5 中可以看到，矩阵 SVD 可看作用两个正交矩阵分别对 A 作变换，使得 A 对角化为 Σ。式（7-1）的另一个等效表示为

$$A = U \Sigma V^T \tag{7-3}$$

由矩阵 SVD 过程可以看出，矩阵的奇异值是矩阵自身特性的一种表现形式，磁梯度张量的奇异值包含了磁性目标的特定信息，所以将奇异值作为磁性目标识别的特征量将会给磁性目标识别带来良好的效果。

对图 7-4 中各点的磁梯度张量矩阵进行 SVD，提取较大的两个奇异值进行图形绘制，如图 7-6 所示。

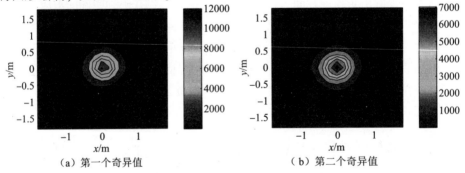

（a）第一个奇异值　　　　　　　（b）第二个奇异值

图 7-6　斜磁化时球体磁梯度张量矩阵的奇异值

从图 7-6 中可以看到，目标磁梯度张量矩阵的前两个奇异值都呈圆形，与球体平面投影图相对应，图形中心与球体中心相对应，从奇异值图形上可以判断目标为球体，目标中心在求解区域中心。奇异值特征量的识别能力较单独的磁梯度张量分量的判断能力有所增强。

为进一步验证磁梯度张量矩阵奇异值的识别能力，将图 7-4 中斜磁化球体的磁矩改为 (1, 0, 0) Am^2，进行数值仿真，如图 7-7 所示，这种情况属于完全的水平磁化，识别难度更大。

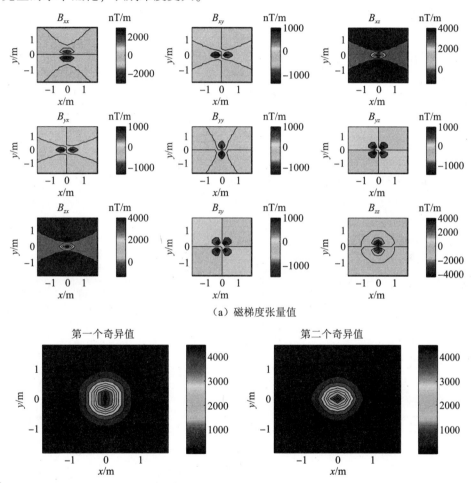

（a）磁梯度张量值

（b）磁梯度张量矩阵较大的两个奇异值

图 7-7 水平磁化时球体磁梯度张量及张量矩阵奇异值比较

由图 7-7 可以看出，磁梯度张量分量图形都变为二极以上，各个分量的轮廓都不能与球体的形状良好对应，无法直观对球体进行识别。而磁梯度张量矩阵的前两个奇异值可以较准确地反映出目标的形状和位置，进一步验证了磁梯度张量矩阵奇异值具有稳定的识别能力。

7.4 基于磁梯度张量 SVD 的多磁性目标识别

在实际磁性目标识别中，存在多个目标识别的情况，多个磁性目标产生的磁场会相互叠加、互相影响，掩盖彼此的磁场特性，使识别难度加大。

7.4.1 同类多磁性目标识别

假设有 3 个直径为 0.1m 的球体并排放置，间距为 0.5m，其磁矩都为（0，0，1）Am^2，求解区域仍为边长 3.6m 的方形，高出球心 0.5m，中间球体的球心在求解区域的投影与方形求解区域中心重合。通过数值仿真得到同类目标的磁梯度张量值在求解区域的图形，如图 7-8 所示。

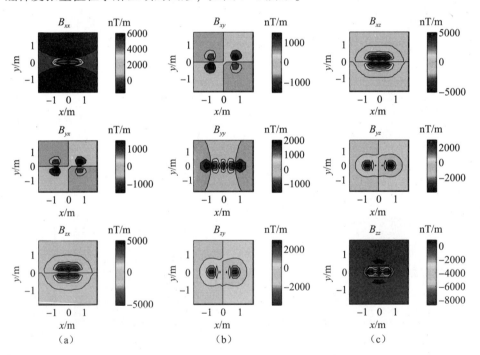

图 7-8　垂直磁化时 3 个球体的磁场特性

由图 7-8 可以看到，3 个球体的磁梯度张量产生了相互干扰，呈现双极、三极和多极，互相交叠，分不清磁梯度张量具体由哪个球体产生。这时仅有磁梯度张量的 B_{zz} 分量可以勉强判断出目标的个数。

将图 7-8 中垂直磁化的 3 个球体的磁矩都改为（1，1，1）Am^2，此时磁化方向为斜磁化，其他条件与图 7-8 一致，再次对 3 个球体的磁梯度张量进行数值仿真，如图 7-9 所示。

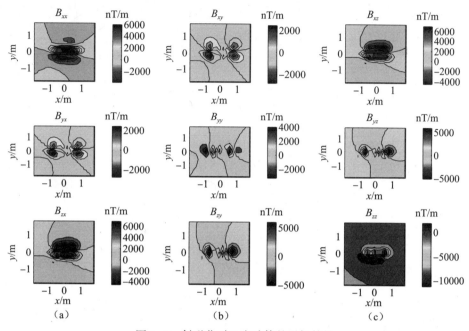

图 7-9　斜磁化时 3 个球体的磁场特性

从图 7-9 中可以看到，斜磁化时 3 个球体的磁梯度张量值都发生了不同程度的扭曲，从 B_{zz} 及其他分量中也难以判断出目标的形状及个数。

要识别判断目标的形状和个数，就要采用识别能力更强的特征量，这里采用磁梯度张量矩阵的奇异值。对图 7-9 中各点磁梯度张量矩阵进行 SVD，提取每点较大的两个奇异值进行图形绘制，如图 7-10 所示。

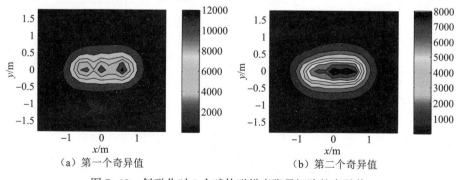

（a）第一个奇异值　　　　　　　（b）第二个奇异值

图 7-10　斜磁化时 3 个球体磁梯度张量矩阵的奇异值

由图7-10可以看到，磁梯度张量的奇异值在图形上也有所交叠，不能明确判断由哪个球体引起，但由最大的奇异值（第一个奇异值）的图形可以判断出目标的个数为3个，并可以显示出其相对位置关系，从一定程度上表明磁梯度张量SVD方法具有多目标识别能力。图7-10显示第二个奇异值的识别效果并不是很理想，也说明较大的奇异值识别能力更强。

7.4.2 异类多磁性目标识别

对于不同种类的磁性目标，由于彼此磁场特性不同，并且相互叠加，会使识别难度更大。假设有球体、圆柱体和长方体3个磁性目标作为待识别对象。球体直径为0.1m，磁矩为（1，1，1）Am^2，球体中心坐标为（0，0，0）m；圆柱体半边长为0.8m，半径为0.2m，线磁矩（10，10，10）Am，圆柱体中心坐标为（1，1，0）m；长方体边长为（1，0.4，0.4）m，磁化强度为（10，10，10）A/m，长方体中心坐标为（-1，-1，0）m。求解区域为边长3.6m的方形，高出球体中心0.5m，球体的球心在求解区域的投影与方形求解区域中心重合。通过数值仿真得到不同种类目标的磁梯度张量，以及磁梯度张量矩阵的奇异值在求解区域的图形，如图7-11所示。

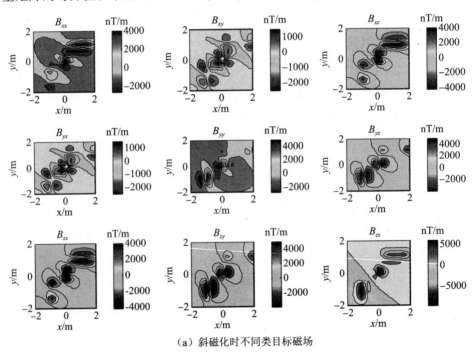

（a）斜磁化时不同类目标磁场

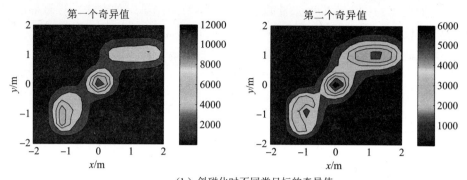

（b）斜磁化时不同类目标的奇异值

图 7-11　斜磁化时不同类目标的磁场特性

由图 7-11（a）可以看到，磁梯度张量 B_{xx}、B_{yx}、B_{zx}、B_{yy} 和 B_{zy} 分量的图形表现出非常杂乱的形态，分不出磁场由哪些目标产生，对于目标的种类和个数难以判断；B_{zz} 分量的形态呈现一定规律性，对目标的个数和形状有一定反映，但是干扰较大，容易导致误判。

由图 7-11（b）可以看到，两个奇异值的等值线图都有 3 个明显的中心，可以判断目标的个数为 3 个。中间图形呈现圆形轮廓，可以判断中间磁性目标为球体或可以简化为磁偶极子；右上方图形呈现长条形，两端比较圆滑，与水平圆柱体产生的图形相近，可以判断右上方目标为圆柱体；左下方图形近似呈现方形，判断该目标为长方体。由各个等值线图形中心的坐标可以判断中间球体中心投影在坐标原点；圆柱体中心投影在（1，1）m 位置；长方体中心投影在（-1，-1）m 位置。

由以上的图形仿真及目标判断可以看到磁梯度张量的奇异值可以更好地反映出不同种类目标的个数，种类以及大概位置，识别能力优于单纯的磁梯度张量值，验证了基于 SVD 的不同种类磁性目标识别方法的有效性。

7.5　姿态 SVD 识别效果的影响

在磁梯度张量系统识别探测时，磁梯度张量系统的姿态有时会发生变化，姿态变化后在不同点所测量得到的磁梯度张量值将分属于不同姿态的坐标系，造成不同坐标系间的数据混淆，将给磁性目标识别带来困难。而一种方法是将系统姿态变化的角度实时测量得到，那么可以将所测各点的磁梯度张量统一到同一个坐标系下，以便于识别，但是这需要额外增加倾角传感器和方位传感器；第一种方法是寻找磁梯度张量的某些分量组合，该组合将不随坐标系姿态的变化而变化，称为磁梯度张量的不变量。本节采用第二种方法，对磁梯度张量 SVD 识别方法中奇异值的不变量特性进行证明。

某点磁梯度张量值在坐标系姿态变化前后的关系由下式表示：

$$G''' = RGR^T \tag{7-4}$$

式中：G 为坐标系旋转前的磁梯度张量值；G''' 为坐标系旋转后的磁梯度张量。

对于标量 λ 和非零矢量 x 满足以下关系，即

$$Gx = \lambda x \tag{7-5}$$

那么式（7-5）为磁梯度张量 G 的特征值，x 为对应于特征值的特征矢量。

根据式（7-4）坐标变换关系，可得磁梯度张量 G 的特征矢量 x 与坐标系旋转后的矢量 x''' 的关系为

$$\begin{cases} x''' = Rx \\ x = R^T x''' \end{cases} \tag{7-6}$$

将式（7-6）两端同时乘上 R，并结合式（7-4）和式（7-6）进行推导，可得

$$\begin{cases} RGx = R\lambda x \\ RGR^T x''' = \lambda Rx \\ G''' x''' = \lambda x''' \end{cases} \tag{7-7}$$

式（7-7）也是 G''' 的特征值。特征值 λ 不随坐标系姿态的变化而变化，那么特征值 λ 是磁梯度张量的不变量。

将式（7-6）两端同时乘上 G^T，并结合 $G^T = G$ 及式（7-7）进行推导，可得

$$G^T Gx = G^T \lambda x$$
$$G^T Gx = \lambda Gx$$
$$G^T Gx = \lambda^2 x \tag{7-8}$$

式（7-8）为 $G^T G$ 的特征值。根据奇异值求解的定义，得到磁梯度张量 G 的奇异值为

$$\sigma = \sqrt{\lambda^2} = |\lambda| \tag{7-9}$$

由于磁梯度张量 G 的特征值 λ 不随坐标系姿态的变化而变化，那么磁梯度张量 G 的奇异值 σ 也将不随坐标系姿态的变化而变化，磁梯度张量 G 的奇异值 σ 是磁梯度张量的不变量。磁梯度张量奇异值的不变量特性说明磁梯度张量 SVD 识别方法不受系统姿态变化的影响，这将给实际识别带来很大的方便。

7.6　磁梯度张量 SVD 识别应用实测试验

磁梯度张量系统探测磁性目标时，在大致确定目标区域后，需要对目标的个数、形状和位置等进行更加准确的判断，这时将采用磁梯度张量 SVD 识别方法。本节以 3 个磁性目标的识别来验证磁梯度张量 SVD 的实际识别能力，并设计了磁性目标识别操作步骤，为实际探测提供参考。

磁梯度张量 SVD 识别步骤如下。

（1）在地面上画出一个 4m×4m 见方的测试网，每个小网格的边长为 0.5m，共有 64 个方格，测试网如图 7-12 所示。

（2）在网格固定位置放置 3 个圆形磁性目标（可简化为磁偶极子），3 个目标沿斜线放置，3 个目标的水平间距为 1m，如图 7-13 所示。

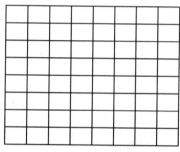

图 7-12　测试网示意图

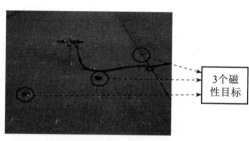

图 7-13　多目标识别试验

（3）磁梯度张量系统在每个网格交叉线上进行测量，共进行了 81 点测量，在 81 个点的测量过程中，磁梯度张量系统的姿态存在变化的情况。

（4）对测量数据提取磁梯度张量最大的两个奇异值进行绘图，如图 7-14 所示。

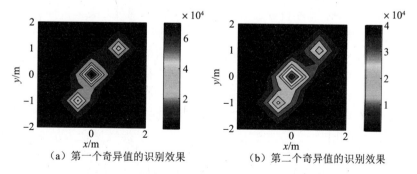

（a）第一个奇异值的识别效果　　　　（b）第二个奇异值的识别效果

图 7-14　多目标磁梯度张量 SVD 实际识别结果

（5）判断目标个数、形状和位置。

由图 7-14 可以看到，两幅奇异值等值线图中都存在 3 个中心，可以判断目标个数为 3 个；每个等值线中心与球体磁性目标形成的等值线相似，可以判断目标形状为球体或可简化为磁偶极子；根据 3 个等值线中心的位置及距离可以判断 3 个磁性目标沿斜线放置，磁性目标水平间距为 0.7~1.2m，与设置值 1m 相近。第一个奇异值等值线图的轮廓更加清晰，目标间磁场更加分明，识别能力更强。

由等值线图对磁性目标个数、形状和位置等作出的判断与预先放置磁性目标个数形状和位置基本吻合，验证了磁梯度张量 SVD 识别方法对磁性目标具有较强的识别能力，并表明该方法不受系统姿态的影响。

小　结

磁梯度张量含有 9 个分量，运用这些分量可以对磁性目标进行一定的识别，但在斜磁化或多目标情况下，单纯利用磁梯度张量的单一分量有时不容易区分磁性目标特征，不利于磁性目标的识别判断，所以本章考虑充分挖掘磁梯度张量所含 9 个分量潜在信息，提高磁性目标的识别能力。

（1）在典型磁性目标磁场特性数值仿真的基础上，描述磁性目标在垂直磁化和斜磁化以及水平磁化时的磁场特性，指出斜磁化时，磁梯度张量单一分量或磁场分量难以完成识别，为此提出了基于 SVD 的磁性目标的识别方法。对网格测量中磁性目标产生的磁梯度张量值进行 SVD，以奇异值中较大的两个作为目标识别特征参量，通过仿真试验发现奇异值特征参量对斜磁化的磁性目标仍有较好的表征效果，可以提高磁性目标识别能力。

（2）在多个磁性目标同时存在的情况下，各目标产生的磁场会彼此交叠、相互影响，此时运用磁梯度张量单一分量或磁场分量不容易对目标进行区分。采用磁梯度张量 SVD 的磁性目标识别方法可对多磁性目标进行区分，可识别出目标个数、形状及大致位置。数值仿真表明，基于 SVD 的磁性目标识别方法不仅可对同类多个磁性目标进行识别，也可以实现对异类多目标的识别。

（3）首先推导出了磁梯度张量特征值在坐标系姿态变化过程的变化规律，证明了其特征值为张量不变量；然后通过奇异值的求解过程得出磁梯度张量的奇异值是特征值的绝对值；最后根据奇异值和特征值的关系；得出磁梯度张量奇异值也是磁梯度张量不变量的结论。奇异值是张量不变量的性质将给实际识别带来很大方便，也是本章所提磁梯度张量 SVD 识别方法的优良特性。

进行了多磁性目标识别实测试验，运用本章所提磁梯度张量 SVD 识别方法可以将 3 个目标区分开，并可以大致判断目标形状和中心位置，验证了磁梯度张量 SVD 识别方法的有效性，以及识别效果不受系统姿态影响的优良特性。

第8章
磁梯度张量定位应用研究

8.1 引　言

将磁性目标简化成磁偶极子，利用其产生的磁梯度张量信息及磁场三分量信息可实现对目标的定位，连续定位即可实现跟踪。磁梯度张量探测系统对目标进行侦察定位时（磁梯度张量系统处于运动状态，目标处于静止状态），由于地球背景磁场的存在，会严重影响定位结果，甚至使定位无法实现；对目标进行监测定位时（磁梯度张量系统处于静止状态，目标处于运动状态），定位跟踪精度对系统测量误差比较敏感，单纯利用磁梯度张量测量值不容易完成跟踪，可以考虑引入附加信息提高跟踪精度；磁梯度张量探测系统的姿态有时会发生改变，姿态变化对定位结果是否会有影响、影响结果如何还有待进一步论证研究。

为此，有必要对磁梯度张量定位跟踪方法进行深入研究，并为现存定位跟踪问题提出相应解决方法，以期为磁梯度张量系统定位跟踪应用奠定基础。

8.2　基于系统平动的侦察定位方法

地球背景磁场高达 50000nT，足以淹没大多数磁性目标产生的磁场，对磁偶极子定位产生很大影响。磁梯度张量系统在监测定位时，可以采取系统先测量地球背景磁场，在目标出现后，在总磁场中将地球背景磁场减掉的方法来克服地球背景磁场的影响；但是磁梯度张量系统在侦察定位时，就需要研究新的方法消除地球背景磁场的影响，为此本节提出基于系统平动的磁梯度张量定位方法。

8.2.1　磁梯度张量单点定位方法

在探测距离大于 2.5 倍磁性目标长度时，可将磁性目标简化为磁偶极子[11]，此时磁性目标在距离其为 $\boldsymbol{r} = \begin{pmatrix} x \\ y \\ z \end{pmatrix}$ 处产生的磁场 $\boldsymbol{B} = \begin{pmatrix} B_x \\ B_y \\ B_z \end{pmatrix}$ 可写为[13]

$$\boldsymbol{B} = \begin{pmatrix} B_x \\ B_y \\ B_z \end{pmatrix} = \frac{\mu_0}{4\pi} \frac{3(\boldsymbol{m} \cdot \boldsymbol{r}_0)\boldsymbol{r}_0 - \boldsymbol{m}}{r^3} \tag{8-1}$$

式中：μ_0 为真空中磁导率（在空气中测量时可以用其代替）；$\boldsymbol{m} = \begin{pmatrix} m_x \\ m_y \\ m_z \end{pmatrix}$ 为磁性目标的磁矩；$\boldsymbol{r}_0$ 为距离矢量 $\boldsymbol{r}$ 的单位矢量。

磁性目标在距离其为 $\boldsymbol{r} = \begin{pmatrix} x \\ y \\ z \end{pmatrix}$ 处产生的磁场梯度张量值为[13]

$$B_{ij} = \frac{\mu_0}{4\pi} \left(\frac{-15\boldsymbol{m} \cdot \boldsymbol{r}}{r^7} ij + \frac{3m_i \cdot j}{r^5} + \frac{3m_j \cdot i}{r^5} + \frac{3(\boldsymbol{m} \cdot \boldsymbol{r}) \cdot \delta_{ij}}{r^5} \right) \tag{8-2}$$

式中：i 和 j 表示 x、y 或 z；当 $i=j$ 时，$\delta_{ij}=1$，否则为零。

根据欧拉反褶积反演理论，将磁场源看作磁偶极子时，其构造指数为 3，结合式（8-1）和式（8-2），可将张量数据的欧拉反褶积公式写为

$$\boldsymbol{G} \begin{pmatrix} x \\ y \\ z \end{pmatrix} + 3\boldsymbol{B} = \boldsymbol{G} \begin{pmatrix} x_0 \\ y_0 \\ z_0 \end{pmatrix} \tag{8-3}$$

式中：x_0、y_0 和 z_0 为磁性目标中心的位置坐标；x、y 和 z 为探测系统所在位置的坐标；$\boldsymbol{B} = \begin{pmatrix} B_x \\ B_y \\ B_z \end{pmatrix}$ 为探测点处目标产生的磁场分量值；$\boldsymbol{G} = \begin{pmatrix} B_{xx} & B_{xy} & B_{xz} \\ B_{yx} & B_{yy} & B_{yz} \\ B_{zx} & B_{zy} & B_{zz} \end{pmatrix}$ 为探测点处目标产生的磁场梯度全张量值。

将磁性目标中心作为坐标原点，由式（8-3）可得到探测系统相对磁性目标的坐标为

$$r = \begin{pmatrix} x \\ y \\ z \end{pmatrix} = -3G^{-1} \begin{pmatrix} B_x \\ B_y \\ B_z \end{pmatrix} \qquad (8\text{-}4)$$

式（8-4）即为磁梯度张量的单点定位算法，对磁性目标的连续定位即可实现跟踪。从式（8-4）可看出，要求得相对坐标，则要测量出目标在探测点处产生的磁梯度张量值和磁场三分量值，但是在探测点处叠加了地磁背景磁场的干扰。地磁背景场的梯度非常小，其对于目标磁梯度张量的影响可以忽略，但是地磁背景场的分量值可达上万纳特，其对目标产生的三分量磁场值的影响是不容忽略的，这种影响将使定位算法失去意义。为此本书研究了基于系统平动的磁梯度张量定位方法，来克服地磁背景场的影响。

8.2.2 系统平动的定位方法

式（8-4）所表达的定位算法必须要测量磁性目标产生的三分量磁场值，如果磁梯度张量探测系统在监测定位，可以采取先测量地磁背景三分量值，在磁性目标出现后，用总的磁场值减去背景磁场值的方法来求解得到。当探测系统在侦察定位时，虽然地磁背景场的梯度值非常小，但是随着探测系统运动距离的不断增大，地磁背景三分量值在不同位置还是有差异的，并且在长距离运动情况下，使三分量磁场传感器的敏感轴始终指向一个方向测量也是不容易实现的，以至于难以测量得到地球背景磁场值，所以在侦察定位中需要寻找更好的方法来解决地磁背景磁场干扰的问题。

在磁梯度张量探测系统运动探测过程中，假设磁性目标的中心为坐标系原点，探测系统首先进行第一点测量定位，可由式（8-4）表示。此时将式（8-1）代入式（8-4），可得

$$r = \begin{pmatrix} x \\ y \\ z \end{pmatrix} = -3G^{-1}A \begin{pmatrix} m_x \\ m_y \\ m_z \end{pmatrix} \qquad (8\text{-}5)$$

式中：$A = \dfrac{\mu_0}{4\pi r^5} \begin{pmatrix} 3x^2 - r^2 & 3xy & 3xz \\ 3xy & 3y^2 - r^2 & 3yz \\ 3xz & 3yz & 3z^2 - r^2 \end{pmatrix}$。

磁梯度张量探测系统平动（短时保持系统姿态不变的运动）到第二点，再进行一次测量，也可以得到形如式（8-6）的公式，即

$$\begin{pmatrix} x' \\ y' \\ z' \end{pmatrix} = -3\boldsymbol{G'}^{-1}\boldsymbol{A'}\begin{pmatrix} m_x \\ m_y \\ m_z \end{pmatrix} \tag{8-6}$$

式中：$\boldsymbol{r'} = \begin{pmatrix} x' \\ y' \\ z' \end{pmatrix}$ 为探测系统在第二测量点时与磁性目标中心的相对坐标；$\boldsymbol{G'}$ 为第二测量点时测量得到的目标产生的磁场梯度张量值，$\boldsymbol{A'}$ 与 $\boldsymbol{A}$ 结构一样，只是将 x、y 和 z 换成 x'、y' 和 z'。

磁梯度张量探测系统在平动的过程中，可由位移传感器测量得到两点间的平动距离 $\begin{pmatrix} \Delta x \\ \Delta y \\ \Delta z \end{pmatrix}$，那么两点间的坐标关系为[12]

$$\begin{pmatrix} x' \\ y' \\ z' \end{pmatrix} = \begin{pmatrix} x+\Delta x \\ y+\Delta y \\ z+\Delta z \end{pmatrix} \tag{8-7}$$

将式（8-7）代入式（8-6），可得

$$\begin{pmatrix} x+\Delta x \\ y+\Delta y \\ z+\Delta z \end{pmatrix} = -3\boldsymbol{G'}^{-1}\boldsymbol{A'}\begin{pmatrix} m_x \\ m_y \\ m_z \end{pmatrix} \tag{8-8}$$

将式（8-5）变形，可得

$$\begin{pmatrix} m_x \\ m_y \\ m_z \end{pmatrix} = -\frac{1}{3}\boldsymbol{A}^{-1}\boldsymbol{G}\begin{pmatrix} x \\ y \\ z \end{pmatrix} \tag{8-9}$$

将式（8-9）代入式（8-8），可得

$$\begin{pmatrix} x+\Delta x \\ y+\Delta y \\ z+\Delta z \end{pmatrix} = \boldsymbol{G'}^{-1}\boldsymbol{A'}\boldsymbol{A}^{-1}\boldsymbol{G}\begin{pmatrix} x \\ y \\ z \end{pmatrix} \tag{8-10}$$

式（8-10）中仅有 x、y 和 z 3 个未知参数，求解这 3 个未知参数，即可以实现地磁背景磁场环境下的磁性目标定位。

8.2.3 系统平动定位仿真试验

设定某磁性目标的磁矩为 $m_x = 8\times10^7$ Am^2、$m_y = 3\times10^8$ Am^2 和 $m_z = 4\times10^6$ Am^2。以磁性目标简化得到的磁偶极子中心为坐标原点 O，坐标轴与磁梯度张

量探测系统的坐标轴平行，建立空间笛卡儿坐标系 $Oxyz$，磁梯度张量系统的第一点测量坐标原点用 G 表示，第二点测量坐标原点用 G' 表示，如图 8-1 所示。

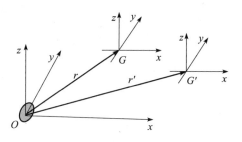

设定磁梯度张量系统在第一点测量时所在位置坐标为（150，20，100），磁梯度张量系统在第二点测量时所在位置坐标为（155，35，110），即磁梯度张量系统第二测量点相对第一测量点的平动距离为（Δx，Δy，Δz）=（5，15，

图 8-1　磁梯度张量定位坐标系

10）。设定磁梯度张量的测量误差为 0.02nT/m，位移传感器测量平动距离的误差为 0.05m。由式（8-2）仿真计算得到第一点和第二点处的磁梯度张量值为

$$G = \begin{pmatrix} -7.4 & -4.1 & -19.3 \\ -4.1 & 11.8 & -3.6 \\ -19.3 & -3.6 & -4.4 \end{pmatrix} \text{nT/m}, \quad G' = \begin{pmatrix} -3.8 & -4.9 & -14.3 \\ -4.9 & 7.9 & -4.6 \\ -14.3 & -4.6 & -4.2 \end{pmatrix} \text{nT/m}.$$

将 G 和 G' 代入式（8-5），进行位置参数的求解，求得第一个测量点的坐标为（150.1，20.1，100.1），则相对误差为 0.04%、0.7% 和 0.1%。改变磁性目标的磁矩、磁梯度测量精度、平动距离测量误差、位置参数和平动距离等，再进行若干次的仿真计算，如表 8-1 所列。

表 8-1　系统平动定位仿真试验结果

序号	磁矩/Am² (m_x，m_y，m_z)	磁梯度张量/(nT/m)	平动距离测量误差/m	第1点坐标/m (x，y，z)	平动距离/m (Δx，Δy，Δz)	相对定位误差/% (u_x，u_y，u_z)
1	(8×10^7，3×10^8，4×10^6)	0.02	0.05	(150，20，100)	(5，15，10)	(0.04，0.7，0.1)
2	(3×10^4，7×10^6，2×10^8)	0.02	0.05	(150，20，100)	(5，15，10)	(0.1，0.6，0.2)
3	(3×10^4，7×10^6，2×10^8)	0.02	0.05	(150，20，100)	(5，15，10)	(0.1，0.6，0.2)
4	(3×10^4，7×10^6，2×10^8)	0.08	0.05	(150，20，100)	(5，15，10)	(0.6，2.5，0.6)
5	(3×10^4，7×10^6，2×10^8)	0.08	0.3	(150，20，100)	(5，15，10)	(0.6，2.4，0.6)
6	(3×10^4，7×10^6，2×10^8)	0.08	0.3	(50，120，100)	(5，15，10)	(0.2，0.2，1.5)
7	(3×10^4，7×10^6，2×10^8)	0.08	0.3	(50，120，10)	(15，5，8)	(0.5，0.1，1.3)
⋮	⋮	⋮	⋮	⋮	⋮	⋮

由表 8-1 中不同条件下的仿真定位误差可以看到，该方法可以实现在地球背景磁场存在情况下的定位，克服了传统方法中地球背景磁场影响的问题，为磁梯度张量系统的实际定位应用提供了参考。

8.3 基于 RPF 的磁性运动目标监测定位方法

在磁梯度张量系统监测定位时，可以采取先测量再减去的方法消除地磁背景磁场影响，通过式（8-5）可实现地磁背景下的定位。但在定位磁性运动目标时，该定位公式对测量数据中的噪声比较敏感，如果想进一步提高系统的定位精度，一方面可以提高测量传感器的精度；另一方面可以通过引入磁性目标运动状态方程的滤波方法来实现。常用的卡尔曼滤波将空间模型和噪声限制为线性和高斯状态，而扩展卡尔曼滤波和无迹卡尔曼滤波将噪声限制为高斯状态，这些限制条件与磁梯度张量跟踪模型和目标实际运动状态不相符，所以这些方法不能完成对磁梯度张量跟踪的滤波估计。本书将采用正则化粒子滤波（Regularized Particle Filter，RPF）的方法进一步提高磁梯度张量系统的定位跟踪精度。

8.3.1 滤波方程分析

粒子滤波（Particle Filter，PF）采用蒙特卡洛仿真的方法，近似完成贝叶斯滤波，适用于线性和非线性系统，对噪声没有高斯性的限制。其基本思想：将系统随机变量的概率密度函数用一些离散的随机采样点（粒子）近似代替，积分运算采用样本均值代替，对状态进行最小方差估计。描述动态系统的状态空间模型如下。

目标的运动状态方程为

$$x_k = f_k(x_{k-1}, w_k) \tag{8-11}$$

测量系统的测量方程为

$$z_k = h_k(x_k, v_k) \tag{8-12}$$

式中：x_k 为状态矢量；z_k 为测量矢量；w_k 为过程噪声，其各种状态相互独立，并且分布相同；v_k 为测量噪声，其各种状态相互独立，并且分布相同；映射 f 表示目标运动状态的转移函数；h 表示测量系统对目标的测量函数。

随机变量采用 $\{x_{0:k}^i, \omega_k^i\}_{i=1}^N$ 表示，$p(x_{0:k} \mid z_{1:k})$ 表示其后验概率密度函数，其中 $\{x_{0:k}^i, i=1, 2, \cdots, N\}$ 是有关联权值 $\{\omega_k^i, i=1, 2, \cdots, N\}$ 支持的点集，$x_{0:k} = \{x_j, j=0, 1, \cdots, k\}$ 是到 k 时刻的所有状态集。k 时刻的后验密度可以近似地表示为

$$p(x_{0:k} \mid z_{1:k}) \approx \sum_{i=1}^N \omega_k^i \cdot \delta(x_{0:k} - x_{0:k}^i) \tag{8-13}$$

式中: ω_k^i 为粒子对应的归一化权值, 即 $\sum_{i=1}^{N} \omega_k^i = 1$。

状态估计可表示为

$$\hat{x}_k = \sum_{i=1}^{N} x_{0:k}^i \cdot \omega_k^i \qquad (8\text{-}14)$$

8.3.2　跟踪状态方程和测量方程的建立

将磁性运动目标简化为磁偶极子, 目标运动的状态可用位置、速度及其具有的磁矩来表示, 在第 k 个运动时刻, 整个系统的运动状态和物理状态可由状态矢量表示为

$$\boldsymbol{x}_k = (r_x, v_x, r_y, v_y, r_z, m_x, m_y, m_z)^{\mathrm{T}} \qquad (8\text{-}15)$$

式中: r_x、r_y 和 r_z 为磁性目标所在位置的三维坐标; v_x 和 v_y 为磁性目标在水平面内的二维速度分量, 即假设 $v_z = 0$; m_x、m_y 和 m_z 为目标磁矩的 3 个分量。

回归贝叶斯估计方法, 假设状态变量服从一阶马尔可夫过程, 此时离散的目标状态方程可以表示为

$$
\begin{aligned}
r_i(k) &= r_i(k-1) + \Delta t \cdot v_i(k-1) \\
v_i(k) &= v_i(k-1) \\
m_i(k) &= m_i(k-1)
\end{aligned}
\qquad (8\text{-}16)
$$

式中: $i = x$、y、z; $v_i = 0$, $(i = z)$; Δt 为数据采样间隔时间。

从式 (8-16) 中可以提取出式 (8-11) 隐含的状态转移矩阵为

$$
\boldsymbol{F} =
\begin{pmatrix}
1 & \Delta t & 0 & 0 & 0 & 0 & 0 & 0 \\
0 & 1 & 0 & 0 & 0 & 0 & 0 & 0 \\
0 & 0 & 1 & \Delta t & 0 & 0 & 0 & 0 \\
0 & 0 & 0 & 1 & 0 & 0 & 0 & 0 \\
0 & 0 & 0 & 0 & 1 & 0 & 0 & 0 \\
0 & 0 & 0 & 0 & 0 & 1 & 0 & 0 \\
0 & 0 & 0 & 0 & 0 & 0 & 1 & 0 \\
0 & 0 & 0 & 0 & 0 & 0 & 0 & 1
\end{pmatrix}
\qquad (8\text{-}17)
$$

由式 (8-4) 知道, 要实现定位, 需要知道磁梯度张量值和磁场三分量值, 由于磁梯度张量值中仅有 5 个分量独立, 所以确定测量向量为

$$\boldsymbol{z}_k = (G_{xx}, G_{yx}, G_{xz}, G_{yy}, G_{zy}, B_x, B_y, B_z)^{\mathrm{T}} \qquad (8\text{-}18)$$

式中: G_{xx}、G_{yx}、G_{xz}、G_{yy} 和 G_{zy} 为 5 个独立的磁梯度张量值; B_x、B_y 和 B_z 为磁场三分量值。表示状态矢量和测量矢量关系的测量方程可以由式 (8-1)、式 (8-2) 和式 (8-18) 给出。

由式（8-16）和式（8-17）表示的状态方程可以看出，目标运动状态方程是线性的，而由式（8-1）、式（8-2）和式（8-18）表示的测量方程是高度非线性的，PF可以很好地解决这类非线性滤波问题。

8.3.3 磁性目标RPF跟踪流程

根据前面建立的目标运动状态方程和梯度张量系统测量方程，结合实际的磁场梯度张量测量数据和磁场三分量测量数据，即可实现粒子滤波跟踪。在粒子滤波过程中常常出现粒子退化等问题，影响滤波效果，本书首先采用重采样的方法，克服粒子退化的影响。粒子退化通过重采样的方法可以得到一定的改善，但是又经常会出现粒子衰竭现象，使得跟踪精度受到影响，本书引入RPF，消除粒子衰竭带来的影响。PRF跟踪流程如图8-2所示。

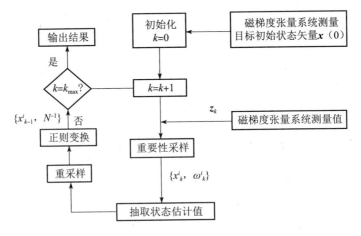

图 8-2 磁梯度张量系统 RPF 跟踪流程

8.3.4 磁性目标 RPF 跟踪仿真试验

假设一个磁性目标在水平面内运动，目标起始位置为 $(r_x, r_y, r_z) = (-20\text{m}, 30\text{m}, 1\text{m})$，速度为 $(v_x, v_y, v_z) = (1, 0.25, 0)$ m/s，由于存在地面摩擦力以及风力等噪声的影响，其运动轨迹并不完全是直线。设定目标的磁矩为 $m_x = 2 \times 10^5$ Am^2、$m_y = 8 \times 10^5$ Am^2 和 $m_z = 6 \times 10^5$ Am^2。

设定磁场三分量测量标准差为 1nT，磁场梯度分量测量标准差 1.7nT/m 时，对比 RPF 跟踪和直接反演跟踪的效果，如图 8-3 所示。

由图 8-3 可以看到，直接反演跟踪方法在目标位置跟踪和目标磁矩估计方面散布都比较大，对测量噪声很敏感；而 RPF 跟踪方法具有更强的抗噪声干扰能力，无论是对目标三维坐标的跟踪还是对目标磁矩的估计都具有更高的精度。

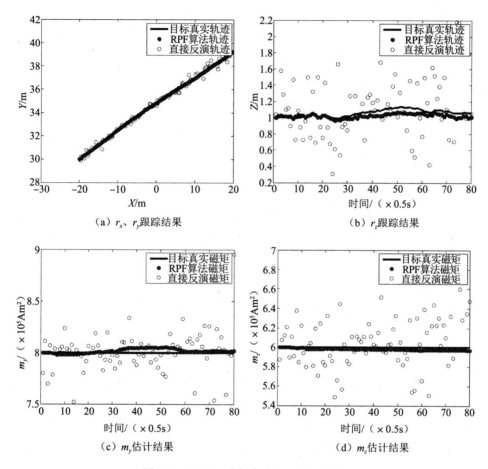

（a）r_x、r_y跟踪结果　　　　　　　（b）r_z跟踪结果

（c）m_y估计结果　　　　　　　　（d）m_z估计结果

图 8-3　RPF 跟踪与直接反演跟踪对比

为了进一步研究 RPF 方法和直接反演方法的效果，引入均方根误差（Root Mean Square Error，RMSE）作为评价指标，即

$$\text{RMSE} = \sqrt{\frac{1}{N}\sum_{i=1}^{N}\left[(r_x - \hat{r}_x)^2 + (r_y - \hat{r}_y)^2 + (r_z - \hat{r}_z)^2\right]} \qquad (8\text{-}19)$$

式中：$\hat{r}_x$、$\hat{r}_y$ 和 $\hat{r}_z$ 为目标位置的估计值；r_x、r_y 和 r_z 为目标位置坐标的真实值；N 为跟踪时间。

采用不同精度磁传感器的测量数据对目标进行跟踪对比试验，试验结果如表 8-2 所列。

表 8-2 采用不同精度磁传感器时的跟踪效果对比

磁场三分量测量标准差/nT	1	3	5	7	10
磁场梯度分量测量标准差（nT/m）	1.7	5	8.3	11.6	16.6
直接反演跟踪方法 RMSE/m	0.60	1.71	3.31	4.82	5.94
RPF 方法 RMSE/m	0.06	0.05	0.06	0.07	0.08

由表 8-2 可以看到，直接反演跟踪方法随着传感器精度下降，测量均方根误差迅速增加；而 RPF 在采用不同精度传感器时，跟踪均方根误差增加不是很大，对噪声有更强的抗干扰能力。

8.4　磁梯度张量系统姿态变化对定位的影响分析

系统姿态变化是指系统绕着某个坐标轴或几个坐标轴有一定角度的旋转。侦察定位时系统经过长时间运动，姿态难免会有所改变；监测定位时，在系统经过维护后姿态也难免会与之前不同，那么系统姿态变化是否会影响定位结果、影响规律如何是一个有待研究的问题。

8.4.1　坐标系旋转矩阵建立

系统姿态变化过程可由图 8-4 来描述。系统坐标系由初始的 $Oxyz$，经方位角 φ 的旋转、横滚角 γ 的旋转和俯仰角 θ 的旋转，最终得到坐标系 $Ox'''y'''z'''$。φ、γ 和 θ 是描述系统姿态变化的角度，系统在实际姿态变化的过程中并不一定是按照这个顺序进行变化的，也可能顺序不同，但坐标旋转矩阵是相似的。下面仅以 φ、γ 和 θ 的系统旋转过程来建立数学模型。

空间某点在坐标系 $Ox'''y'''z'''$ 和坐标系 $Oxyz$ 中的坐标关系为

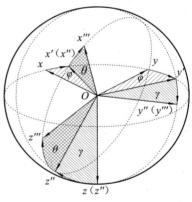

图 8-4　系统姿态变化示意图[143]

$$\begin{pmatrix} x''' \\ y''' \\ z''' \end{pmatrix} = \begin{pmatrix} \cos\theta & 0 & -\sin\theta \\ 0 & 1 & 0 \\ \sin\theta & 0 & \cos\theta \end{pmatrix} \begin{pmatrix} 1 & 0 & 0 \\ 0 & \cos\gamma & \sin\gamma \\ 0 & -\sin\gamma & \cos\gamma \end{pmatrix} \begin{pmatrix} \cos\varphi & \sin\varphi & 0 \\ -\sin\varphi & \cos\varphi & 0 \\ 0 & 0 & 1 \end{pmatrix} \begin{pmatrix} x \\ y \\ z \end{pmatrix}$$

$$(8-20)$$

式（8-20）的 φ、γ 和 θ 中一个或几个可以为 0，在运算过程中相应置 0

就可以了。式（8-20）中右侧3个方阵的乘积就是坐标旋转变换矩阵，令

$$\boldsymbol{R} = \begin{pmatrix} \cos\theta & 0 & -\sin\theta \\ 0 & 1 & 0 \\ \sin\theta & 0 & \cos\theta \end{pmatrix} \begin{pmatrix} 1 & 0 & 0 \\ 0 & \cos\gamma & \sin\gamma \\ 0 & -\sin\gamma & \cos\gamma \end{pmatrix} \begin{pmatrix} \cos\varphi & \sin\varphi & 0 \\ -\sin\varphi & \cos\varphi & 0 \\ 0 & 0 & 1 \end{pmatrix} \quad (8\text{-}21)$$

对式（8-21）中 R 的各行彼此作内积运算，有

$$\boldsymbol{R}\boldsymbol{R}^{\mathrm{T}} = \boldsymbol{E} \qquad (8\text{-}22)$$

式中：E 为单位矩阵；坐标旋转矩阵 R 为正交矩阵。

8.4.2　系统姿态变化对定位结果影响计算

磁梯度张量系统姿态变化后，其坐标系变为 $Ox'''y'''z'''$，在该坐标系下定位式（8-4），相应变为

$$\boldsymbol{r}''' = \begin{pmatrix} x''' \\ y''' \\ z''' \end{pmatrix} = -3\boldsymbol{G}'''^{-1} \begin{pmatrix} B_x''' \\ B_y''' \\ B_z''' \end{pmatrix} \qquad (8\text{-}23)$$

式中：$\boldsymbol{r}''' = \begin{pmatrix} x''' \\ y''' \\ z''' \end{pmatrix}$ 为磁梯度张量系统在坐标系 $Ox'''y'''z'''$ 中与磁性目标的相对位置坐标；G''' 为系统在坐标系 $Ox'''y'''z'''$ 中的磁梯度张量值；$\begin{pmatrix} B_x''' \\ B_y''' \\ B_z''' \end{pmatrix}$ 为系统在坐标系 $Ox'''y'''z'''$ 中的磁场三分量值。

由坐标旋转关系得到 G'''、G 和 R 之间的关系为

$$\boldsymbol{G}''' = \boldsymbol{R}\boldsymbol{G}\boldsymbol{R}^{\mathrm{T}} \qquad (8\text{-}24)$$

由坐标系旋转关系得到 $\begin{pmatrix} B_x''' \\ B_y''' \\ B_z''' \end{pmatrix}$、$\begin{pmatrix} B_x \\ B_y \\ B_z \end{pmatrix}$ 和 R 之间的关系为

$$\begin{pmatrix} B_x''' \\ B_y''' \\ B_z''' \end{pmatrix} = \boldsymbol{R} \begin{pmatrix} B_x \\ B_y \\ B_z \end{pmatrix} \qquad (8\text{-}25)$$

由式（8-24）和式（8-25）可以看到，系统姿态变化的过程中，磁梯度张量值和磁场三分量值都有所变化，并具有一定规律性。

磁梯度张量系统姿态变化前，相对磁性目标的距离为

$$r = \|\boldsymbol{r}\|_2 \tag{8-26}$$

将系统姿态变化后的磁梯度张量值（式（8-24））和磁场三分量值（式（8-25）代入系统姿态变化后的式（8-23），可得

$$\boldsymbol{r}''' = -3(\boldsymbol{RGR}^{\mathrm{T}})^{-1}\boldsymbol{R}\begin{pmatrix} B_x \\ B_y \\ B_z \end{pmatrix} = -3(\boldsymbol{R}^{\mathrm{T}})^{-1}\boldsymbol{G}^{-1}\boldsymbol{R}^{-1}\boldsymbol{R}\begin{pmatrix} B_x \\ B_y \\ B_z \end{pmatrix}$$

$$= -3\boldsymbol{RG}^{-1}\begin{pmatrix} B_x \\ B_y \\ B_z \end{pmatrix} = \boldsymbol{Rr} \tag{8-27}$$

根据式（8-27）得到系统姿态变化后梯度张量系统相对磁性目标的距离为

$$\boldsymbol{r}''' = \|\boldsymbol{Rr}\|_2 \tag{8-28}$$

由式（8-22）可知 $\boldsymbol{R}$ 为正交矩阵，正交矩阵对矢量的作用为正交变换，正交变换不影响矢量的模，所以结合式（8-26），式（8-28）可以写为

$$\boldsymbol{r}''' = \|\boldsymbol{r}\|_2 = r \tag{8-29}$$

由式（8-29）可知，磁梯度张量系统在姿态变化前后的定位距离没有改变，也就是系统姿态变化并不影响定位距离的结果。

8.4.3 系统姿态变化影响定位结果仿真验证

假设坐标系原点为 O，在磁性目标中心，用 $Oxyz$ 表示磁梯度张量系统姿态变化前的坐标系，将磁性目标磁矩设置为 $m_x = 2 \times 10^7 \text{ Am}^2$、$m_y = 3 \times 10^6 \text{ Am}^2$ 和 $m_z = 9 \times 10^6 \text{ Am}^2$。张量系统在坐标系 $Oxyz$ 中相对磁性目标中心的坐标为（120，50，110），则定位距离 $r = 170.3\text{m}$。

定义系统姿态变化前后相对定位距离误差为

$$\eta = \frac{|r''' - r|}{r} \times 100\% \tag{8-30}$$

式中：r 为系统姿态变化前磁梯度张量系统相对磁性目标的定位距离；r''' 为系统姿态变化后磁梯度张量系统相对磁性目标的定位距离。

通过数值仿真分别得到相对定位距离误差 η 随旋转姿态角 φ、γ 和 θ 的变化规律如图 8-5 所示。

由图 8-5 可以看到，定位距离相对误差小于 10^{-5}，约等于 0，磁梯度张量系统相对磁性目标的定位距离在系统姿态变化前后没有改变，即系统姿态改变

不影响定位距离，与理论推导结论一致。

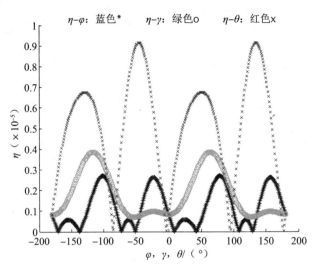

图 8-5　系统姿态变化时定位距离误差

8.5　磁梯度张量定位应用实测试验

本节将开展实际测量试验，一方面进一步验证本章所提定位方法的实际应用效果，另一方面为实际磁梯度张量定位应用提供参考。

具体试验步骤如下。

（1）将被探测磁性目标放置在某固定点。

（2）磁梯度张量系统放置在磁性目标周围某点，张量系统进行第一点测量。

（3）将磁梯度张量系统平动到下一点，记下平动距离，张量系统进行第二点测量，如图 8-6 所示。

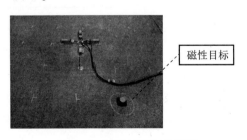

图 8-6　磁性目标定位试验

（4）按照上述步骤共进行了 3 次定位试验，3 次试验中磁性目标的标准坐标以及测量系统平动距离如表 8-3 所列。

表 8-3　磁性目标的标准坐标和系统平动距离

序号	标准坐标/m			平动距离/m		
	x	y	z	Δx	Δy	Δz
1	-0.5	-0.5	0.45	0	0.5	0
2	-0.5	0	0.45	0	0.5	0
3	-0.5	0.5	0.45	0.5	0	0

对试验中 3 次测量数据按照式（8-5）进行直接求解，所得定位结果如表 8-4 所列。由表 8-4 可以看到，受到地球背景磁场影响后，定位公式求解的定位结果完全不正确，误差达几十至上百米，而且没有规律性。这也说明地球背景磁场相对磁性目标磁场属于强磁场，足以将磁性目标的磁场淹没，运用式（8-4）直接定位在实际中不可行。

表 8-4　直接求解定位结果

序号	x/m	y/m	z/m
1	34.1	-30.9	0.5
2	-4.2	18.6	-5.4
3	149.7	257.5	-19.8

对试验中 3 次测量数据运用 8.2.3 节中提出的系统平动定位方法对磁性目标的位置进行解算，系统平动定位结果如表 8-5 所列。

表 8-5　系统平动定位结果

序号	定位结果/m			定位误差/m		
	x	y	z	Δx	Δy	Δz
1	-0.38	-0.44	0.4	0.12	0.06	-0.05
2	-0.49	-0.08	0.37	0.01	-0.08	-0.08
3	-0.36	0.34	0.36	0.14	-0.16	-0.09

由表 8-5 可以看到，基于系统平动的定位结果与标准坐标接近，使定位结果得到很大改善，可以确定磁性目标的大致位置。通过采用更高精度的磁场传感器还可以进一步提高定位精度。

小　结

本章论述了磁梯度张量定位的原理，指出磁梯度张量系统侦察定位时存在：地球背景磁场干扰的问题；监测定位时存在系统对测量误差比较敏感的问题；系统姿态变化影响定位结果的问题，并针对以上问题提出了相应的解决方法。

（1）引入系统两点间的平动信息，将定位算法中所用的磁场三分量值采用磁性目标磁矩和平动距离代替，这样定位算法中不再出现磁场三分量值，避免了地球磁场对定位算法的干扰。仿真试验验证了基于系统平动磁梯度张量定位方法的可行性，定位精度满足一般工程实际需要。

（2）以位置、速度和磁矩形成状态向量，对状态变量作一阶马尔可夫过程假设，构造状态转移矩阵，形成状态方程。以磁梯度张量系统测量的磁梯度张量值及磁场三分量值为测量向量，并结合位置变量、磁矩变量与磁梯度张量值、磁场三分量值的关系形成测量方程。在状态方程和测量方程建立的基础上，采用粒子滤波的方法对磁性目标进行定位跟踪。为了克服粒子滤波中粒子退化及粒子衰竭问题，在粒子滤波的基础上引入了重采样和正则变换方法，形成 RPF 跟踪流程。仿真试验表明，基于 RPF 的磁梯度张量定位方法降低了原有定位算法对噪声的敏感性，提高了磁梯度张量对磁性目标的监测定位跟踪能力。

（3）通过坐标旋转矩阵推导了系统姿态变化前和变化后定位距离的关系式，发现系统姿态变化后与姿态变化前的定位距离相差一个左乘矩阵，该矩阵为正交矩阵，不改变位置向量的模，所以理论上系统姿态变化不影响定位距离。通过仿真试验验证了系统姿态变化不影响定位距离的结论。

通过实际测量试验对所提定位方法进行验证，试验结果表明所提方法可以克服现存方法存在的不足，实现地磁背景环境中的磁性目标定位。

第9章
单航线测量下磁性目标定位方法研究

9.1 引　言

目标位置的快速确定是磁性目标探测的首要问题，即利用最简单、有效的方式测量目标产生的磁异常信号后准确估计目标存在的位置，要求探测系统应具有较好的实时性和位置估计准确性。而地球是一个天然的大磁场，磁性目标受其磁化作用产生的磁异常场往往较小而淹没在背景地磁场中，进而使得目标的探测和定位较为困难。因此，研究单航线测量下磁性目标的探测问题即为实现地磁背景影响下磁性目标的快速准确定位。

本章首先将欧拉反褶积公式进行微分推导，研究了基于欧拉反演的磁性目标单点定位方法；然后在张量几何不变量理论推导的基础上提出了基于张量不变量的目标单点定位方法；最后结合测量系统自身的位置信息研究了基于张量特征矢量的多点定位方法。多种不同的定位方法为实际应用中降低磁性目标探测虚警率并提高定位准确性提供了较好的理论支撑。

9.2　基于欧拉反演的磁性目标单点定位方法

9.2.1　反演方程的建立与求解

在磁法探测中，当测量点与目标间的距离大于 2.5 倍的目标长度时，磁性目标可简化为磁偶极子，此时磁性目标可由 6 个未知量描述，即磁偶极子的位置矢量和磁矩矢量，因此，磁矩矢量为 $\boldsymbol{m}=(m_x,\ m_y,\ m_z)$ 的磁偶极子在距离其 $\boldsymbol{r}=(x,\ y,\ z)^{\mathrm{T}}$ 处产生的磁矢量场和磁梯度张量中的 5 个独立分量可分别由

下式计算得到，即

$$B = \frac{\mu_0}{4\pi}\left(\frac{3(\boldsymbol{m} \cdot \boldsymbol{r})\boldsymbol{r}}{R^5} - \frac{\boldsymbol{m}}{R^3}\right) \tag{9-1}$$

$$\begin{pmatrix} B_{xx} \\ B_{xy} \\ B_{xz} \\ B_{yy} \\ B_{yz} \end{pmatrix} = \begin{pmatrix} a \\ b \\ c \\ d \\ e \end{pmatrix} = \frac{\mu_0}{4\pi R^7} \begin{pmatrix} 9xR^2 - 15x^3 & 3yR^2 - 15x^2y & 3zR^2 - 15x^2z \\ 3yR^2 - 15x^2y & 3xR^2 - 15xy^2 & -15xyz \\ 3zR^2 - 15x^2z & -15xyz & 3xR^2 - 15xz^2 \\ 3xR^2 - 15xy^2 & 9yR^2 - 15y^3 & 3zR^2 - 15y^2z \\ -15xyz & 3zR^2 - 15y^2z & 3yR^2 - 15yz^2 \end{pmatrix} \begin{pmatrix} m_x \\ m_y \\ m_z \end{pmatrix} \tag{9-2}$$

式中：μ_0 为真空磁导率；$R = |r|$ 为磁偶极子位置与测量点之间的距离。

磁偶极子产生的张量场与矢量场满足欧拉反褶积公式，而且构造指数为 3，即

$$\begin{bmatrix} B_{xx} & B_{xy} & B_{xz} \\ B_{yx} & B_{yy} & B_{yz} \\ B_{zx} & B_{zy} & B_{zz} \end{bmatrix} \begin{bmatrix} x \\ y \\ z \end{bmatrix} = -3 \begin{bmatrix} \boldsymbol{Bx} \\ \boldsymbol{By} \\ \boldsymbol{Bz} \end{bmatrix} \tag{9-3}$$

若已知磁性目标产生的张量场和磁矢量场，由式（9-3）即可求得磁偶极子在空间中的位置在实际测量中，尽管测得的张量场可认为是仅由磁性目标产生的，但是测得的磁矢量场为地磁背景场与磁性目标产生的磁矢量场的叠加，无法有效分离，进而将大大影响目标的定位精度。因此，为削弱背景地磁场在磁性目标定位中的影响，式（9-3）两边分别对 x、y、z 求导，可得

$$\begin{bmatrix} \dfrac{\partial B_{xx}}{\partial i} & \dfrac{\partial B_{xy}}{\partial i} & \dfrac{\partial B_{xz}}{\partial i} \\[3mm] \dfrac{\partial B_{yx}}{\partial j} & \dfrac{\partial B_{yy}}{\partial j} & \dfrac{\partial B_{yz}}{\partial j} \\[3mm] \dfrac{\partial B_{zx}}{\partial k} & \dfrac{\partial B_{zy}}{\partial k} & \dfrac{\partial B_{zz}}{\partial k} \end{bmatrix} \begin{bmatrix} x \\ y \\ z \end{bmatrix} = -4 \begin{bmatrix} \dfrac{\partial \boldsymbol{Bx}}{\partial i} \\[3mm] \dfrac{\partial \boldsymbol{By}}{\partial j} \\[3mm] \dfrac{\partial \boldsymbol{Bz}}{\partial k} \end{bmatrix} \tag{9-4}$$

式中：i、j、$k = x$、y、z。

式（9-4）中，i、j、k 取不同值时共可得到 27 个不同的梯度分量 B_{ijk}，由偏微分的无序性及式（9-2）可知 B_{ijk} 只有 7 个量是相互独立的，因此由式（9-4）仅可得到 5 个独立的方程。若测得式中的所有一阶和二阶张量分量，则可建立关于磁性目标位置的超定方程组，进而利用最小二乘法进行求解。

然而，由本书 2.2 节分析可知，磁场矢量的二阶偏微分必须要用到二阶张量系统进行测量，以图 3-7 所示的张量系统为例，其仅能测得 7 个独立分量中的 6 个，无法测量分量 B_{zzz}。因此，利用该张量系统进行磁性目标的定位仅可

得到两个相互独立的方程，即

$$\begin{bmatrix} \dfrac{\partial B_{xx}}{\partial x} & \dfrac{\partial B_{xy}}{\partial x} & \dfrac{\partial B_{xz}}{\partial x} \\ \dfrac{\partial B_{yx}}{\partial y} & \dfrac{\partial B_{yy}}{\partial y} & \dfrac{\partial B_{yz}}{\partial y} \end{bmatrix} \begin{bmatrix} x \\ y \\ z \end{bmatrix} = -4 \begin{bmatrix} \dfrac{\partial \boldsymbol{Bx}}{\partial \boldsymbol{x}} \\ \dfrac{\partial \boldsymbol{By}}{\partial \boldsymbol{y}} \end{bmatrix} \tag{9-5}$$

式（9-5）为关于磁偶极子位置信息的欠定方程组，无法实现位置坐标的求解，必须引入关于位置坐标的额外方程。

又磁偶极子梯度张量矩阵的绝对值最小的特征值对应的特征向量 $\boldsymbol{V}_3$ 垂直于位置矢量 $\boldsymbol{r}$ [151]，即

$$\begin{bmatrix} V_{3x} & V_{3y} & V_{3z} \end{bmatrix} \begin{bmatrix} x \\ y \\ z \end{bmatrix} = 0 \tag{9-6}$$

综合式（9-5）和式（9-6），可得测量点相对于磁偶极子的位置矢量为

$$\boldsymbol{r} = \begin{bmatrix} x \\ y \\ z \end{bmatrix} = - \begin{bmatrix} B_{xxx} & B_{xyx} & B_{xzx} \\ B_{yxy} & B_{yyy} & B_{yzy} \\ V_{3x} & V_{3y} & V_{3z} \end{bmatrix}^{-1} \begin{bmatrix} -4 \cdot B_{xx} \\ -4 \cdot B_{yy} \\ 0 \end{bmatrix} = -\boldsymbol{G}'^{-1} \boldsymbol{B}' \tag{9-7}$$

分析式（9-7）可知，磁偶极子的位置解析式中仅含有单点测量的磁梯度张量数据，可有效削弱背景地磁场的影响，实现较为精确的磁偶极子定位。在此基础上，利用测得的张量矩阵 $\boldsymbol{G}$ 和估计的位置矢量 $\boldsymbol{r}$，即可计算磁性目标的磁矩矢量，即

$$\boldsymbol{m} = \frac{|\boldsymbol{r}|^4}{3C} \left[\boldsymbol{G} \cdot \tilde{\boldsymbol{r}} - \frac{3}{2} (\tilde{\boldsymbol{r}}^{\mathrm{T}} \cdot \boldsymbol{G} \cdot \tilde{\boldsymbol{r}}) \tilde{\boldsymbol{r}} \right] \tag{9-8}$$

式中：$\tilde{\boldsymbol{r}}$ 为位置矢量 $\boldsymbol{r}$ 的单位矢量，若张量矩阵 $\boldsymbol{G}$ 的单位为 nT/m，则 C 取值为 100。

9.2.2　仿真分析

利用图 3-7 所示的二阶张量系统进行仿真分析，其中传感器间的基线距离为 0.25m，磁偶极子放置于（1m，3m，2m）处，磁矩大小为 1500Am^2，总磁倾角和偏角分别为 40° 和 30°。张量系统在 $z = -1$m 平面内从（-5m，-20m，-1m）匀速直线运动到（-5m，20m，-1m）处，运动过程中系统姿态保持不变且每间隔 0.25m 采样一次。假设传感器每个轴均含有相互独立的均值为 0、方差为 0.2nT 的高斯白噪声，则测量系统在运动过程中测得的一阶张量分量、二阶张量分量及有无测量噪声时由式（9-7）得到的磁性目标位置如图 9-1 所示。

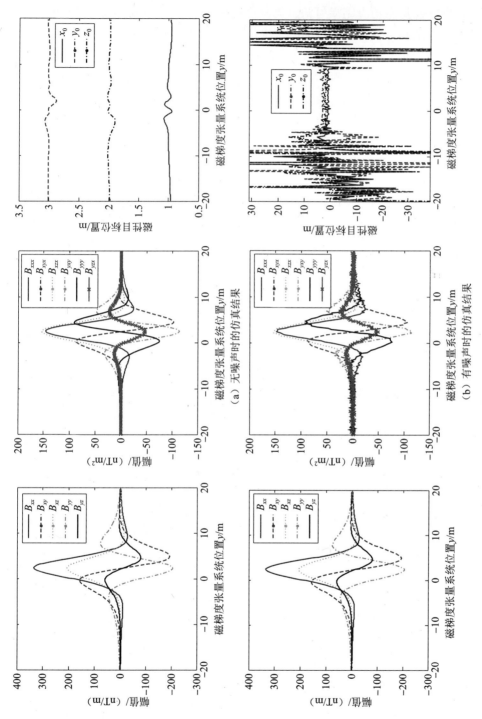

图9-1 张量系统运动时欧拉反演法得到的仿真结果

由图9-1所示仿真结果可知，无测量噪声存在时，本书所提欧拉反演定位方法可较为准确地估计磁性目标的三维位置。但是，当测量噪声存在时，由于实际测量中二阶张量分量是由多个传感器测得的磁矢量场进行差分计算得到的，更容易受到噪声的影响，进而利用其构建的方程估计得到的磁性目标的位置也受到较大的噪声干扰，也使得目标的可探测范围是有限的，估计得到的目标位置仅在可探测范围内是可信的。

9.3 基于张量不变量的磁性目标单点定位方法

通过对传统欧拉反演定位算法的扩展，可实现存在地磁场情况下磁性目标的单点定位，但该方法要求张量系统测量二阶张量数据，在实际应用中受到较大的噪声干扰且对传感器结构和系统姿态要求较高。由第2章可知，若干个张量分量计算得到的张量不变量具有不随坐标系旋转而变化的特性。为此，本书提出了基于张量不变量的磁性目标单点定位方法，以克服动载张量系统测量中姿态实时变化的问题。

9.3.1 理论推导

由式（9-4）、式（9-5）和式（9-2）可得磁偶极子产生的磁梯度张量 G 的特征值为

$$
\begin{cases}
\lambda_1 = \dfrac{3\mu_0 \boldsymbol{m} \cdot \boldsymbol{r}}{8\pi R^5}\left(-1-\sqrt{5+4\dfrac{M^2 R^2}{(\boldsymbol{m} \cdot \boldsymbol{r})^2}}\right) \\[4mm]
\lambda_2 = \dfrac{3\mu_0 \boldsymbol{m} \cdot \boldsymbol{r}}{8\pi R^5}\left(-1+\sqrt{5+4\dfrac{M^2 R^2}{(\boldsymbol{m} \cdot \boldsymbol{r})^2}}\right) \\[4mm]
\lambda_3 = \dfrac{3\mu_0}{4\pi R^5}\boldsymbol{m} \cdot \boldsymbol{r}
\end{cases}
\tag{9-9}
$$

式中：$M=|\boldsymbol{m}|$ 为磁偶极子的磁矩模；$|\lambda_1| \geqslant |\lambda_3|$，$|\lambda_2| \geqslant |\lambda_3|$ 且 $\lambda_2 \geqslant \lambda_3 \geqslant \lambda_1$。

引入变量：$\delta = ec^2+bcd+abc+d^2e+ade+e^3$，$\varepsilon = a^2c+adc+abe+c^3+ce^2+bde$，$\varphi = bc^2+cde-be^2-ace$，则磁偶极子产生的磁梯度张量的3个特征值对应的特征矢量 $\boldsymbol{V}_1$、$\boldsymbol{V}_2$ 和 $\boldsymbol{V}_3$ 分别为

$$
\begin{cases}
\boldsymbol{V}_1(1) = \delta+(bc-ae)\lambda_1-e\lambda_1^2 \\[2mm]
\boldsymbol{V}_1(2) = -\varepsilon-(be-cd)\lambda_1+c\lambda_1^2 \\[2mm]
\boldsymbol{V}_1(3) = \phi
\end{cases}
\tag{9-10}
$$

$$\begin{cases} \boldsymbol{V}_2(1)=\delta+(bc-ae)\lambda_2-e\lambda_2^2 \\ \boldsymbol{V}_2(2)=-\varepsilon-(be-cd)\lambda_2+c\lambda_2^2 \\ \boldsymbol{V}_2(3)=\phi \end{cases} \tag{9-11}$$

$$\begin{cases} \boldsymbol{V}_3(1)=\delta+(bc-ae)\lambda_3-e\lambda_3^2 \\ \boldsymbol{V}_3(2)=-\varepsilon-(be-cd)\lambda_3+c\lambda_3^2 \\ \boldsymbol{V}_3(3)=\phi \end{cases} \tag{9-12}$$

将式（9-10）至式（4-12）进行归一化处理，即得到 3 个单位特征矢量，可表示为 $\tilde{\boldsymbol{V}}_1$、$\tilde{\boldsymbol{V}}_2$ 和 $\tilde{\boldsymbol{V}}_3$。

1. 几何不变量 1

由式（9-9）中张量矩阵的特征值公式可知，若 3 个特征值已由张量系统测得的实际信号求解得到，则位置矢量与磁矩矢量间的夹角可由下式得到，即

$$\cos\phi=\tilde{\boldsymbol{m}}\cdot\tilde{\boldsymbol{r}}=\frac{\boldsymbol{m}\cdot\boldsymbol{r}}{|\boldsymbol{m}|\cdot|\boldsymbol{r}|}=\frac{\lambda_3}{\sqrt{-\lambda_3^2-\lambda_1\lambda_2}}=\frac{\lambda_3}{\mu} \tag{9-13}$$

式中：$\tilde{\boldsymbol{r}}$ 和 $\tilde{\boldsymbol{m}}$ 分别为位置矢量和磁矩矢量的单位矢量；$\mu=\sqrt{-\lambda_3^2-\lambda_1\lambda_2}$ 为张量不变量归一化源强度（Normalized Source Strength，NSS）。

式（9-13）中的特征值为张量不变量，因此，在张量系统姿态发生变化时，由该公式计算得到的磁偶极子位置矢量与磁矩矢量间的夹角保持不变，本书将其定义为磁梯度张量的几何不变量 1。

由磁偶极子产生的磁矢量、磁梯度张量公式及几何不变量 1，可得

$$\begin{cases} |\boldsymbol{B}|=\frac{\mu_0 M}{4\pi R^3}\sqrt{3(\cos\phi)^2+1} \\ C_T=\|\boldsymbol{G}\|=\frac{3\mu_0 M}{4\pi R^4}\sqrt{4(\cos\phi)^2+2} \\ I_2=-\left(\frac{3\mu_0 M}{4\pi R^4}\right)^3\cdot(\cos\phi)\cdot((\cos\phi)^2+1) \\ I_1=-\left(\frac{3\mu_0 M}{4\pi R^4}\right)^2\cdot(2(\cos\phi)^2+1) \end{cases} \tag{9-14}$$

因此，基于上述推导的几何不变量 1，若已知磁偶极子产生的总磁场强度及磁梯度张量，可通过特征值分析及式（9-14）求得磁偶极子相对于测量点的距离 R 和磁矩模 M。

2. 几何不变量 2

将式（4-2）代入式（4-12）化简，可得

$$\begin{cases} \boldsymbol{V}_3 \cdot \boldsymbol{r} = 0 \\ \boldsymbol{V}_3 \cdot \boldsymbol{m} = 0 \end{cases} \tag{9-15}$$

式（9-15）所表示的几何含义：磁偶极子梯度张量矩阵的绝对值最小的特征值对应的特征向量垂直于磁矩矢量和位置矢量，且不随着张量系统姿态的变化而变化。本书将此固定的垂直关系定义为磁梯度张量的几何不变量2。

3. 几何不变量3

由对称矩阵的特征矢量之间的几何关系可知，特征矢量 $\boldsymbol{V}_3$ 垂直于 $\boldsymbol{V}_1$ 和 $\boldsymbol{V}_2$，由几何不变量2可知，特征矢量 $\boldsymbol{V}_3$ 垂直于磁矩矢量 $\boldsymbol{m}$ 和位置矢量 $\boldsymbol{r}$，因此，假设矢量 $\boldsymbol{V}_1$、$\boldsymbol{V}_2$、$\boldsymbol{m}$ 和 $\boldsymbol{r}$ 共面，则对应的4个单位向量之间可互相表示，令

$$\begin{cases} \tilde{\boldsymbol{r}} = \alpha_1 \tilde{\boldsymbol{V}}_1 + \alpha_2 \tilde{\boldsymbol{V}}_2 \\ \tilde{\boldsymbol{m}} = \beta_1 \tilde{\boldsymbol{V}}_1 + \beta_2 \tilde{\boldsymbol{V}}_2 \end{cases} \tag{9-16}$$

式中：$\alpha_1^2 + \alpha_2^2 = 1$；$\beta_1^2 + \beta_2^2 = 1$。

如式（4-3）所示，磁偶极子产生的张量场与矢量场满足欧拉反褶积公式[86]，而且构造指数为3，将式（9-1）、式（9-16）代入式（9-3）并在等式两边同时乘以 $\tilde{\boldsymbol{r}}$，可得

$$\alpha_1^2 \lambda_1 + \alpha_2^2 \lambda_2 = -\frac{3\mu_0 \boldsymbol{m} \cdot \boldsymbol{r}}{2\pi R^5} = -2\lambda_3 \tag{9-17}$$

由式（9-16）及式（9-17），可得

$$\begin{cases} \alpha_1^2 = \dfrac{\lambda_3 - \lambda_1}{\lambda_2 - \lambda_1} \\ \alpha_2^2 = \dfrac{\lambda_2 - \lambda_3}{\lambda_2 - \lambda_1} \end{cases} \tag{9-18}$$

故磁偶极子位置矢量的单位矢量由下式表示，即

$$\tilde{\boldsymbol{r}} = \pm\sqrt{\frac{\lambda_3 - \lambda_1}{\lambda_2 - \lambda_1}}\, \tilde{\boldsymbol{V}}_1 \pm \sqrt{\frac{\lambda_2 - \lambda_3}{\lambda_2 - \lambda_1}}\, \tilde{\boldsymbol{V}}_2 \tag{9-19}$$

将式（9-16）和式（9-19）代入式（9-13）表示的几何不变量1，可得

$$\begin{cases} \beta_1 = \pm\left(\sqrt{\dfrac{(\lambda_3)^2(\lambda_3 - \lambda_1)}{(-(\lambda_3)^2 - \lambda_1\lambda_2)(\lambda_2 - \lambda_1)}} + \sqrt{\dfrac{(\lambda_2 - \lambda_3)(2(\lambda_3)^2 + \lambda_1\lambda_2)}{((\lambda_3)^2 + \lambda_1\lambda_2)(\lambda_2 - \lambda_1)}} \right) \\ \beta_2 = \pm\left(\sqrt{\dfrac{(\lambda_3)^2(\lambda_2 - \lambda_3)}{(-(\lambda_3)^2 - \lambda_1\lambda_2)(\lambda_2 - \lambda_1)}} + \sqrt{\dfrac{(\lambda_3 - \lambda_1)(2(\lambda_3)^2 + \lambda_1\lambda_2)}{((\lambda_3)^2 + \lambda_1\lambda_2)(\lambda_2 - \lambda_1)}} \right) \end{cases}$$

$$\tag{9-20}$$

由上述推导可知，位置矢量及磁矩矢量与最大及最小特征值对应的特征矢量共面，且不随着张量系统的姿态变化而变化，本书将其定义为几何不变量 3。

因此，已知磁偶极子产生的磁梯度张量时，可通过特征值分析，利用式（9-14）求解磁偶极子相对于测量点的距离和磁矩模，然后利用式（9-18）、式（9-20）求解磁偶极子位置及磁矩矢量的单位向量，最终可实现磁偶极子位置和磁矩的估计。但是，该方法在得到真实位置及磁矩矢量的同时，也得到了 3 个虚假解，必须采用有效方法准确去除。

由于在实际应用中所探测目标在测量平面的上方或下方为已知信息，而且单点测量的数据反演得到的 4 组磁偶极子的三维坐标关于原点对称。因此，根据已知信息中的 Z 坐标信息可直接删除 4 组解中的两个虚假解。将剩下的两组解代入式（9-1）和式（9-2）中可计算得到两组不同的解在测量点产生的磁总场和磁梯度张量值。若为真实解，则该计算值与实际测量值相吻合；若为虚假解，则计算得到的张量数据与测量数据存在较大的偏差，因此，根据计算值与测量值之间的差异可进一步去除第三个虚假解，进而得到真实的磁偶极子位置及磁矩矢量。值得注意的是，虚假解的去除是实时的，即每个测量点反演得到的四组解都需要进行虚假解的去除。

4. 实际张量系统的探测距离分析

理想情况下，张量系统不含有任何测量噪声，对于匀强空间中仅含有一个磁偶极子的情况，其具有无限远的可定位距离。但是，在实际应用中测量噪声不可避免，张量系统也存在一定的分辨率限制，进而导致其在磁性目标探测时存在一定的可探测距离。

由式（3-11）中张量系统的分辨率与磁性目标产生的张量场之间的关系可知，假设方向 N 可由磁梯度张量矩阵的特征矢量表示，即 $N = \alpha_x V_1 + \alpha_y V_2 + \alpha_z V_3$，而且 $\alpha_x^2 + \alpha_y^2 + \alpha_z^2 = 1$，则由张量矩阵满足的特征方程可得

$$\left| \frac{d(B)}{d(N)} \right| = |GN| = \sqrt{(\lambda_1 \alpha_x)^2 + (\lambda_2 \alpha_y)^2 + (\lambda_3 \alpha_z)^2} \tag{9-21}$$

由式（3-11）和式（9-21）可知，十字形张量系统的分辨率应满足

$$q \leqslant 2d \cdot \min\left(\left| \frac{d(B)}{d(N)} \right| \right) = 2d |\lambda_3| = 2d \frac{3\mu_0 M}{4\pi R^4} |\cos \phi| \tag{9-22}$$

因而分辨率为 q 的十字形张量系统的探测距离为

$$R(x, y, z) \leqslant \left(\frac{3\mu_0 dM}{2\pi q} |\cos \phi| \right) 1/4 \tag{9-23}$$

由式（9-23）可知，磁性目标的探测距离不仅与张量系统的分辨率、基

线距离及磁性目标的磁矩大小有关，还与张量系统和目标间的位置矢量与磁矩矢量的夹角有关，即张量系统对同一个磁性目标的探测距离在空间中的不同方位是不一样的。

9.3.2 仿真分析

建立向下为正的右手坐标系进行仿真试验，首先假设磁偶极子位于坐标 $(6,0,-2)$ m 处，磁矩矢量为 $(80,60,40)$ Am^2，张量系统在一定范围内匀速直线运动，其运动轨迹的具体参数如表 9-1 所列。考虑真实张量系统多用来测量 5 个独立的张量分量及张量矩阵对称的原则，在 5 个独立的磁梯度张量分量信号中均加入均值为 0nT/m、方差为 0.4nT/m 的高斯白噪声。仿真试验流程如下。

表 9-1　张量系统直线运动的参数和轨迹

序号	初始位置/m	最终位置/m	运动速度/（m/s）	采样间隔/m
1	$(10,-30,-4)$	$(10,30,-4)$	$(0,10,0)$	0.25
2	$(-22,-20,0)$	$(28,30,0)$	$(10,10,0)$	0.5
3	$(35,-19,3)$	$(-35,9,3)$	$(-10,4,0)$	0.5

（1）计算测量系统在不同位置时测得的磁偶极子产生的磁梯度张量值，然后进行特征值分析求解对应的特征值和特征向量。

（2）利用式（9-14）求解测量点相对于磁偶极子的距离及磁矩模。

（3）将特征值及特征向量代入式（9-19）及式（9-20），求解磁偶极子位置及磁矩矢量。

有无噪声情况下张量系统运动过程中测得的张量分量、反演得到的磁偶极子相对于张量系统的距离、目标的磁矩模量、三维位置和磁矩矢量如图 9-2 至图 9-4 所示。

由图 9-2 至图 9-4 可知，存在测量噪声时，在可探测范围内，所提算法可较为准确地定位磁偶极子。但是，磁梯度张量信号随着距离的增加而迅速衰减，导致距离磁偶极子较远处的磁场信号较弱，有效信号被测量噪声影响，进而反演得到的磁偶极子位置及磁矩矢量存在较大的偏差，反演结果无法为磁偶极子的探测提供参考，即磁偶极子的可探测范围不仅受到其自身磁矩大小的影响，还受到测量系统中测量噪声的影响。

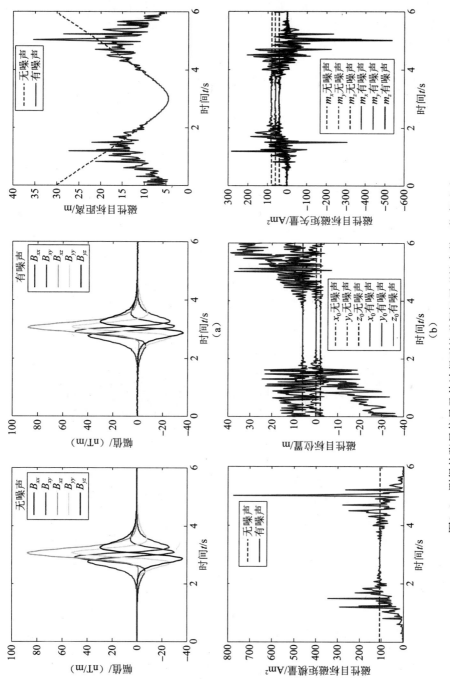

图9-2　测得的张量信号及估计得到的磁偶极子磁性参数（仿真试验一）

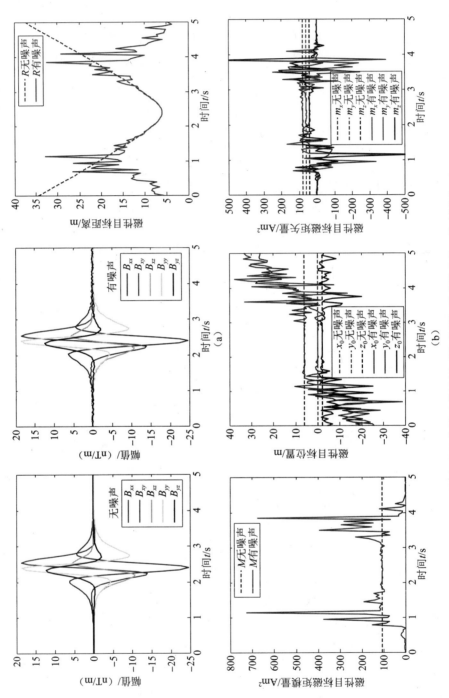

图9-3 测得的张量信号及估计得到的磁偶极子磁参数（仿真试验二）

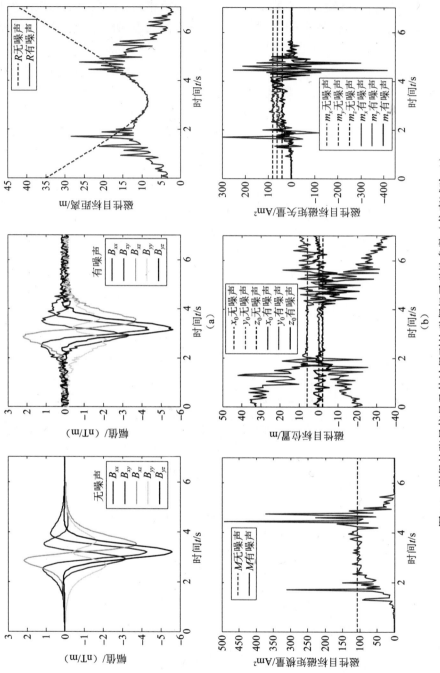

图9-4 测得的张量信号及估计得到的磁偶极子磁性参数（仿真试验三）

对比 3 个仿真试验，由于张量系统的测量噪声相同、磁性目标的磁矩大小相同，因此，其探测距离是近似相同的，但在空间的不同位置仍存在一定的差异。由式（9-23）可知，磁性目标的可探测距离除了与张量系统本身性能及磁性目标磁矩大小有关外，还与测量点和目标间的相对位置矢量与磁矩矢量之间的夹角有关，则该仿真中磁偶极子的有效探测距离可由式（9-23）计算，如图 9-5 所示。

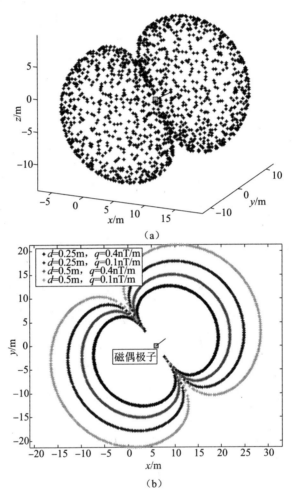

图 9-5　磁性目标的三维可探测范围和二维探测范围示意图

为方便对比，给出 $z=-2m$ 平面内张量系统具有不同基线距离及分辨率时的二维可探测范围示意图（图 9-5），由图可知，基于张量不变量的探测方法的探测范围除了受系统的基线距离和分辨率的影响外，还与磁性目标的磁化方向有关，在与磁化方向平行的方向，磁性目标产生的磁梯度张量分量较大，进而导致目标的被探测范围最大，在与磁化方向垂直的方向，磁性目标产生的磁梯度张量分量较小，测量数据较容易被测量噪声所淹没，进而导致该方向的可探测范围较小。

9.4　基于特征向量的磁性目标多点定位方法

上述磁性目标的定位方法利用单个测量点的磁梯度张量数据实现了目标位置的估计，并取得了较好的仿真效果。在实际应用中，张量测量系统往往与惯性导航等测量系统相集成，进而可实时获得张量系统的空间位置和姿态。因此，本节考虑利用辅助的张量系统位置信息，基于多点的磁梯度张量信号进行磁性目标的定位研究，其主要理论是利用磁梯度张量的特征矢量与磁性目标位置之间的几何关系。

9.4.1　单位磁矩矢量及位置矢量计算公式

假设已知两个测量点的张量矩阵的最小特征值对应的特征矢量为 $V_3 = (V_{3x},\ V_{3y},\ V_{3z})$ 和 $V_3' = (V_{3x}',\ V_{3y}',\ V_{3z}')$，磁性目标的空间坐标为 $r_0 = (x_0,\ y_0,\ z_0)$，第一个测点的空间坐标为 $r_1 = (x_1,\ y_1,\ z_1)$，第二个测点的空间坐标为 $r_2 = r_1 + (d_x,\ d_y,\ d_z)$，则由式（4-15），可得

$$\begin{cases} m_x V_{3x} + m_y V_{3y} + m_z V_{3z} = 0 \\ m_x V_{3x}' + m_y V_{3y}' + m_z V_{3z}' = 0 \end{cases} \tag{9-24}$$

求解式（9-24）可得

$$(m_x, m_y, m_z) = \left(\frac{V_{3z}' V_{3y} - V_{3z} V_{3y}'}{V_{3x} V_{3y}' - V_{3x}' V_{3y}}, \frac{V_{3x}' V_{3x} - V_{3z} V_{3x}'}{V_{3x}' V_{3y} - V_{3x} V_{3y}'}, 1 \right) m_z \tag{9-25}$$

对式（9-25）进行归一化处理，即可得到磁偶极子的单位磁矩矢量 $\tilde{m}$。

若第一个测量点相对于磁偶极子的位置矢量为 $r = r_1 - r_0$ 且其单位向量为 $\tilde{r}$，则由式（9-13）所示的几何不变量1，可得

$$\begin{cases} \tilde{m}_x \tilde{r}_x + \tilde{m}_y \tilde{r}_y + \tilde{m}_z \tilde{r}_z = \cos\phi \\ V_{3x} \tilde{r}_x + V_{3y} \tilde{r}_y + V_{3z} \tilde{r}_z = 0 \\ \tilde{r}_x^2 + \tilde{r}_y^2 + \tilde{r}_z^2 = 1 \end{cases} \tag{9-26}$$

则由式（9-26）的前两个方程，可得

$$\begin{cases} \tilde{r}_x = \dfrac{V_{3y}\cos\phi - (\tilde{m}_z V_{3y} - \tilde{m}_y V_{3z})\tilde{r}_z}{\tilde{m}_x V_{3y} - \tilde{m}_y V_{3x}} \\[4mm] \tilde{r}_y = \dfrac{V_{3x}\cos\phi - (\tilde{m}_z V_{3x} - \tilde{m}_x V_{3z})\tilde{r}_z}{\tilde{m}_y V_{3x} - \tilde{m}_x V_{3y}} \end{cases} \tag{9-27}$$

将式（9-27）代入式（9-26）中的第三个方程，可得

$$\begin{aligned} &[(\tilde{m}_z V_{3y} - \tilde{m}_y V_{3z})^2 + (\tilde{m}_z V_{3x} - \tilde{m}_x V_{3z})^2 + (\tilde{m}_y V_{3x} - \tilde{m}_x V_{3y})^2]\tilde{r}_z^2 \\ &-2[V_{3y}\cos\phi(\tilde{m}_z V_{3y} - \tilde{m}_y V_{3z}) + V_{3x}\cos\phi(\tilde{m}_z V_{3x} - \tilde{m}_x V_{3z})]\tilde{r}_z \\ &+(V_{3y}\cos\phi)2 + (V_{3x}\cos\phi)^2 - (\tilde{m}_y V_{3x} - \tilde{m}_x V_{3y})^2 = 0 \end{aligned} \tag{9-28}$$

由式（9-27）和式（9-28）即可求解得到磁偶极子的单位位置矢量 $\tilde{r}$。采用两点测量数据的特征向量求解位置和磁矩的单位矢量会得到一个真实解和一个虚假解，其中，虚假解可采用多种方法准确且快速地去除[151]。

9.4.2 磁性目标位置及磁矩计算公式

在第一个测量点处，由上述计算得到的磁性目标位置的单位矢量，可得

$$\begin{cases} \dfrac{x_1 - x_0}{y_1 - y_0} = \dfrac{\tilde{r}_x}{\tilde{r}_y} \\[4mm] \dfrac{z_1 - z_0}{y_1 - y_0} = \dfrac{\tilde{r}_z}{\tilde{r}_y} \end{cases} \tag{9-29}$$

对应于第二个测量点，由式（4-15）可得

$$\frac{\tilde{m}_z(x_1 + d_x - x_0) - \tilde{m}_x(z_1 + d_z - z_0)}{V_{3y}'} = \frac{\tilde{m}_x(y_1 + d_y - y_0) - \tilde{m}_y(x_1 + d_x - x_0)}{V_{3z}'} \tag{9-30}$$

由式（9-29）和式（9-30），可得

$$y_1 - y_0 = \frac{\tilde{r}_y(\tilde{m}_x V_{3y}' d_y + \tilde{m}_x V_{3z}' d_z - (\tilde{m}_z V_{3z}' + \tilde{m}_y V_{3y}')d_x)}{\tilde{r}_x(\tilde{m}_z V_{3z}' + \tilde{m}_y V_{3y}') - \tilde{r}_z \tilde{m}_x V_{3z}' - \tilde{r}_y \tilde{m}_x V_{3y}'} \tag{9-31}$$

磁性目标的真实位置参数 r_0 可由式（9-29）和式（9-31）求解得到，其磁矩矢量可由 $\tilde{m}$ 和 r 联合式（9-2）及式（9-8）求解得到。

9.4.3 基于最小二乘的求解方法

由于实际张量系统在应用过程中受到多种测量误差的影响，使得上述解析求解方法在应用中产生较大的估计误差。另外，上述推导仅利用了两点的测量数据，受噪声干扰的随机性较大。因此，为了提高目标探测的实用性，本节在上述解析推导的基础上，提出最小二乘求解方法。

采用高精度的数据采集卡同步采集多通道的磁矢量和位置数据，可得到连续的磁梯度张量及位置信号。利用宽度为 L 的滑动窗口截取位置及张量各分量信号，并令 $m_z=1$，则由式（9-24）可得

$$\begin{cases} m_x V_{3x}^1+m_y V_{3y}^1=-V_{3z}^1 \\ \vdots \\ m_x V_{3x}^L+m_y V_{3y}^L=-V_{3z}^L \end{cases} \Rightarrow \begin{bmatrix} V_{3x}^1 & V_{3y}^1 \\ \vdots & \vdots \\ V_{3x}^L & V_{3y}^L \end{bmatrix}\begin{bmatrix} m_x \\ m_y \end{bmatrix}=\begin{bmatrix} -V_{3z}^1 \\ \vdots \\ -V_{3z}^L \end{bmatrix} \tag{9-32}$$

式中：V_{3j}^i（$i=1,\ 2,\ \cdots L$；$j=x,\ y,\ z$）为第 i 个测量点处 λ_3 对应的特征向量在 x、y、z 方向的分量值。

由最小二乘法求得式（9-32）中的两个磁矩参数，归一化即可得到磁性目标的单位磁矩矢量 $\tilde{m}=(\tilde{m}_x,\ \tilde{m}_y,\ \tilde{m}_z)$。而单位磁矩矢量的计算是后续参数反演的重要基础，基于最小二乘法求解单位磁矩矢量可有效削弱测量噪声引起的干扰，使得反演结果更为准确。将计算得到的 $\tilde{m}$ 代入式（9-28），即可求得磁性目标的单位位置矢量 $\tilde{r}=(\tilde{r}_x,\ \tilde{r}_y,\ \tilde{r}_z)$。

对于滑动窗口内的 L 个数据，由式（9-29）和式（9-30），可得

$$\begin{cases} \left[\dfrac{\tilde{r}_x}{\tilde{r}_y}(\tilde{m}_z V_{2z}^2+\tilde{m}_y V_{2y}^2)-\dfrac{\tilde{r}_z}{\tilde{r}_y}\tilde{m}_x V_{2z}^2-\tilde{m}_x V_{2y}^2 \right](y-y_0)=\tilde{m}_x V_{2y}^2 d_y+\tilde{m}_x V_{2z}^2 d_z-(\tilde{m}_z V_{2z}^2+\tilde{m}_y V_{2y}^2)d_x \\ \vdots \\ \left[\dfrac{\tilde{r}_x}{\tilde{r}_y}(\tilde{m}_z V_{2z}^L+\tilde{m}_y V_{2y}^L)-\dfrac{\tilde{r}_z}{\tilde{r}_y}\tilde{m}_x V_{2z}^L-\tilde{m}_x V_{2y}^L \right](y-y_0)=\tilde{m}_x V_{2y}^L d_y+\tilde{m}_x V_{2z}^L d_z-(\tilde{m}_z V_{2z}^L+\tilde{m}_y V_{2y}^L)d_x \end{cases}$$

$$\tag{9-33}$$

求解式（9-33）并结合单位位置矢量 $\tilde{r}$，即可得到磁性目标的位置矢量 $r_0=(x_0,\ y_0,\ z_0)$ 和磁矩矢量 $m=(m_x,\ m_y,\ m_z)$。

9.4.4　仿真分析

1. 单个磁性目标

以磁偶极子作为磁性目标进行仿真试验，假设磁偶极子的位置为（-8，-10，1）m，磁矩强度为 60Am²，磁矩单位矢量为（0.6403，-0.056，0.766）。张量系统沿着 Y 轴方向从（0，-30，0）m 运动到（0，30，0）m，运动过程中采样间隔为 0.25m。存在噪声时，测量噪声是均值为 0nT/m、方差为 0.1nT/m 的高斯白噪声。则张量系统的运动轨迹、磁偶极子位置及系统运动过程中测得的张量信号如图 9-6 所示。

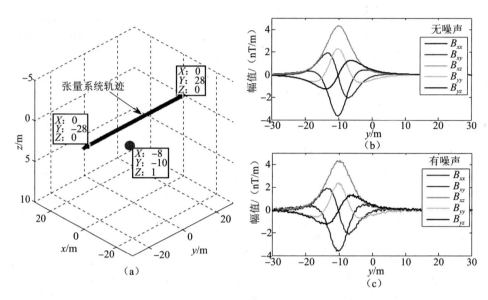

图 9-6 张量系统的运动轨迹、磁偶极子的位置及测得的张量数据

不含噪声时采用 9.4.1 节及 9.4.2 节中的解析公式反演磁性目标参数，包含噪声时采用 9.4.3 节的最小二乘法反演磁性目标参数，滑动窗口的宽度选择 21。则单位磁矩矢量、单位位置矢量、磁性目标位置及磁矩强度分别如图 9-7~图 9-10 所示。

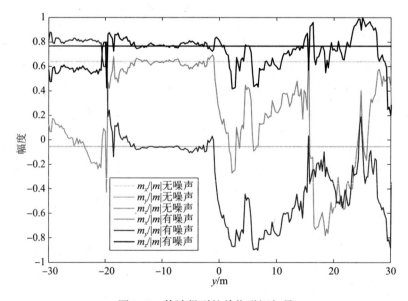

图 9-7 估计得到的单位磁矩矢量

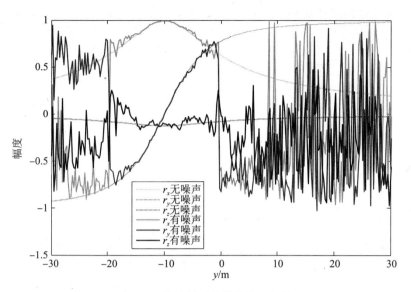

图 9-8　估计得到的单位位置矢量

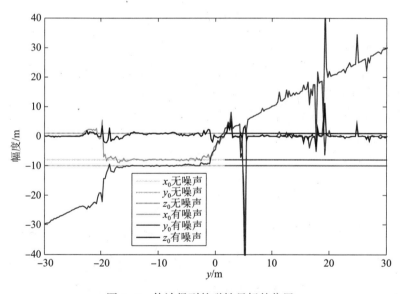

图 9-9　估计得到的磁性目标的位置

　　由仿真结果可知，所提基于特征向量的单航线磁梯度张量探测方法可实现磁性目标位置和磁矩矢量的估计，验证了公式推导的正确性。当存在测量噪声时，由于磁性目标的磁梯度张量随着距离的增大而迅速衰减，磁性目标的可探测范围有限，该仿真试验中，在张量系统运动的 Y 轴航线上，在 [−20, 0] m

的区间内可发现磁性目标，其总的可探测距离约为 12.85m。

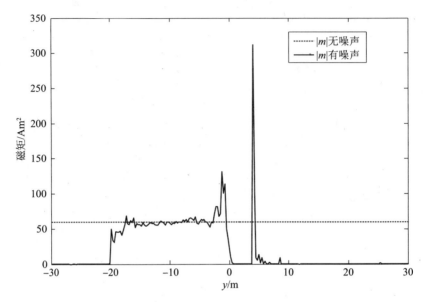

图 9-10　估计得到的磁性目标的磁矩强度

2. 多个磁性目标

假设在张量系统运动轨迹附近存在多个磁性目标，其具体位置和磁矩大小如表 9-2 所列，系统沿着 Y 轴方向从（0，-50，0）m 运动到（0，50，0）m，运动过程中采样间隔为 0.25m，则张量系统的运动轨迹、磁偶极子位置及系统运动过程中测得的张量信号如图 9-11 所示。采用最小二乘法反演磁性目标参数，滑动窗口的宽度选择 11，估计得到的多个磁性目标的三维位置如图 9-12 所示。

表 9-2　磁性目标的具体参数

参数	磁性目标 1	磁性目标 2	磁性目标 3	磁性目标 4
位置/m	（10，-30，5）	（-8，-10，5）	（8，10，5）	（-10，30，5）
磁矩矢量/Am²	（-3758.8，261.1，1342.9）	（1342.9，261.1，3758.8）	（-3758.8，261.1，1342.9）	（1342.9，261.1，3758.8）

由仿真结果可知，当张量系统的运动航线上存在多个磁性目标时，不同目标产生的磁异常信号相互叠加，在一定程度上影响了磁性目标位置估计的准确性，利用单航线的测量数据仅能给出一个大致的目标存在位置，若希望得到更

为准确的磁性目标反演位置，则需要获取更多的能反映磁性目标信息的磁异常数据。

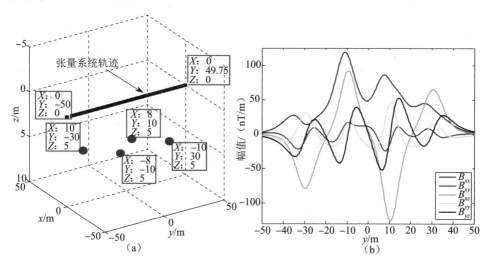

图 9-11　张量系统运动轨迹、磁偶极子的位置及测得的张量信号

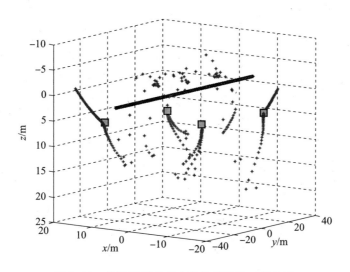

图 9-12　估计得到的多个磁性目标的三维位置

9.5　单航线测量下磁性目标探测流程及试验验证

单航线测量下磁性目标探测即为实现张量系统运动时磁性目标的实时定

位，包括判断在航线上可探测范围内是否有磁异常目标的存在，并给出目标的大致位置。整个探测和目标定位过程是实时的，其流程如图 9-13 所示。

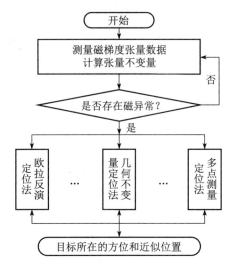

图 9-13　单航线测量下磁性目标的探测流程

为了验证本章所提单航线测量下磁性目标定位方法的有效性，利用小型磁铁（半径为 30mm、厚度为 15mm）模拟磁性目标开展了多组原理验证性试验，试验系统及场地设置如图 9-14 所示。由于实际张量系统受磁通门传感器测量精度的影响，二阶张量系统测得的二阶磁梯度信号测量噪声较大，因此，试验时仅利用了一阶张量系统，进行了张量不变量单点定位法和特征矢量多点测量定位法的实际验证。

图 9-14　单航线测量下磁性目标探测原理验证实验

以其中两组试验为例分析所提定位方法的实际效果，试验时磁性目标固定不动，张量系统沿着 Y 轴方向做直线运动，为了得到每个测量点的位置信息，采用事先在地面上画线的方式完成试验。两组试验中不同定位方法得到的定位结果分别如图 9-15~图 9-18 所示。

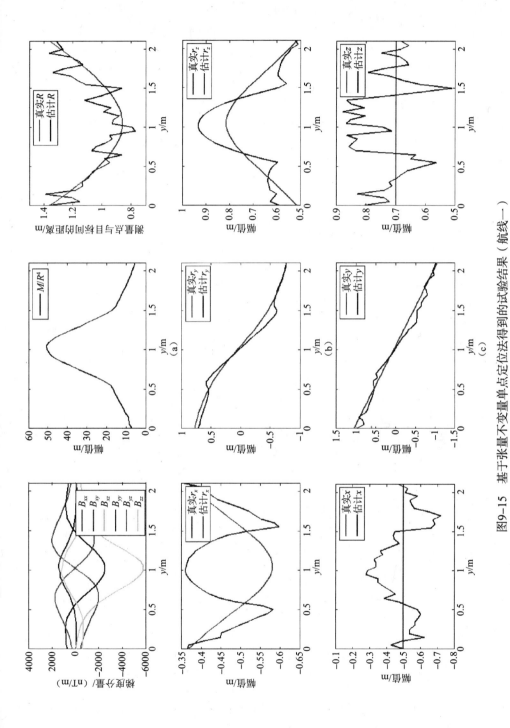

图9-15　基于张量不变量单点定位法得到的试验结果（航线一）

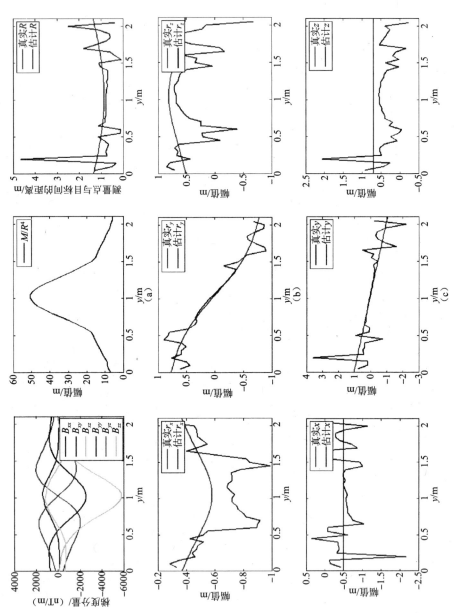

图9-16 基于多点测量定位法得到的试验结果（航线一）

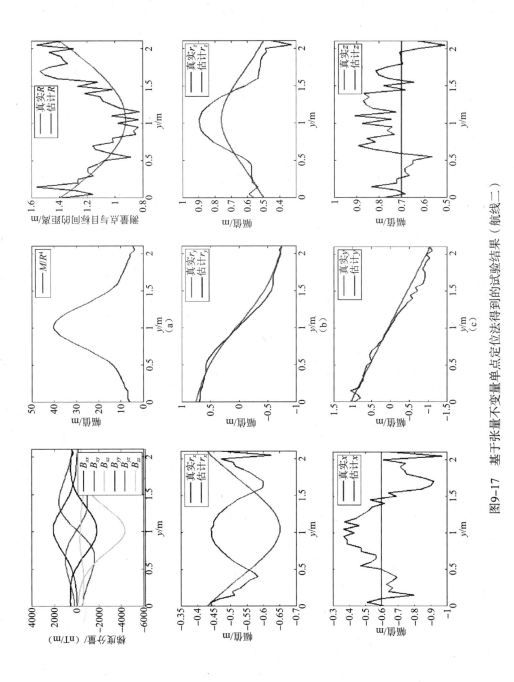

图9-17　基于张量不变量单点定位法得到的试验结果（航线二）

159

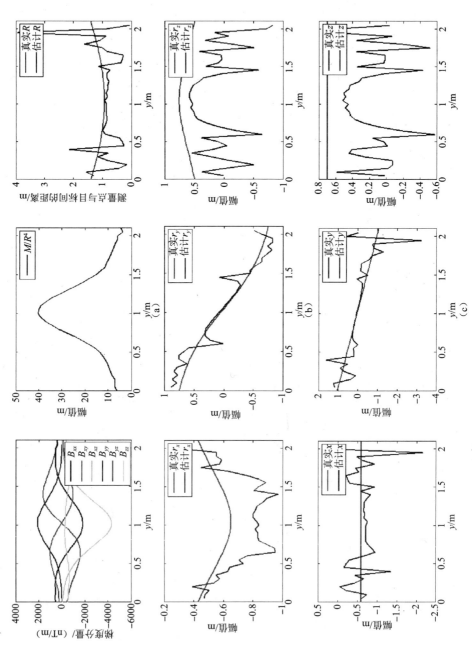

图9-18 基于多测点测量定位法得到的试验结果（航线二）

由图可知，本书所提方法可用于单航线测量下磁性目标的定位，张量系统可实时估计得到磁性目标的位置和磁矩矢量。当然，试验中估计得到的定位结果与真实值存在一定的偏差，这是由多方面的原因造成的。首先是张量系统自身测量精度引起的，由于构建张量系统时选择的磁通门传感器精度偏低，进而使得张量系统的测量精度偏低；其次是试验场地中周围磁环境引起的局部磁梯度场引起的，原理验证试验是在学校教学楼下的空地上进行的，由于周围车辆、建筑物的存在，导致磁性目标产生的磁梯度异常场与周围环境产生的局部梯度异常场叠加在一起，进而引起了目标位置估计的偏差。因此，在实际应用中，应将多种目标定位方法相结合，以降低目标探测的虚警率并提高目标位置估计的准确性。另外，由于测得的张量信号是实时保存的，在利用当前探测及定位方法发现有疑似磁性目标存在时，也可截取一段较长时间内的磁异常信号，建立关于磁性目标位置和磁矩矢量共 6 个未知量的非线性方程组，进而更为准确地求解目标位置和磁矩矢量。

小 结

本章以存在地磁背景场时单航线测量下的磁性目标定位为主要问题开展研究，提出了 3 种不同的方法，为单航线测量下磁性目标的探测应用提供了理论参考。主要内容及相关结论如下。

（1）针对传统欧拉反演方法无法用于存在地磁背景场时磁性目标定位的问题，对欧拉反演公式进行了微分推导，扩展后的欧拉反演方法可利用磁性目标产生的一阶和二阶磁梯度张量信号实现目标位置的估计，克服了背景地磁场的影响。

（2）在对磁偶极子产生的磁梯度张量矩阵进行特征值分析的基础上得到了 3 个几何不变量：磁矩矢量及测量点与磁偶极子位置形成的位置矢量垂直于绝对值最小的特征值对应的特征向量；位置矢量和磁矩矢量间的夹角可由张量矩阵的特征值表示，且两矢量与最大及最小特征值对应的特征向量共面。将得到的几何不变量用于磁性目标的定位中，实现了基于不变量的磁性目标单点定位。

（3）引入测量系统的位置信息，并利用磁性目标在两个测量点产生的张量的特征向量与位置矢量之间的固定几何关系，推导出了磁性目标位置的求解公式；同时为了解决实际应用中测量系统受到测量误差影响而导致定位不准确的问题，利用多测量点处特征向量与位置矢量的几何关系建立了关于磁性目标位置的线性方程组，并给出了位置的最小二乘解。

本章得到的部分研究成果可应用到论文后续的多磁性目标反演中，且磁性目标位置的估计也为后续目标的三维重建提供了参考信息。

第 10 章
网格式测量下多磁性目标反演方法研究

10.1 引　言

　　区域内磁性目标分布情况的估计是磁性目标探测的重要组成部分，在重要军事设施或特定区域的磁性细节测量、武器试验靶场未爆弹探测、地磁辅助导航中的磁场环境建设等领域具有十分广泛的应用需求。

　　当区域内存在多个位置不同、形状不同、磁矩不同、埋深不同、磁导率不同的磁性目标时，多个目标产生的磁异常场相互叠加，极大地增加了目标位置和磁性参数反演工作的难度，很难利用某一点或某一航线上几点的测量数据准确反演得到目标的磁性参数，因此，为同时反演多个磁性目标，必须将合适的测量方式和有效的反演方法相结合。

　　本章主要针对多磁性目标反演方法开展研究，首先利用改进倾斜角估计测量区域内磁性目标的个数和其大致的分布情况，然后基于 NSS 和 Helbig 方法估计目标的具体位置和磁矩信息，进而实现多磁性目标的准确反演。仿真和实测试验表明了所提方法的有效性，并且两种方法在反演结果上相互验证，提高了目标反演的准确性和可信度。

10.2 基于改进倾斜角的磁性目标边界预识别

　　在对磁性目标的磁性参数进行具体反演之前，需要对磁性目标是否存在进行判断以确定测量区域内磁性目标的个数和大致的分布情况。由于测量区域内包含有埋深不同、磁矩不同的多个磁性目标，弱磁异常源受到强磁异常源的影响，使得其探测难度大大增加，很难通过某一磁场分量或张量分量的阈值来判断磁性目标的存在与否，过大的阈值可能无法发现埋深较深且磁性较弱的目标，过小的阈值将导致较大的探测虚警率。因此，本书将张量分量引入倾斜角中，通过计算得到的改进倾斜角进行磁性目标边界的预识别，利用固定的阈值同时探测不同深度及不同强弱的磁性目标，进而实现磁性目标是否存在的判断和个数的估计。

将张量分量及式（9-13）所示的张量不变量引入倾斜角中，可得到 3 个改进的倾斜角，即

$$
\begin{cases}
TA_1 = \arctan \dfrac{(B_{zz} \cdot \mathrm{sgn}(I)}{\sqrt{B_{xx}^2 + B_{yy}^2}} \\[2ex]
TA_2 = \arctan \dfrac{(B_{zz} \cdot \mathrm{sgn}(I)}{\sqrt{B_{xz}^2 + B_{yz}^2})} \\[2ex]
TA_3 = \arctan \dfrac{((\mathrm{d}\mu/\mathrm{d}z)}{\sqrt{(\mathrm{d}\mu/\mathrm{d}x)^2 + (\mathrm{d}\mu/\mathrm{d}y)^2})}
\end{cases}
\tag{10-1}
$$

式中：I 为测量区域的磁倾角；sgn（I）为符号函数；$\mathrm{d}\mu/\mathrm{d}x$ 和 $\mathrm{d}\mu/\mathrm{d}y$ 为 NSS 的水平方向的导数，可通过有限差分计算得到。$\mathrm{d}\mu/\mathrm{d}z$ 可由傅里叶变换在频率域计算得到，但其并不是 NSS 在垂直方向上的导数，这是因为 NSS 并不服从拉普拉斯方程。

由式（10-1）可知，定义的改进倾斜角为无量纲值，对应弱磁性目标和强磁性目标其取值范围是相同的。TA_1 的取值范围为 $-\arctan(\sqrt{2})$ ～ $\arctan(\sqrt{2})$，TA_2 的取值范围为 $-\pi/2 \sim \pi/2$，且当磁化方向不为零时，它们在磁性目标的上方区域取值为正。因此，可选择一个固定的阈值，在每个较为独立的且大于阈值的区域内，认为存在一个磁性目标。这样既实现了磁性目标个数的估计，也得到了每个磁性目标的大致区域，可为后续的磁性目标位置的准确估计提供方便。为增加目标探测的稳健性，本书认为 TA_1 取值为 $0.8 \sim \arctan(\sqrt{2})$ 的区域及 TA_2 取值为 $0.5 \sim \pi/2$ 的区域内存在磁性目标。当磁性目标的磁矩方向为水平方向时，倾斜角 TA_1 和 TA_2 受到磁化方向的影响，将会在磁性目标的上方取值为零，进而导致无法用于磁性目标大致存在区域的识别。由于张量不变量 NSS 受磁化方向的影响较小，而且 TA_3 在磁性目标的上方区域取值为正且不受磁化方向的影响。因此，当磁化方向水平时，可利用 TA_3 进行磁性目标初始边界的识别，而且区域内仅存在一个磁偶极子时，TA_3 在磁偶极子的正上方测量点处取值为 $\pi/2$。对于区域内存在多个磁性目标的情形，本书选取 0.8 作为 TA_3 的阈值以实现磁性目标初始边界的预识别。

10.3　基于 NSS 的多磁性目标反演

通过计算改进倾斜角实现区域内磁性目标水平边界的预识别后，得到的是磁性目标的大致存在区域，磁性目标的精确水平位置仍需要进一步计算。但是，由张量系统直接测得的磁异常总场、磁矢量场及磁梯度张量分量受到磁化方向的影响，与磁性目标的位置之间并不存在固定的对应规律。尽管本书第 4 章对单航线下单个磁性目标的定位方法进行了研究，由本书第 9.4 节可知，当其扩展到多磁性目标的反演时，将存在较大的估计误差，因此需要通过其他方法估计磁性目标的精确位置。

10.3.1　磁性目标水平位置估计

张量不变量 NSS 由磁性目标产生的磁梯度张量的特征值计算得到，如图 10-1 所示，该参数受磁性目标磁化方向的影响较小[127]，而且距离磁性目标越近，其取值越大。另外，由于 NSS 随着测量点与磁性目标之间的相对距离的四次方衰减，当区域内存在多个磁性目标时，每个磁性目标位置附近计算得到的 NSS 受其他磁性目标的影响较小。因此，可计算每个磁性目标近似存在区域内各点的 NSS，各区域内 NSS 的局部最大值对应的水平坐标可认为是该目标的水平位置。

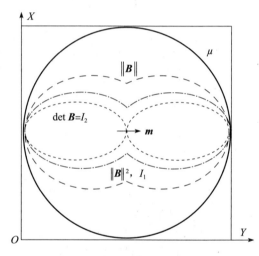

图 10-1　NSS 及其他变量受磁化方向
影响随位置的分布特性

10.3.2　磁性目标深度及磁矩大小估计

利用改进倾斜角和 NSS 局部极大值可实现磁性目标水平位置的估计，但无法得到磁性目标的竖直埋深。而由于磁性目标的水平位置已经得到，可以利用该点测得的不同磁矢量和磁梯度数据，通过变量代换进行磁性目标深度和磁矩的计算。定义以下变量，即

$$\begin{cases} T = (Bx^2 + By^2 + Bz^2)^{1/2} \\ R = \dfrac{1}{T}\left[\begin{array}{l}(Bx \cdot B_{xx} + By \cdot B_{xy} + Bz \cdot B_{xz})^2 + (Bx \cdot B_{xy} + By \cdot B_{yy} + Bz \cdot B_{yz})^2 \\ + (Bx \cdot B_{xz} + By \cdot B_{yz} + Bz \cdot B_{zz})^2\end{array}\right]^{1/2} \end{cases}$$

$$(10-2)$$

式（10-2）中磁矢量和磁梯度张量分量均为磁性目标产生的磁场值，若测量点位于磁性目标正上方 z_0 处且磁性目标可等效为磁偶极子时，该测量点对应的 T 和 R 的取值可表示为

$$\begin{cases} T_0 = \dfrac{m}{z_0^3}\sqrt{4 - 3\cos^2(I_m)} \\ R_0 = \dfrac{3m}{z_0^4}\sqrt{\dfrac{2\cos(4I_m) + 15 - 15\cos(2I_m)}{5 - 3\cos(2I_m)}} \end{cases}$$

$$(10-3)$$

式中：I_m 为磁性目标的磁化倾角。

联合式（10-2）和式（10-3）即可求得磁性目标的垂向位置 z_0，即

$$z_0 = 3\frac{T_0}{R_0}f_{TR}(I_m) = 3\frac{T_0}{R_0}\sqrt{\frac{2\cos(4I_m) + 15 - 15\cos(2I_m)}{(4 - 3\cos^2(I_m))(5 - 3\cos(2I_m))}} \qquad (10-4)$$

由式（10-4）可知，磁性目标垂向位置的计算公式与目标的磁化方向有关，即该方法的计算精度在一定程度上受磁化方向的影响，为了分析磁化方向对计算结果的影响大小，图 10-2 给出了 $f_{TR}(I_m)$ 随 I_m 变化的示意图。由图可知，尽管该计算方法受 I_m 的影响，但影响较小，I_m 在 $0° \sim 90°$ 内变化时，$f_{TR}(I_m)$ 的最小值为 1，最大值为 1.0307，即由磁化方向误差引起的磁性目标垂向位置估计误差较小且在可接受范围内。

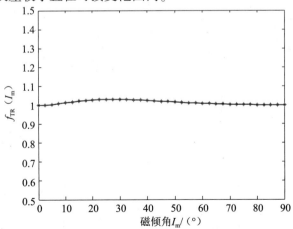

图 10-2　$f_{TR}(I_m)$ 受磁化方向影响分析

上述通过改进倾斜角和 NSS 方法已经估计得到区域内存在的目标个数及其具体的三维位置信息，在此基础上，可以对每个磁性目标的磁矩信息进行估计。由于磁梯度张量数据随距离的四次方快速衰减，故近似假设磁性目标水平位置正上方测得磁梯度张量数据即为该目标产生的，假设该磁性目标可简化为磁偶极子，则其磁矩可由下式估计，即

$$
\begin{pmatrix} B_{xx} \\ B_{xz} \\ B_{yy} \\ B_{yz} \end{pmatrix} = \frac{3\mu_0}{4\pi z^4} \begin{pmatrix} m_z \\ m_x \\ m_z \\ m_y \end{pmatrix}
\tag{10-5}
$$

10.3.3 仿真分析

在 40m×40m 的区域内随机产生 30 个相互独立的磁偶极子，其埋深范围为 1.5~7m，磁矩大小的取值范围为 3.5~24Am^2，磁倾角的取值范围为 5°~90°，磁偏角的取值范围为 -160°~180°（表 10-1），采样间隔为 0.25m，如表 10-1 所列。

表 10-1　仿真设定的磁偶极子位置及磁性参数

参数	1	2	3	4	5	6	7	8	9	10	11	12	13	14	15
x/m	−18	−9	−17	0	−9	0	−18	−17	−17	−10	−9	5	8	−17	4
y/m	−18	−17	−10	−14	−1	0	18	−2	13	15	7	15	4	6	9
z/m	7	5	5.5	6	4	2.5	3.5	4	1.5	4.5	5	4	4.5	3.5	3.5
P_0/Am^2	24	9	8	16	10	5	12.5	7.5	5	9	14.5	3.5	8	10	10
I/(°)	90	30	40	55	40	65	85	45	50	65	30	75	55	60	60
D/(°)	−120	50	−35	160	40	10	−70	45	180	−10	10	30	−80	5	30
参数	16	17	18	19	20	21	22	23	24	25	26	27	28	29	30
x/m	18	16	9	17	11	9	15	18	1	−8	−5	−3	8	11	17
y/m	18	−2	−1	12	16	−16	−10	−18	−6	−9	17	7	−9	9	6
z/m	3	2	4.5	3	5.5	5.5	3.5	4	5.5	2.5	4	4.5	4	3.5	3.5
P_0/Am^2	6	8	9	6.5	10	7.5	10	11	10	4	7	9	9	10	10
I/(°)	50	60	5	55	70	50	20	80	90	40	65	70	60	10	60
D/(°)	−130	45	45	25	−160	60	90	−100	0	50	75	0	40	−30	20

利用解析公式计算得到 $z=0$ 平面内的磁异常总模量如图 10-3 所示。由图可知，由磁异常模量的等高线图仅能发现部分的局部极大值区域，而且并不能判断这些局部极值区域内是否存在磁偶极子，进而无法给出区域内磁性目标的个数以及它们的近似存在区域。

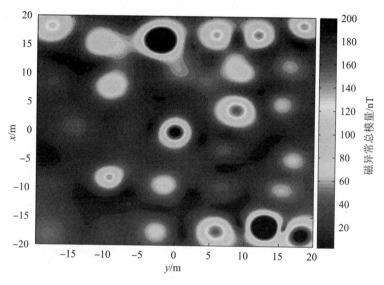

图 10-3　测量区域内的磁异常总模量

由解析公式计算得到的张量分量及张量不变量 NSS 如图 10-4 所示，由图可知，张量各分量具有比磁异常总模量更高的分辨率。以 B_{zz} 分量为例，在该测量区域内可以发现较总磁异常模量场更多的可能存在磁偶极子的局部极大值区域。但是，B_{zz} 分量在 $-90\sim490\text{nT/m}$ 内变化，而且每个局部极值区域的取值范围也不一样。因此，很难找到一个合适的阈值估计该测量区域内存在的磁性目标的个数。

由式（10-1）计算得到的改进倾斜角如图 10-5 所示，由图可知，计算得到的改进倾斜角具有和理论分析一样的取值范围，而且不同埋深和不同强弱的磁性目标的取值范围均相同。因此，分别选择 0.8、0.5 和 0.8 作为 3 个改进倾斜角的阈值以判断区域存在的磁性目标的个数及其存在的大致水平区域。当存在一个独立的局部区域且该区域内的倾斜角均大于阈值时，则认为该局部区域内存在一个磁性目标。

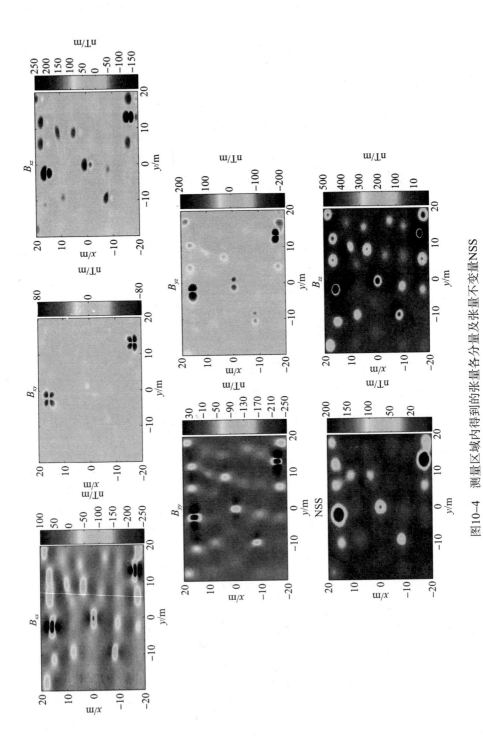

图10-4 测量区域内得到的张量各分量及张量不变量NSS

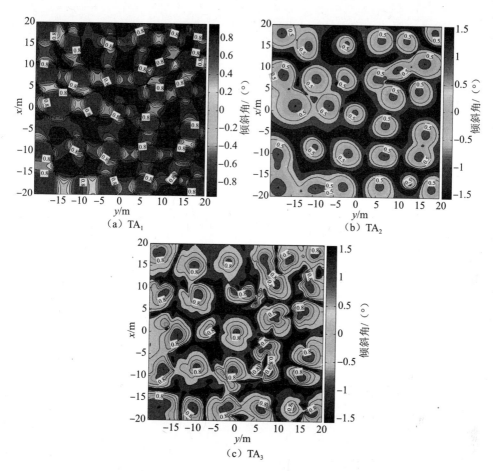

图 10-5　由张量数据计算得到的改进倾斜角

　　利用图 10-5 所示的改进倾斜角 TA_1 和 TA_2 均可得到 30 个相对独立的局部区域，因此，可认为该测量区域内存在 30 个磁性目标。由于 TA_1 和 TA_2 识别得到的磁性目标的近似局部区域并不完全相同，为了减小目标探测的虚警率，可将两者的识别结果融合。首先取两个倾斜角识别出的局部区域的重合部分作为每个磁性目标的近似存在区域；然后在每个独立的近似存在区域内寻找 NSS 最大值的水平位置作为该区域内磁性目标的精确水平位置，如图 10-6 所示；最后利用本书所提方法计算每个磁性目标的垂直位置及磁矩大小，估计误差如图 10-7 所示。

　　为了更真实地模拟实际应用中的多磁性目标反演问题，给每个张量分量加入相互独立的均值为 0、方差为 2nT/m 的高斯白噪声，则存在噪声时磁性目标的位置及磁矩估计误差如图 10-8 所示。

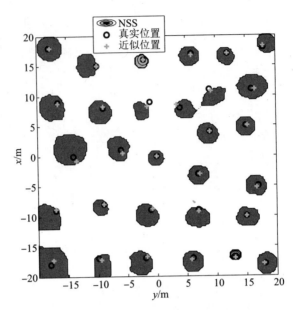

图 10-6 改进倾斜角识别得到的各个磁性目标的近似区域、真实及 NSS 估计得到的水平位置

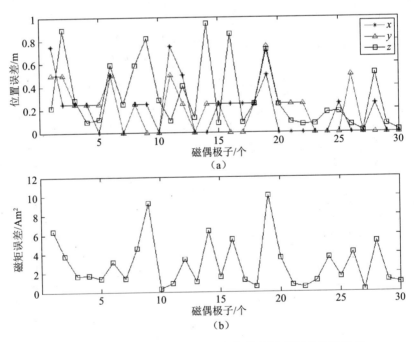

图 10-7 不存在测量噪声时磁性目标位置及磁矩的估计误差

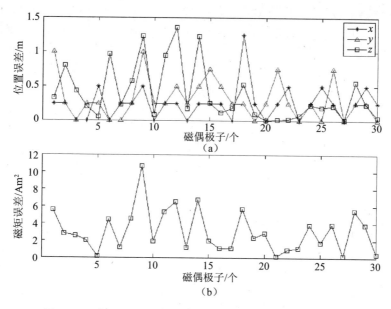

图 10-8　存在测量噪声时磁性目标位置及磁矩的估计误差

由图 10-6 和图 10-7 可知，本书所提方法得到的磁性目标水平位置的误差较小，最大的水平误差是 3 个采样间隔（0.75m），在 x、y、z 方向上的平均误差分别为 0.208m、0.183m 和 0.307m，估计得到的磁矩的平均误差为 2.896Am^2。其中有 8 个磁性目标的水平位置的估计误差为零，并且其对应的垂向位置及磁矩的估计误差均较小。对于其余磁性目标，由于估计得到的水平位置存在一定的偏差，进而在其基础上计算得到的垂向位置及磁矩大小也存在一定的偏差。由图 10-8 可知，存在噪声时估计得到的磁性目标三维位置的平均误差分别为 0.25m、0.308m 和 0.378m，估计得到的磁矩的平均误差为 3.069Am^2。

10.4　基于 Helbig 方法的多磁性目标反演

多磁性目标反演的首要问题即为磁性目标水平位置的估计，其估计精度的准确与否直接决定后续垂向位置及磁矩大小的估计准确性。上述反演方法将磁性目标简化为磁偶极子得到了较为准确的位置估计结果，而实际应用中仍存在磁性目标体积较大及测量距离较近导致磁性目标无法简化为磁偶极子的情况，或者在未知场地中无法获知是否可将磁性目标简化为磁偶极子，此时若仍将其简化为磁偶极子进行计算将导致较大的估计误差。另外，在磁性目标精确反演中，受强剩磁和外部磁化的影响，目标自身真实磁化方向的估计也至关重要。因此，本节提出基于 Helbig 方法的多磁性目标反演方法：首先基于改进倾斜角实现区域内磁性目标的个数和初始分布区域的估计；然后利用 Helbig 方法计算测量区域内各点的磁化方向，不同滑动窗口时每个初始分布区域内磁化方向变化最小的测量点对应的水平位置即为磁性目标的水平位置，而且该点的磁化方向即为该磁性目标的总磁化方向，进而在此基础上估计磁性目标的垂向位置和磁矩大小（或磁化强度）。

10.4.1 理论推导

Helbig 于 1962 年推导出了磁性目标磁矩与磁场分量之间的积分关系，其扩展到磁梯度张量与磁矩之间的积分关系为

$$
\begin{cases}
m_x = \dfrac{1}{4\pi}\displaystyle\int_{-\infty}^{\infty}\int_{-\infty}^{\infty} x^2 \cdot B_{xz} \cdot \mathrm{d}x\mathrm{d}y = \dfrac{1}{2\pi}\displaystyle\int_{-\infty}^{\infty}\int_{-\infty}^{\infty} xy \cdot B_{yz} \cdot \mathrm{d}x\mathrm{d}y \\[3mm]
m_y = \dfrac{1}{4\pi}\displaystyle\int_{-\infty}^{\infty}\int_{-\infty}^{\infty} y^2 \cdot B_{yz} \cdot \mathrm{d}x\mathrm{d}y = \dfrac{1}{2\pi}\displaystyle\int_{-\infty}^{\infty}\int_{-\infty}^{\infty} xy \cdot B_{xz} \cdot \mathrm{d}x\mathrm{d}y \\[3mm]
m_z = \dfrac{1}{4\pi}\displaystyle\int_{-\infty}^{\infty}\int_{-\infty}^{\infty} x^2 \cdot B_{xx} \cdot \mathrm{d}x\mathrm{d}y = \dfrac{1}{2\pi}\displaystyle\int_{-\infty}^{\infty}\int_{-\infty}^{\infty} xy \cdot B_{xy} \cdot \mathrm{d}x\mathrm{d}y
\end{cases}
\tag{10-6}
$$

式中：x 和 y 为测量点的坐标值。

由式（10-6）计算得到的磁矩分量即可求得磁性目标总磁化方向的磁倾角和磁偏角分别为

$$
I_m = \arcsin\left(\frac{m_z}{\sqrt{m_x^2 + m_y^2 + m_z^2}}\right)
\tag{10-7}
$$

$$
D_m =
\begin{cases}
\arctan\left(\dfrac{m_y}{m_x}\right), & m_x \geqslant 0 \\[3mm]
\arctan\left(\dfrac{m_y}{m_x}\right) + 180^\circ, & m_x < 0 ; m_y \geqslant 0 \\[3mm]
\arctan\left(\dfrac{m_y}{m_x}\right) - 180^\circ, & m_x < 0 ; m_y \geqslant 0
\end{cases}
\tag{10-8}
$$

式（10-6）为在无穷区域内的积分计算，而实际应用中测量区域是有限的且测量点是离散的，因此，本书通过梯形近似法在有限区域内计算磁矩分量。若函数 $f(x,y)$ 连续可积，则在 $(2n+1) \times (2n+1)$ 窗口内的近似公式为

$$
\int_{x_{-n}}^{x_n}\int_{y_{-n}}^{y_n} f(x,y)\,\mathrm{d}x\mathrm{d}y \approx \frac{\Delta x \Delta y}{4}\sum_{i=-n}^{n}\sum_{j=-n}^{n} \omega_{ij} f(x_i, y_i)
\tag{10-9}
$$

式中：Δx 和 Δy 为网格式测量时的采样间隔；ω_{ij} 为权重参数，其在窗口 4 个角取值为 1，在 4 条边界的非拐角处取值为 2，在其余位置取值为 4。

　　由于 Helbig 方法在磁性目标水平位置处计算得到的磁化方向不随窗口大小的改变而改变，因此可以通过选择多个不同大小的滑动窗口。利用 Helbig 方法计算测量区域内每一点的磁化方向，当测量区域内仅含有一个磁性目标时，多次计算得到的磁化方向变化最小的测量点的水平位置即为磁性目标的水平位置，该点的磁倾角和磁偏角即为磁性目标的总磁化方向。当测量区域内含有多个磁性目标时，由于各磁异常之间的相互叠加，使得磁化方向变化最小处并非对应磁性目标的中心位置，进而导致磁异常目标位置及磁化方向的错误估计。因此，本书在改进倾斜角预识别得到的每个磁性目标的近似分布区域内寻找磁化方向变化最小的测量点，将其水平位置作为该目标的水平位置，该位置对应的磁倾角和磁偏角即可表示该磁性目标的总磁化方向，这样可大大减小磁性目标位置及磁化方向等参数的估计误差。

　　上述通过 Helbig 方法计算不同窗口下磁化方向变化的最小值实现了磁性目标水平位置的估计，但是并未得到磁性目标的竖直埋深。另外，Helbig 方法计算得到的 m_x、m_y 和 m_z 之间的相对关系是可信的，但是其绝对值与真实磁矩的三分量之间存在较大的差异。因此，仍需对磁矩的大小进行估计。由于已经估计得到磁性目标的磁化方向，故联合式（10-2）和式（10-3）即可求得磁性目标的空间垂向位置 z_0 和磁矩大小 m。

10.4.2　仿真分析

　　为了验证所提 Helbig 方法的有效性，在测量区域内放置多个不同的磁性目标进行仿真试验，共包含 3 个长方体（8m×8m×16m、6m×6m×10m、4m×4m×6m）、1 个半径为 4m 的球体和 5 个磁偶极子，如图 10-9 所列。磁性目标的中

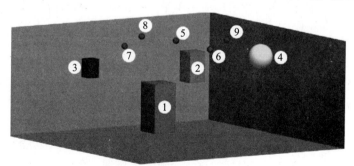

图 10-9　磁异常目标示意图

心位置、磁化方向、磁矩大小（磁偶极子）、磁化强度（非磁偶极子）如表 10-2 所列。设置采样间隔为 0.5m，则在 $z = 0$ 平面测得的磁异常总模量和磁梯度张量场如图 10-10 和图 10-11 所示。

表 10-2 磁异常目标的中心位置和磁性参数

参数	1	2	3	4	5	6	7	8	9
x/m	−20	20	20	−20	0	−20	0	20	0
y/m	−20	20	−20	20	0	0	−20	0	20
z/m	20	14	12	6	2	2.5	2.5	3	3
P_0/Am^2	6	6	6	12	12	12	12	12	12
$I/(°)$	40	50	60	55	45	65	40	55	65
$D/(°)$	−30	40	−20	40	30	20	30	25	35

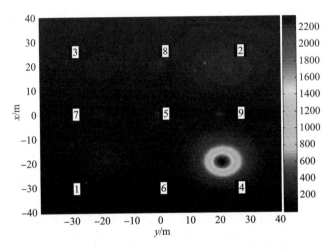

图 10-10 磁性目标在 $z = 0$ 平面产生的磁异常总模量

由图 10-10 可知，在测得的总磁异常场中仅能发现部分独立的异常区域，而且很难通过事先设定阈值的方式判断磁性目标个数及其所在的区域。图 10-11 中的磁梯度张量数据提供了更高的场源分辨率，尤其是从磁梯度张量数据的 B_{zz} 分量，可以看出该区域存在多个局部的凸起，凸起区域极有可能存在磁性目标，但是仍无法准确地给出该区域磁性目标的个数。距离测量面较近的磁性目标的大致位置在 B_{zz} 中显示得十分明显，而埋深较深的磁性目标的大致位置在 B_{zz} 中显示得较模糊且边界位置明显向外偏移，导致无法找到一个准确阈值，使得该阈值之上区域即为磁性目标存在区域，阈值以下部分区域不存在磁性目标。

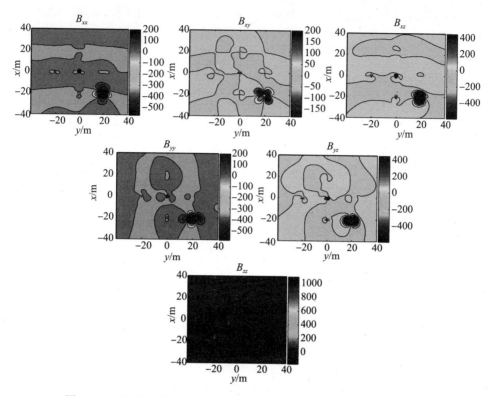

图 10-11　磁性目标在 $z=0$ 平面产生的磁梯度张量场（单位：nT/m）

利用式（10-1）计算得到的改进倾斜角 TA_1 和 TA_2 如图 10-12 所示，由图可知，改进倾斜角实现了对区域内较弱磁异常目标的有效增强，不仅可以很好地反映浅部磁性目标的边界位置，对深部磁性目标的边界也反映良好，使浅

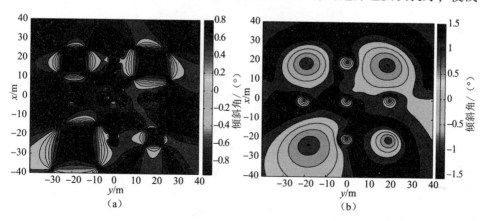

图 10-12　由磁梯度张量分量计算得到的部分改进倾斜角

部和深部磁性目标的边界同时清晰显示，提高了目标探测率。选取 0.8 作为 TA_1、0.5 作为 TA_2 的阈值，可探测得到 9 个磁性目标和每个目标的初始分布区域。

选择窗口大小为 9、11、13、15 和 17，首先利用 Helig 方法计算测量区域内各点的 I_m 和 D_m，不同窗口大小计算的 I_m 和 D_m 的平均值如图 10-13 所示；然后计算不同窗口大小时得到的 I_m 和 D_m 的方差，在每个初始分布区域内，I_m 和 D_m 的方差最小点即为磁性目标的水平位置。本书利用 I_m 方差的倒数估计磁性目标的水平位置，如图 10-14 所示，进而计算得到的磁性目标的其余参数如表 10-3 所列。值得注意的是，表 10-3 中磁异常目标 1~4 估计得到的为磁矩大小，将其转换为磁化强度分别为 5.22、5.41、4.04 和 11.16，与表 10-2 所列的初始磁性参数基本一致，验证了所提方法的有效性。

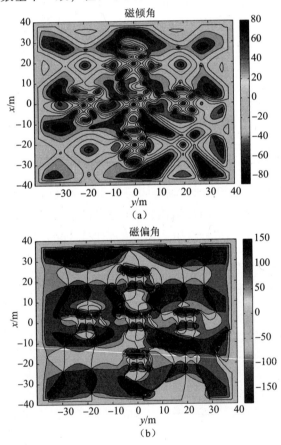

图 10-13　不同窗口大小时 Helbig 方法得到的 I_m 和 D_m 的平均值

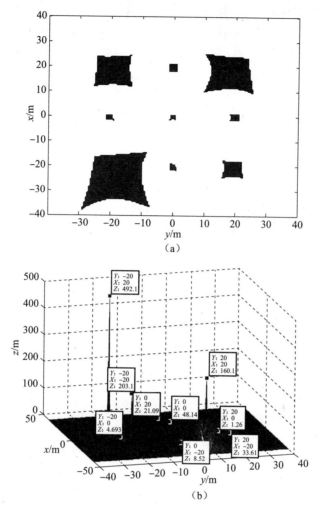

（a）

（b）

图 10-14　磁性目标的初始分布区域及 I_m 方差的倒数

表 10-3　估计得到的目标中心位置、磁化方向和磁矩大小

参数	1	2	3	4	5	6	7	8	9
x/m	−20	20	20	−20	0	−20	0	20	0
y/m	−20	20	−20	20	0	0	−20	0	20
z/m	17.72	12.56	10.71	6.11	1.98	2.94	2.27	3.33	2.65
P_0/Am^2	**5345.2**	**1732.6**	**387.9**	**2993.9**	11.4	22.9	8.0	17.8	6.8
I/(°)	40.32	49.86	59.92	55.18	44.98	65.17	40.27	54.94	63.79
D/(°)	−30.15	39.86	−19.80	42.44	30.05	20.17	29.97	25.48	33.36

对比表 10-2 和表 10-3 可知，所提 Helbig 方法准确探测到了区域内存在的 9 个磁性目标，而且水平位置误差为零，竖直位置估计误差小于 11.67%，I_m 估计误差小于 1.86%，D_m 估计误差小于 6.1%，比较准确地实现了多磁性目标参数的反演。

10.5　网格式测量下多磁性目标反演流程及试验验证

多磁性目标反演多应用于重要军事设施或特定区域的磁性细节测量、武器试验靶场未爆弹探测、地磁辅助导航中的磁场环境建设等领域，提炼为科学问题即为通过测量区域内的磁异常数据估计该区域内存在的磁性目标个数、位置及磁矩大小。由于多个目标产生的磁异常场在测量空间中相互叠加，极大地增加了目标位置和磁性参数反演工作的难度。因此，本章基于磁梯度张量数据研究了两种不同的多磁性目标反演方法，在实际应用中，两种方法得到的反演结果相互对比和验证，在提高未知磁性目标信息冗余度的基础上可增加反演结果的可信度，多磁性目标反演流程如图 10-15 所示。

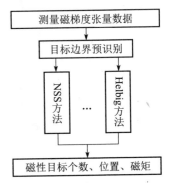

图 10-15　多磁性目标反演流程

为了验证所提反演方法的实际应用效果，设计了网格式辅助测量装置，利用十字形张量系统进行了多磁性目标反演原理验证试验，下面以其中两个试验为例进行阐述。

1. 试验 1

在 1.5m×1.2m 的测量区域内放置 3 个不同型号的磁铁，利用本书搭建的张量系统进行磁场数据的网格式测量，如图 10-16 所示。测量间隔为 0.1m，

图 10-16　3 个磁性目标反演试验

测得的张量数据及张量不变量 NSS 如图 10-17 所示，由图可知，根据张量各
分量很难直接判断该区域内存在的磁性目标个数和位置。

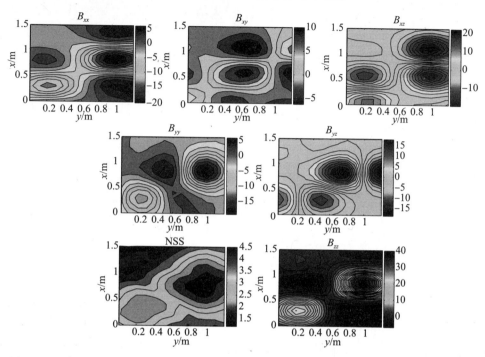

图 10-17　磁性目标在测量平面内产生的磁梯度张量场及张量不变量 NSS（单位：μT/m）

利用张量数据计算得到的改进倾斜角 TA_1 和 TA_2 如图 10-18 所示，图中

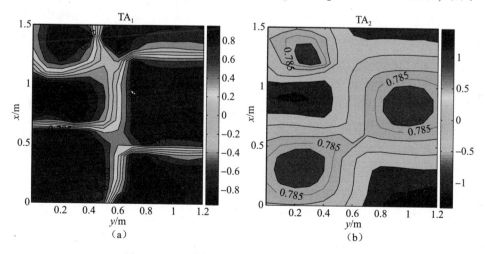

图 10-18　磁梯度张量分量计算的改进倾斜角

改进倾斜角的等高线显示出了 3 个较为独立的区域。由此可知，该测量区域内存在 3 个磁性目标，而且可以标示出其各自的初始分布位置。

在每个初始分布区域内寻找 NSS 的极大值点，即为每个磁性目标的水平位置，则改进倾斜角识别得到的各个磁性目标的近似分布区域及 NSS 估计得到的水平位置如图 10-19 所示。

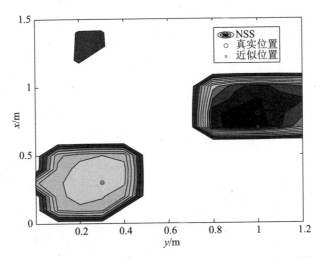

图 10-19　改进倾斜角识别得到的各个磁性目标的近似区域、
真实及 NSS 估计得到的水平位置

为了验证 Helbig 方法的应用效果，对测得的张量数据进行插值处理，插值后的水平方向采样间隔均为 0.025m，则在获得磁性目标初始分布区域的基础上，选择不同的滑动窗口大小，计算测量区域内各点的磁化方向，得到 I_m 和 D_m 的平均值如图 10-20 所示，预识别得到的各磁性目标边界及 D_m 方差的倒数如图 10-21 所示。在预识别得到的 3 个初始分布区域内寻找 D_m 方差倒数的极大值点，其对应的水平位置即为磁性目标的水平位置，该位置对应到图 10-20 中相应位置的取值即为每个磁性目标的磁化方向 I_m 和 D_m。三个磁性目标试验的反演结果如表 10-4 所列。

由表 10-4 可知，两种方法均可探测到该区域内的 3 个磁性目标，且估计的目标位置均存在一定的偏差。相比而言，Helbig 方法估计得到的磁性目标磁化方向的可信度更高。另外，两种反演方法也可相互融合。例如，也可以在 Helbig 方法得到的磁化方向图中找到 NSS 方法估计得到的水平位置对应的磁倾角和磁偏角，即为该磁性目标的磁化方向。

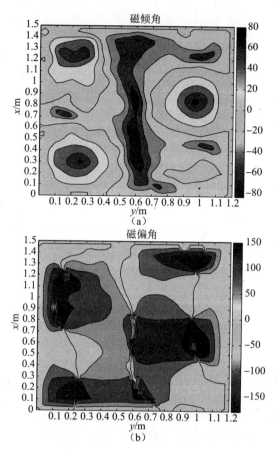

图 10-20　不同窗口大小时 Helbig 方法估计得到的 I_m 和 D_m 的平均值

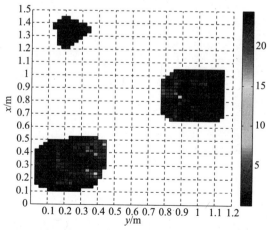

图 10-21　磁性目标的初始分布区域及 D_m 方差的倒数

表 10-4　3 个磁性目标试验的反演结果

方法	目标	位置/m			磁矩/Am²				磁化方向/(°)	
		x	y	z	m_x	m_y	m_z	$\lvert m \rvert$	I	D
预设	1	0.3	0.3	0.4						
	2	1.2	0.2	0.4						
	3	0.8	1	0.4						
方法一	1	0.3	0.3	0.82	−2.58	6.73	16.99	18.46	67.01	−69.03
	2	1.2	0.2	0.29	−0.014	−0.032	0.025	0.043	35.59	66.37
	3	0.7	1	0.76	−19.22	2.03	18.01	26.42	42.98	−6.03
方法二（插值）	1	0.425	0.35	0.42	2.3968	2.6119	1.81	3.98	27.04	47.46
	2	1.2	0.2	0.98	−18.455	6.5286	46.66	50.60	67.24	−22.42
	3	0.825	0.875	0.43	−0.4202	−3.8065	4.0996	5.61	46.95	−96.30

2. 试验 2

选择较为平坦的地面上进行多磁性目标反演的原理验证试验，图 10-22 所示为事先在 2.1m×2.1m 的测量区域内放置 5 个不同的磁铁，然后利用本书构建的张量系统进行磁场数据的网格式测量，水平方向上的测量间隔均为 0.1m，测得的张量各分量及张量不变量 NSS 如图 10-23 所示。

图 10-22　5 个磁性目标反演试验示意图

由图 10-23 所示的磁梯度张量数据的 B_{zz} 分量可以发现，该区域内存在 5 个较为独立的磁异常区域，但仅利用该数据无法较为肯定地判断区域内是否真的存在 5 个磁性目标。因此，仍需利用所提方法进行多磁性目标的反演估计。

不同方法的估计过程如图 10-24～图 10-27 所示，估计得到的具体磁性目标参数如表 10-5 所列。

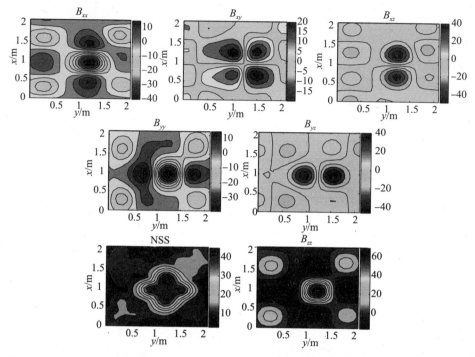

图 10-23　磁性目标在测量平面内产生的张量各分量及张量不变量 NSS（单位：μT/m）

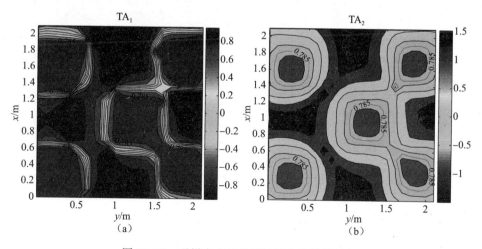

（a）　　　　　　　　　　　　　（b）

图 10-24　磁梯度张量分量计算的改进倾斜角

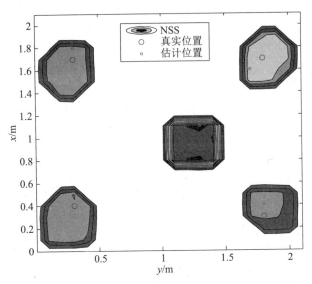

图 10-25 改进倾斜角识别得到的各个磁性目标的近似区域、真实位
置及 NSS 估计得到的水平位置

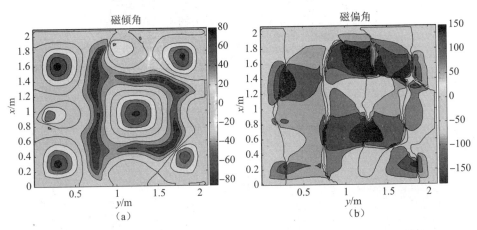

图 10-26 不同窗口大小时 Helbig 方法估计得到的 I_m 和 D_m 的平均值

由试验结果可知，本书所提反演方法准确地探测到试验区域内存在的 5 个磁性目标，在估计得到目标水平位置的同时也能够近似得到垂向位置和磁矩大小，所提反演方法可用于大区域磁性目标的探测中。但是，由于多个磁性目标产生的张量场相互叠加，导致每个测量点的数据都不是由单个磁性目标产生的，进而由此数据估计得到的目标磁性参数在理论上就存在一定的偏差。另外，测量误差的存在及测量时张量系统姿态的变化也是导致磁性参数估计误差

的另一个因素。下一步可利用测量精度更高的张量系统并充分考虑磁性目标参数与磁异常场之间的相互联系，进而得到更为准确的磁性目标参数估计结果。

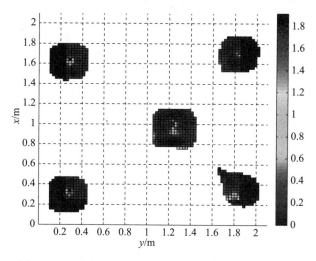

图 10-27　磁性目标的初始分布区域及 I_m 方差的倒数

表 10-5　5 个磁性目标反演结果

方法	目标	位置/m			磁矩/Am²				磁化方向/(°)	
		x	y	z	m_x	m_y	m_z	$\mid m \mid$	I	D
预设	1	0.4	0.3	0.58						
	2	1.7	0.3	0.58						
	3	1	1.2	0.58						
	4	0.3	1.8	0.58						
	5	1.7	1.8	0.58						
方法一	1	0.5	0.3	0.48	2.55	0.18	1.35	2.89	27.84	4.04
	2	1.8	0.3	0.50	2.85	0.16	1.79	3.37	32.09	3.21
	3	1.1	1.3	0.58	12.18	3.51	12.64	17.90	44.92	16.08
	4	0.4	1.8	0.73	1.93	-2.39	7.65	8.24	68.12	-72.65
	5	1.6	1.7	0.72	-3.38	-7.77	8.14	11.75	43.85	46.33
方法二 (插值)	1	0.325	0.275	0.40	-2.52	0.95	3.04	4.06	84.66	-12.33
	2	1.625	0.275	0.41	2.46	-0.93	2.97	3.97	83.91	-43.46
	3	0.875	1.025	0.46	-12.28	-4.65	14.80	19.79	24.08	-107.56
	4	0.25	1.8	0.44	-2.79	-1.06	3.37	4.51	48.43	-159.26
	5	1.675	1.825	0.43	-3.98	-1.51	4.79	6.41	81.16	90.48

小　结

本章针对网格式测量下多个磁性目标的反演问题展开研究，主要研究内容及相关结论如下。

（1）提出了基于改进倾斜角和 NSS 的多磁性目标反演方法：首先利用改进倾斜角估计区域内的磁性目标个数及各自存在的近似区域；然后在各个近似区域内寻找 NSS 的极大值点对应的水平坐标即为该磁性目标的水平位置，在此基础上利用磁异常模量转换估计得到了磁性目标垂向位置和磁矩矢量。

（2）提出了基于改进倾斜角和 Helbig 的多磁性目标反演方法，基于 Helbig 方法在磁性目标水平位置处计算得到的磁化方向不随着窗口大小的改变而改变这一特性，在改进倾斜角预识别得到的各个近似区域内寻找不同窗口大小时 Helbig 方法计算得到的磁化方向变化最小的测量点，该点的水平位置即为磁性目标的水平位置，磁倾角和磁偏角即为磁性目标的磁化方向，进而利用该点的磁梯度张量实现目标垂向位置及磁矩矢量的估计。

（3）两种不同的反演方法在增加未知磁性目标信息冗余度的基础上提高了反演结果的可信度，增强了多磁性目标反演的实用性。

本章研究主要是对特定区域内存在的磁性目标的个数、位置及部分磁性参数给出近似的估计，若想得到更为精细的反演结果，则需要后续的进一步工作。当然，本章的磁化方向估计及边界识别研究也为后续的磁性目标三维重建提供了相关理论和技术参考。

第11章
磁性目标三维重建方法研究

11.1 引　言

在对某些重要或危险性较强的隐蔽目标进行探测过程中，往往希望对目标进行准确的识别，如地下未爆弹探测中经常需要知道其引信所在位置，以方便更准确地销毁；未知隐蔽目标的探测中则希望得到目标的三维形状，以分析目标的类别和存在姿态，因此，这就需要通过测得的磁异常数据，对磁性目标的具体形状和磁性参数进行估计，并最终实现磁性目标的三维重建。

磁性目标三维重建的核心问题是磁性目标几何形态和磁性参数的估计，即以磁性目标在测量面产生的磁异常信号为先验信息，对磁性目标的三维形状、位置、磁导率（磁化强度）等参数进行求解，进而实现磁性目标三维姿态的准确重建。

本章主要针对磁性目标的三维重建方法开展研究，首先对磁性目标的三维反演空间进行约束，然后基于物性反演和形态反演提出了两种不同的磁性目标三维重建方法，并进行了仿真和原理验证试验，试验结果证明了磁性目标进行三维重建的可行性。

11.2 磁性目标的反演空间范围约束

目前，国内外的磁源反演研究主要集中在地质勘探方面，包括三维物性反演方法和三维形态反演方法。其中物性反演是将待反演空间离散成规则的模型单元，然后估计每个单元的磁性值，进而由磁性的分布勾绘出目标体的三维姿态。形态反演是在给定模型单元磁性参数大小的基础上，利用测得的磁异常数据来拟合几何体（如多边形或多面体）的形状，进而通过几何体的三维形态来模拟目标体的三维姿态。尽管军事应用中磁性目标的三维重建问题可借鉴地质勘探中的磁源反演技术，但是两者又存在一定的差别。首先是磁性目标的三维重建问题对磁性参数反演的精度要求更高；其次是其在参数反演的基础上需要勾绘出磁性目标的三维姿态。

在磁性目标的实际反演中，由于采集数据有限，并且测量数据受到噪声干扰以及场源等效性的影响，导致反演过程中存在较严重的多解性问题。在无法有效地增加磁性目标先验信息的情况下，为了实现精确的磁性参数反演，往往会在测量平面设置密集且范围较大的观测网，以获得尽量多的磁场数据。若将其对应的下半空间全部作为反演空间进行参数求解，一方面会引起构建得到的核矩阵的稀疏性较大，进而降低参数的估计精度；另一方面也会导致反演所需要的时间较长。因此，本书利用观测平面测量得到的网格式磁场数据建立磁局部异常特征和磁性目标边界的相互关系，据此对场源分布范围进行快速搜索，将反演空间缩小在磁性目标分布范围内，进而降低多解性、提高反演精度并加快反演速度。其中，反演空间的范围约束又包括水平边界约束和垂向边界约束，则加入范围约束的磁性目标三维重建流程如图11-1所示。

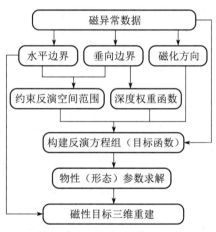

图11-1　磁性目标三维重建方法流程框图

11.2.1　水平边界约束

为了更加准确地反演磁性目标的物性参数和形态参数；一方面需要测量大于磁性目标所在区域的磁场数据，以增加反演方程中已知量的个数；另一方面则需要尽量减少反演方程中未知量的个数。因此，需要对反演空间的范围进行约束。水平边界的约束可通过测得的磁场数据识别磁性目标的近似水平边界，然后在此基础上实现水平方向上反演范围的确定。本书利用式（10-1）所示的改进倾斜角来实现磁性目标的水平边界近似识别，其中：公式中的 I 为由 Helbig 方法估计得到的磁性目标的磁倾角。

值得注意的是，本书10.2节所讲边界识别的主要目的是通过边界预识别的方法获得测量区域内所存在的磁性目标的大致个数。因此，磁性目标磁化方向中的磁倾角对其影响较小，且当磁倾角较小时可通过 TA_3 加以互补以判断区域内磁性目标的个数。而此处的水平边界约束较本书 10.2 节的磁性目标边界预识别对边界的估计准确度要求更高,需要给出磁性目标水平位置的大致轮廓。

实际水平边界识别中,当磁性目标的磁倾角较小时,测得的张量分量 B_{zz} 将产生较为明显的正负伴生图像,且在磁性目标的上方出现正负转换区域,该区域内的 B_{zz} 值较小,进而使得计算得到的改进倾斜角的值较小。为了解决这一问题,可以通过 TA_3 判断磁性目标的大致存在区域,若 TA_1 及 TA_2 存在正负转换区域且在 TA_3 识别的区域内,则认为该转换区域在目标存在的水平位置上方。另外,当磁性目标的磁倾角较小时,也可以单独使用 TA_3 进行水平边界约束。

11.2.2　垂向边界约束

反演空间的垂向约束可通过估计磁性目标的中心埋深来实现,本书利用局部波数法进行磁性目标中心埋深的估计。定义三维情况下的局部波数为

$$\begin{cases} Kx = \dfrac{\left(\dfrac{Bh \cdot B_{xz} - Bz \cdot (Bx \cdot B_{xx} + By \cdot B_{xy})}{Bh} \right)}{A^2} \\[4mm] Ky = \dfrac{\left(\dfrac{Bh \cdot B_{yz} - Bz \cdot (Bx \cdot B_{xy} + By \cdot B_{yy})}{Bh} \right)}{A^2} \\[4mm] Kz = \dfrac{\left(\dfrac{Bh \cdot B_{zz} - Bz \cdot (Bx \cdot B_{xz} + By \cdot B_{yz})}{Bh} \right)}{A^2} \end{cases} \quad (11-1)$$

式中:$Bh = \sqrt{Bx^2 + By^2}$;$A = \sqrt{Bx^2 + By^2 + Bz^2}$。

磁性目标的中心位置 (x_0, y_0, z_0) 和测量点 (x, y, z) 之间的关系为

$$Kx \cdot x_0 + Ky \cdot y_0 + Kz \cdot z_0 = Kx \cdot x + Ky \cdot y + Kz \cdot z \quad (11-2)$$

式中:Kx、Ky、Kz 的所有参数均可由张量系统测量得到,不会由于高阶导数的计算而引入高频噪声,具有较好的稳健性。

线性公式(11-2)中包含 3 个位置参数,可采用滑动窗口的方式,通过多点的测量数据构建线性方程组,进而求解磁性目标的位置。由求解得到的垂向位置 z_0 的分布情况可估计得到磁性目标的中心埋深和近似厚度,进而用于反演空间的垂向约束,并且估计得到的水平位置 x_0、y_0 可与本书 11.2.1 节得到的磁性目标的水平边界识别结果相互验证。

11.3　基于物性反演的磁性目标三维重建

利用磁异常数据对磁性目标进行物性反演时：首先将待反演空间划分成规则的长方体单元组合模型（图11-2）；然后建立非线性方程组求解每个长方体单元对应的磁性参数。其中，非线性方程组的建立原则为：待反演空间内所有长方体模型在测量面某点产生的磁异常正演计算累加值应与该点的测量值相一致。

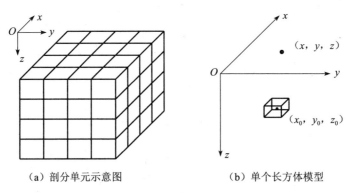

（a）剖分单元示意图　　　　（b）单个长方体模型

图 11-2　计算空间剖分模型示意图

单个长方体的磁梯度张量正演计算公式为

$$\begin{cases} B_{xi} = \dfrac{\mu_0}{4\pi}\left[M_x\dfrac{\partial A}{\partial i} + M_y\dfrac{\partial B}{\partial i} + M_z\dfrac{\partial C}{\partial i}\right]\Bigg|_{x_0-\frac{a}{2}}^{x_0+\frac{a}{2}}\Bigg|_{y_0-\frac{b}{2}}^{y_0+\frac{b}{2}}\Bigg|_{z_0-\frac{c}{2}}^{z_0+\frac{c}{2}}; \quad i=x,y,z \\[4mm] B_{yj} = \dfrac{\mu_0}{4\pi}\left[M_x\dfrac{\partial B}{\partial j} + M_y\dfrac{\partial D}{\partial j} + M_z\dfrac{\partial E}{\partial j}\right]\Bigg|_{x_0-\frac{a}{2}}^{x_0+\frac{a}{2}}\Bigg|_{y_0-\frac{b}{2}}^{y_0+\frac{b}{2}}\Bigg|_{z_0-\frac{c}{2}}^{z_0+\frac{c}{2}}; \quad j=x,y,z \end{cases} \quad (11\text{-}3)$$

式中：a、b 和 c 分别为长方体在 x、y 和 z 方向上的长度；(x_0, y_0, z_0) 为长方体的中心坐标；(M_x, M_y, M_z) 为磁化强度；$r = \sqrt{(\xi-x)^2 + (\eta-y)^2 + (\gamma-z)^2}$；$B = \ln[r+(\gamma-z)]$；$A = -\arctan\dfrac{(\xi-x)(\eta-y)}{(\xi-x)^2+r(\gamma-z)+(\gamma-z)^2}$；$C = \ln[r+(\eta-y)]$；$D = -\arctan\dfrac{(\xi-x)(\eta-y)}{(\eta-y)^2+r(\gamma-z)+(\gamma-z)^2}$；$E = \ln[r+(\xi-x)]$。

将待反演空间内的所有长方体模型在测量面某点产生的磁异常值累加，则可得到整个待反演空间在该点产生的磁异常值，即

$$\Delta d_i = \sum_{j=1}^{M} F_{ij} m_j \tag{11-4}$$

式中：$i=1，2，\cdots，N$，N 为观测点的个数；Δd_i 为第 i 个观测点处的磁异常数据；$j=1，2，\cdots，M$，M 为反演空间内划分的长方体的个数；F_{ij} 为第 i 个观测点处第 j 个长方体所对应的核函数；m_j 为第 j 个长方体的磁化强度。

将式（11-4）写成矩阵形式为

$$\boldsymbol{d}^{\alpha\beta} = \boldsymbol{F}^{\alpha\beta} \cdot \boldsymbol{m} \tag{11-5}$$

式中：$\boldsymbol{d}^{\alpha\beta}$ 为磁梯度张量的 $\alpha\beta$ 分量的数据向量；$\boldsymbol{F}^{\alpha\beta}$ 为对应 $\alpha\beta$ 分量的核函数矩阵；$\boldsymbol{m}$ 为磁化强度矢量，α、$\beta=x$、y、z。

物性反演问题即为已知磁异常数据 $\boldsymbol{d}^{\alpha\beta}$ 和核函数矩阵 $\boldsymbol{F}^{\alpha\beta}$，求解磁化强度矢量 $\boldsymbol{m}$，进而通过求解得到的每个长方体单元的磁化强度大小即可勾绘出磁性目标的三维形状。

11.3.1　深度加权函数

由于反演空间剖分模型计算得到的核函数是线性的，而根据磁梯度张量正演公式可知，核函数矩阵中的数值随着长方体单元中心位置深度的增加而迅速减小，进而导致反演得到的磁化率（磁化强度）分布趋向于待反演空间的上表面。为了估计得到磁性目标在待反演空间内的真实磁化率分布，Li 等引入了深度加权函数，但是该深度加权函数导致估计得到的磁化率（磁化强度）分布趋向于反演空间底部，与实际磁性目标的三维位置仍存在一定的差异。为此，本书将上述局部波数法估计得到的磁性目标中心埋深和近似厚度作为先验信息，用于深度加权函数的构建，得到的深度加权函数为

$$\omega(z) = \frac{l_z^{3/2} (\mathrm{e}^{(z^2 - z_0^2)/(z_0/2)^2} + 1)}{z^{3/2}} \tag{11-6}$$

式中：z 为每个长方体单元中心的垂向坐标；l_z 为局部波数法估计得到的磁性目标的厚度；z_0 为局部波数法估计得到的磁性目标的中心埋深。

式（10-6）所示的深度加权函数在磁性目标的中心埋深处取值最小，并以此为中心向上下两侧递增，且其整个构建过程由算法根据实测的磁异常数据自动完成，不包含任何的人为干扰，具有较高的鲁棒性。

11.3.2　目标函数构建与求解

磁性目标的三维重建为典型的反演问题，即求解式（11-5）所示的关于

目标磁性参数的线性方程组，但由于测量得到的磁异常数据向量 $d^{\alpha\beta}$ 中的数据点数 N 往往小于待反演的磁化强度 m 的个数 M，导致反演问题为典型的欠定问题，进而使得方程组的解不唯一且不稳定，因此，可考虑通过在目标函数中添加适当的约束以限制解的范围并提高求解鲁棒性，其中 Tikhonov 正则化方法即为最常用的一种方法。故引入正则化项对模型空间进行约束后物性反演问题的目标函数为

$$\phi = \min\{\,|d^{\alpha\beta} - F^{\alpha\beta} \cdot m|^2 + \lambda^2\,|L \cdot m|^2\,\} \tag{11-7}$$

式中：$L(z)_{ij} = \omega(z)_{ij} \cdot \delta_{ij}$；$\delta_{ij}$ 为 Kronecker 函数；λ 为正则化参数。

矩阵 L 在磁性目标中心埋深附近取值较小，在垂直方向上对反演空间进行了有效约束，使得反演结果更接近真实磁性目标。

为方便后续正则化参数的选择及目标函数的求解，令 $m' = L \cdot m$，则式（11-7）可变换为

$$\phi = \min\{\,|d^{\alpha\beta} - F^{\alpha\beta} \cdot L^{-1} \cdot m'|^2 + \lambda^2\,|m'|^2\,\} = \min\{\,|d^{\alpha\beta} - F^{\alpha\beta\prime} \cdot m'|^2 + \lambda^2\,|m'|^2\,\}$$

$$\tag{11-8}$$

式（11-8）中，第一项为测得的磁异常数据与模型正演得到的磁异常数据的拟合差，而第二项为模型约束函数。λ 作为正则化参数，是前后两项的权衡因子，选择过大会导致反演空间中部分有效信息的丢失，选择过小将导致约束不足进而使得估计得到的参数与真实解存在较大的差异。因此，在实际应用中需选择合适的优化算法寻找最优的正则化参数以得到较为准确的反演结果。本书采用广义交叉验证法进行正则化参数的寻优。

11.3.3　仿真分析

为验证所提物性反演方法用于磁性目标三维重建中的有效性，以空间中存在的磁性长方体为例进行仿真试验。其中，长方体中心坐标为（0，0，10）m，边长分别为 12m、12m 和 8m，磁化强度为 40A/m，磁化方向的倾角和偏角分别为 20° 和 35°。建立 z 方向竖直向下为正的右手坐标系，设置水平方向上的采样间隔为 2m，则在 $z = -1$m 平面测得的磁性目标产生的磁梯度张量场分量和张量不变量 NSS 如图 11-3 所示。

基于 Helbig 方法估计得到的磁性目标的磁倾角及不同窗口时计算得到的多个磁倾角的方差的倒数如图 11-4 所示，计算时滑动窗口大小选择为：3m×3m~7m×7m。由图可知，Helbig 方法不仅估计得到了磁性目标的中心位置，也准确地估计出了磁性目标的磁化倾角为 20°。

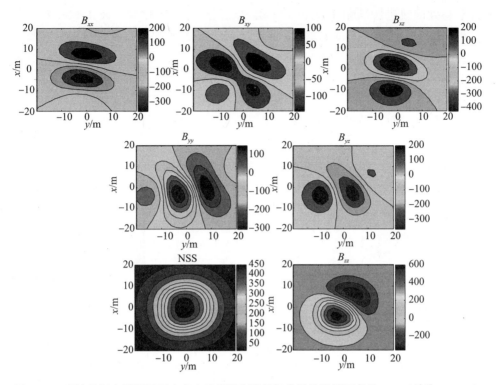

图 11-3　磁性目标在测量平面内产生的磁梯度张量场分量及张量不变量 NSS（单位：nT/m）

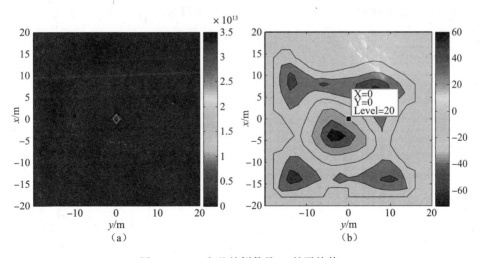

图 11-4　I_m 方差的倒数及 I_m 的平均值

计算得到的改进倾斜角如图 11-5 所示，由于该磁性目标的磁化倾角较小，计算得到的改进倾斜角 TA_1 和 TA_2 均出现正负伴生的现象，而 TA_3 并未出现此种情况，因此，本仿真试验以倾斜角 TA_3 的识别结果进行目标反演空间的水平约束，取水平方向上 x 和 y 的约束范围均为 $[-8 \sim 8]$ m。值得注意的是，在此得到的磁性目标反演空间的水平约束并非磁性目标的水平边界，而是要大于目标的水平边界，一方面是为了避免水平边界识别存在的误差导致反演空间较小，另一方面是为了给待反演空间划分长方体单元模型预留空间余量。

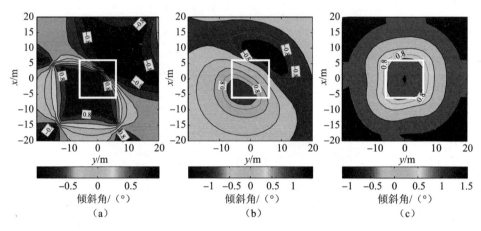

图 11-5　计算得到的改进倾斜角

利用式（11-2）计算得到的磁性目标的水平位置和垂向位置的分布情况如图 11-6 所示和图 11-7 所示，计算时滑动窗口大小选择为 6。图 11-6 所示结果显示磁性目标在水平 x 和 y 方向上的分布范围为 $-4 \sim 3$m，在倾斜角 TA_3 识别得到的约束范围内，从侧面验证了水平边界识别结果的正确性。

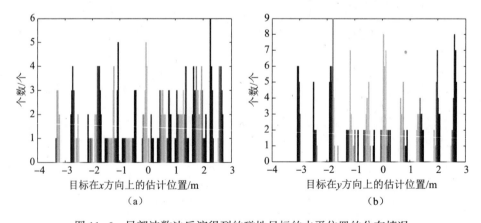

图 11-6　局部波数法反演得到的磁性目标的水平位置的分布情况

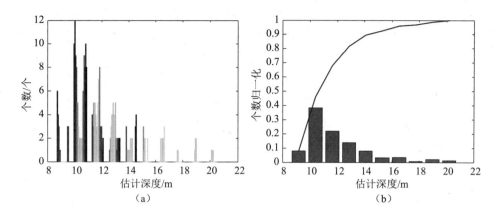

图 11-7　局部波数法反演得到的磁性目标的垂向位置的分布情况

由图 11-7 可知，尽管反演得到的磁性目标垂向分布位置跨度较大，为 8~20m，但其在每个深度的分布情况各有不同，从图（a）中可看出该目标集中分布在 8~14m，由右图中归一化直方图可得，在深度为 14m 处时直方图总值可达到 90%。为此，本仿真选择垂向约束范围为 0~20m，磁性目标垂向中心位置为 $z_0 = 14$m，目标厚度 $lz = 6$m，进而构建深度加权函数（图 11-8）用于后续的物性参数求解。

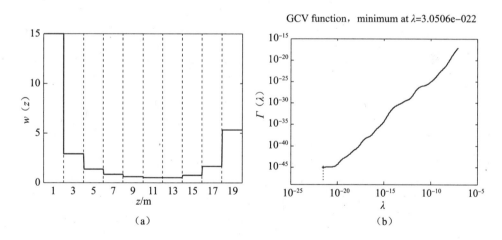

图 11-8　深度加权函数的取值及 GCV 寻优过程

在上述反演空间范围约束的基础上，将待反演空间进行网格化剖分，每个小长方体的大小均为 2m×2m×2m，然后结合深度加权函数和式（11-8）建立物性反演目标函数，进而求解反演空间中各长方体单元的磁化强度用于目标的三维重建。其中，未利用广义交叉验证法进行参数寻优时的反演结果如图 11-9 所示，利用共轭梯度法得到的反演结果如图 11-10 所示，其中图（b）模型是以水平边界约束上磁化强度的平均值为阈值，令小于该阈值的长方体磁化强度为零得到的磁性目标的三维形状。图 11-11 是利用广义交叉验证进行参数寻优后的反演结果和重建得到的磁性目标的三维形状，由图可知，该重建结果与真实目标具有较为一致的三维形状，表明该反演方法可实现磁性目标的三维重建，进而可应用于未知磁性目标的识别中。

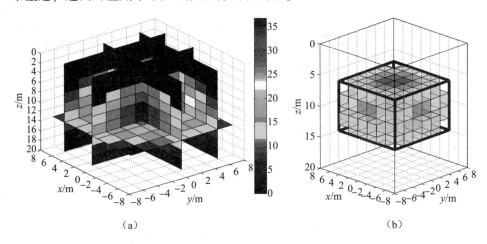

（a）　　　　　　　　　　　　　（b）

图 11-9　未利用广义交叉验证进行参数寻优时的反演结果

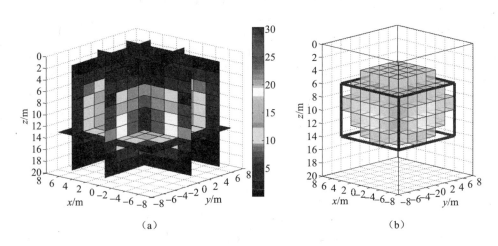

（a）　　　　　　　　　　　　　（b）

图 11-10　共轭梯度法得到的反演结果

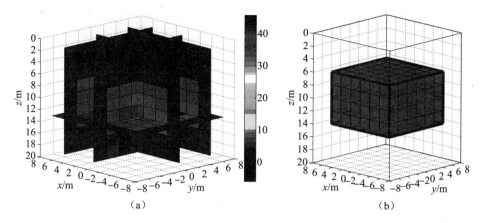

图 11-11　利用广义交叉验证进行参数寻优后的反演结果

11.4　基于形态反演的磁性目标三维重建

尽管物性反演通过划分待反演空间建立了关于物性参数的方程组，进而求解方程组估计每个网格的物性参数，实现了磁性目标的三维重建。但是，物性参数的求解仅能在少数情况下得到图 11-11 所示较为明显的磁性目标边缘，而通常情况下往往会得到一个图 11-9 及图 11-10 所示较为模糊的磁性目标边界。而形态反演通过几何体的三维形态模拟目标体的三维姿态，可以得到较为清晰的磁性目标，其估计结果可与物性反演得到磁性目标的三维形状相互补充，进而实现更为准确的磁性目标三维重建。因此，本节开展基于形态反演的磁性目标三维重建研究。

11.4.1　模型初始化及最优增长模块的选择

为得到较为准确的形态反演结果，采用不求解反演方程，而是在待反演空间的所有解中找到一个最优解的方法。其基本思想：首先根据磁性目标的反演空间范围约束等参数估计，得到磁性目标存在的大致范围和近似磁化方向，以此为已知条件，确定目标的待反演空间并将该空间进行网格划分；然后在网格中选定一个长方体作为初始模型并对其磁化强度赋值，建立待增长模块集，并使得该模块集中的每个长方体至少有一个面与当前模型中的面重合，进而通过一定的选择机制在待增长模块集中选择最优的增长模块对当前模型进行迭代更新；最后通过模型的不断增长实现磁性目标三维形状的构建，故形态反演的算法流程可如图 11-12 所示。

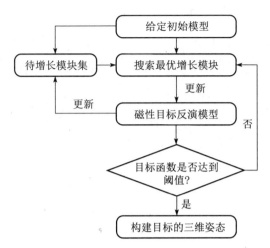

图 11-12　形态反演算法流程

　　在磁性目标三维模型的迭代更新中，需要依据一定的选择机制选择最优的增长模块，为此，建立以下的模块选择函数，每次均选择待增长模块集中使得模块选择函数取值最小的长方体作为最优增长模块，即

$$\varGamma(\boldsymbol{m}) = \varphi(\boldsymbol{m}) + \rho \cdot \phi(\boldsymbol{m}) + \kappa \cdot \theta(\boldsymbol{m})$$
$$= \frac{1}{N_c} \sum_{k=1}^{N_c} \varphi_k(\boldsymbol{m}) + \frac{\rho}{N_c} \cdot \sum_{k=1}^{N_c} \phi_k(\boldsymbol{m}) + \kappa \cdot \theta(\boldsymbol{m})$$

（11-9）

式中：N_c 为形态反演时使用的 5 个独立磁梯度张量分量的个数；ρ、κ 为正则因子，以调整目标函数中三项的相互比例；$\phi(\boldsymbol{m})$ 用于约束反演模型产生的磁梯度数据与测得的磁场数据之间的差值，并克服仅仅用 $\varphi(\boldsymbol{m})$ 约束可能存在的整体偏大或整体偏小问题；$\varphi(\boldsymbol{m})$ 用相关性计算确保反演模型产生的磁梯度张量数据与测得的磁异常数据在整个测量区域上的整体相似性，并克服 $\phi(\boldsymbol{m})$ 约束可能出现的异常点问题；$\theta(\boldsymbol{m})$ 通过计算长方体单元之间的距离约束反演模型具有较好的整体性，使其不朝某一个方向无限延伸，具体计算公式为

$$\begin{cases} \varphi_{\alpha\beta}(\boldsymbol{m}) = 1 - \dfrac{\mathrm{cov}(\boldsymbol{d}^{\alpha\beta}, \boldsymbol{F}^{\alpha\beta}\boldsymbol{m})}{\sqrt{D(\boldsymbol{d}^{\alpha\beta}) \cdot D(\boldsymbol{F}^{\alpha\beta}\boldsymbol{m})}} \\[2mm] \phi_{\alpha\beta}(\boldsymbol{m}) = \sqrt{\sum_{j=1}^{M_c} (\zeta^{\alpha\beta} d_j^{\alpha\beta} - (\boldsymbol{F}^{\alpha\beta}\boldsymbol{m})_j)^2} \\[2mm] \theta(\boldsymbol{m}) = \dfrac{1}{\Delta x + \Delta y + \Delta z} \sum_{j=1}^{M_c} l_j \end{cases}$$

（11-10）

式中：$\mathrm{cov}(\ )$ 表示求协方差；$D(\ )$ 为求方差；Δx、Δy、Δz 为当前模型在 3 个方

向上的宽度；M_c 为当前模型所包含的长方体个数；l_j 为待选择增长模块中心与当前模型中第 j 个长方体中心之间的距离；$\zeta^{\alpha\beta}$ 为尺度因子，可由磁梯度张量数据的测量值和正演值求解得到，求解公式为 $\zeta^{\alpha\beta} = \left(\sum\limits_{j=1}^{M_c} d_j^{\alpha\beta} (\boldsymbol{F}^{\alpha\beta}\boldsymbol{m})_j \right) \Big/ \sum\limits_{j=1}^{M_c} (d_j^{\alpha\beta})^2$。

　　由形态反演算法流程可得模型增长二维示意如图 11-13 所示，并且在寻找待反演空间中最优解的过程中存在以下约束准则。

　　（1）模型增长是连续的，新得到的待增长模块至少有一个面与当前模型共面，且每个当前模型都存在一个待增长模块集，最优增长模块必须从待增长模块集中选择。

　　（2）整个待反演空间中每个网格的磁化强度只有零和预设值 $\boldsymbol{m}$ 两种选择。

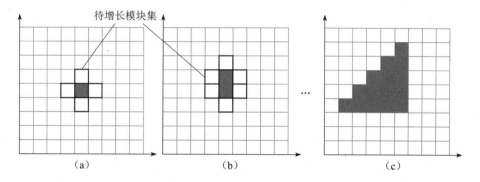

图 11-13　形态反演中模型增长二维示意图

　　在增长模型的选择过程中需要用到模型的正演计算，正演计算公式如式（11-3）。磁性目标形态反演的过程即为反演模型产生的磁梯度张量场一步步逼近已知测量数据的过程，而且模型的每次增长都是当前模型最优的。因此，可以认为形态反演得到的目标模型具有较高的可信度。

11.4.2　迭代终止准则的建立

　　在整个形态反演过程中，每次均选择待增长模块集中使得模块选择函数取值最小的长方体作为最优增长模块以更新反演模型，更新过程是持续的。因此，需要建立适当的目标函数，当目标函数达到事先设定的阈值时，则终止模型的迭代更新，得到的当前模型即为形态反演得到的磁性目标的三维形状。迭代终止准则的建立方式有多种，其中一种为建立迭代过程中的目标函数，即

$$\xi(\boldsymbol{m}) = \frac{|\varphi_{\text{new}}(\boldsymbol{m}) - \varphi_{\text{old}}(\boldsymbol{m})|}{|\varphi_{\text{old}}(\boldsymbol{m})|} + \tau \cdot \frac{|\phi_{\text{new}}(\boldsymbol{m}) - \phi_{\text{old}}(\boldsymbol{m})|}{\phi_{\text{old}}(\boldsymbol{m})} \qquad (11-11)$$

式中：$\varphi_{\text{new}}(\boldsymbol{m})$ 和 $\phi_{\text{new}}(\boldsymbol{m})$ 为加入最优增长模块后的计算值；$\varphi_{\text{old}}(\boldsymbol{m})$ 和 $\phi_{\text{old}}(\boldsymbol{m})$ 为加入最优增长模块前的计算值；τ 为比例因子，以调整式（11-11）前后两项的重要度。

当目标函数小于事先设定的阈值 δ 时，则表明增加一个长方体对磁性目标模型产生的磁异常场与测量值之间的拟合度的贡献较小，此时终止模型的迭代更新。

迭代终止的判断还可以利用测量面上磁梯度张量各分量真实值与反演估计值之间的 RMSE 随模型增长步数的变化规律来实现。当反演过程从初始模型向真实物体接近时，随着模型增长步数的增加，各张量分量的 RMSE 逐渐变小，直至反演模型最接近真实物体时，各张量分量的 RMSE 达到最小值，此时若继续进行模型增长计算，各分量的 RMSE 将逐步增大。因此，在模型增长过程中，磁梯度张量分量真实值与反演估计值之间的 RMSE 极小值点可作为模型迭代增长的终止点，其对应的反演模型即为形态反演得到的磁性目标的三维形状。

另外，当实际测量数据中存在较大的测量噪声时，将导致 $\xi(\boldsymbol{m})$ 的取值始终都较大且张量分量估计值与理论值之间的 RMSE 随步数增大的变化规律不明显。此时，可以结合本书 11.2 节得到的水平边界约束范围进行判断，若估计得到的磁性目标模型已经远远超出实现估计得到的水平边界范围，则认为测量数据中噪声较大导致阈值 δ 较小，需要终止迭代过程重新选择 δ 进行形态反演。

11.4.3　仿真分析

以本书 11.3.3 节中的长方体模型为例进行基于形态反演的磁性目标三维重建仿真试验：首先选择每个长方体的大小均为 2m×2m×2m；然后结合图 11-5 和图 11-7 得到的反演空间范围约束及图 11-4 得到的磁化方向估计结果设定形态反演时初始长方体模块的中心位置为 [-1m，-1m，9m]，磁化方向中的磁倾角为 20°，磁偏角为 35°；最后利用式（11-9）所示的最优模块增长函数及相应的迭代终止准则进行长方体的形态反演。

为了清晰地给出形态反演中模型增长的过程，图 11-14 展示了模型增长的前三步、第 52~54 步以及最后三步，图中直线表示真实磁性目标的框架。由图可知，当初始模型给定后，其对应的待增长模块集也是确定的，后续的每次迭代时，算法均自动从待增长模块集中选择最优的增长模块添加到现有模型中，同时更新待增长模块集为下一次迭代做准备。整个迭代过程中，最优增长模块的选择一直遵循式（11-9）所示的准则，在待增长模块集中寻找函数最小值对应的模块单元，使得每次都把待增长模块集中对反演贡献最大的长方体

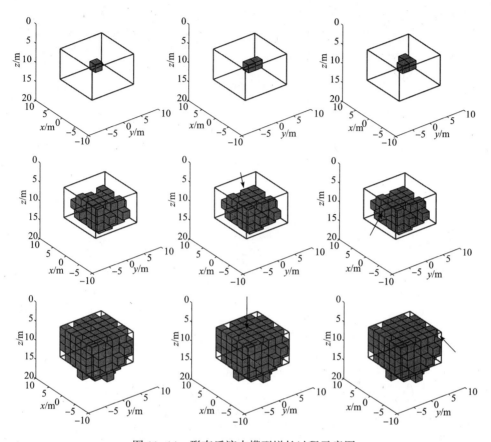

图 11-14　形态反演中模型增长过程示意图

模块加入到当前模型中。因此，整个迭代过程即为一个优化过程，通过每一步都选择最优的增长模块进而实现最优的磁性目标形态反演。

模型增长到不同阶段时对应测量面得到的张量各分量如图 11-15~图 11-19 所示。对比不同阶段反演得到的张量分量与图 11-3 所示的长方体在测量面产生的理论张量分量可知，形态反演的模型增长过程也是磁梯度张量反演估计值接近真实值的过程。

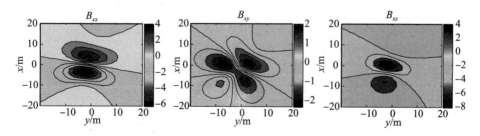

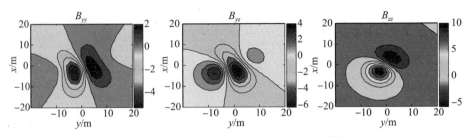

图 11-15 初始模型在测量面产生的张量分量（单位：nT/m）

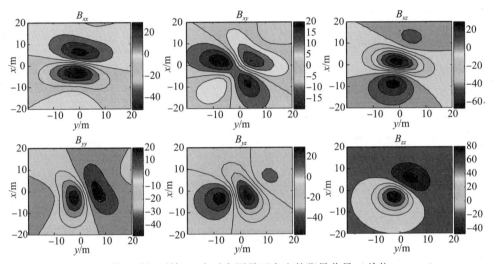

图 11-16 模型增长到第 20 步时在测量面产生的张量分量（单位：nT/m）

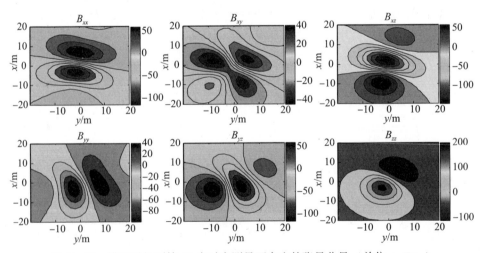

图 11-17 模型增长到第 52 步时在测量面产生的张量分量（单位：nT/m）

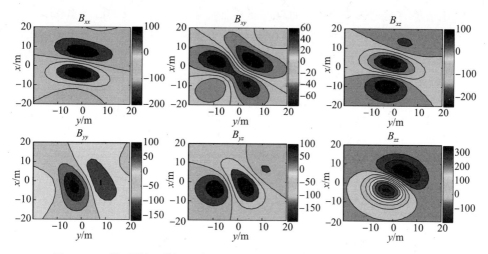

图 11-18　模型增长到第 90 步时在测量面产生的张量分量（单位：nT/m）

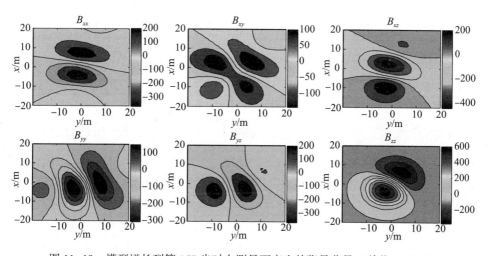

图 11-19　模型增长到第 157 步时在测量面产生的张量分量（单位：nT/m）

　　分析仿真试验过程可知，由于式（11-9）中 $\varphi(m)$ 的约束，在模型增长中的每一步，测量面得到的张量分量反演估计值与理论值均有较高的分布相似度；由于 $\phi(m)$ 的约束，模型朝着反演估计值与理论值数值差异变小的方向增长；由于 $\theta(m)$ 的约束，保证了反演模型不朝垂直向下方向无限延伸。因此，形态反演通过模型的不断增长实现了磁性目标三维形状的重建。

　　随着模型增长步数的增加，测量面上的张量各分量真实值与反演估计值之间的 RMSE 变化趋势如图 11-20 所示。该图也验证了形态反演的过程是张量分量反演估计值向真实值接近的过程这一初始算法思路，其中 RMSE 在模型增长到第157步时达到极小值，并且此时张量各分量估计值与真实值的RMSE接近于零。因此，选择该参数作为迭代增长的终止步数，将此增长步数下得到的反演模型作为磁性目标形态反演的最终结果，如图11-14的第9个图所示。将其与图11-9和图11-11对比可得，所提形态反演方法得到的反演结果具有较高的可信度，而且与真实目标的一致性要略高于未经过参数寻优的物性反演结果。当然，由于磁梯度张量数据的快速衰减特性，重建得到的磁性目标的纵向分辨率略差于横向分辨率。

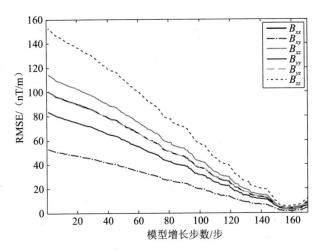

图11-20　测量面上张量各分量理论值与反演值之间的RMSE随模型增长步数的变化趋势

11.5　基于磁异常数据的磁性目标三维重建试验验证

本章针对磁性目标的三维重建问题提出了物性反演和形态反演两种不同的方法，利用测得的张量数据从不同的角度均反演得到了目标在空间中的三维形状，两种反演结果形成了较好的相互验证和补充作用。尤其是在实际应用中，待重建的磁性目标是未知的，利用不同的方法进行反演可得到更多的信息，进而提高反演结果的可信度和准确度。

为了验证磁性目标三维重建的实际应用效果，开展了原理验证试验：首先将磁性目标放于场地中；然后利用设计的张量系统和网格式测量辅助装置进行磁梯度异常数据的测量，三维重建试验如图11-21所示，测得的磁梯度张量数据如图11-22所示。

图 11-21   磁性目标三维重建试验

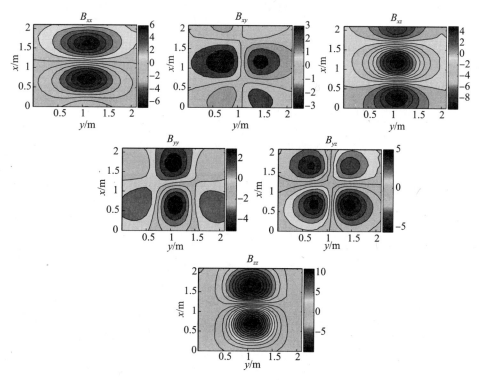

图 11-22   试验测得的磁梯度张量数据（单位：μT/m）

    首先根据测得的磁梯度张量数据进行磁性目标反演空间范围的约束，计算得到的改进倾斜角如图 11-23 所示。由图可知，与测量数据 B_{zz} 类似，TA_1 和 TA_2 均出现了明显的正负伴生图像，表明该磁性目标受到的磁化方向的磁倾角角度较小，进而使得 B_{zz} 在磁性目标的上方出现了正负转换区域。在此种情况下，选择 TA_3 用于磁性目标的边界识别，阈值选择为 0.8，大于该阈值的区域即认为存在磁性目标，因此选择该磁性目标反演空间的 x 方向和 y 方向的约束范围为 $[0.1~2]$ m 和 $[0.7~1.4]$ m。

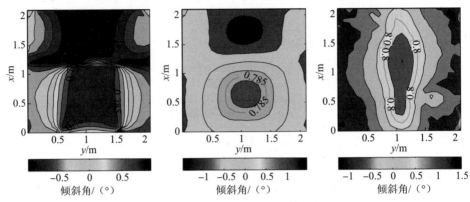

图 11-23　计算得到的改进倾斜角

利用局部波数法估计得到的磁性目标的空间位置如图 11-24 和图 11-25所示，由图 11-25 可知，估计得到的磁性目标的中心深度主要分布在 $0.2~0.6$m。同时，对照图 11-25（b）中磁性目标垂向位置分布归一化直方图，选择该磁性目标反演空间的垂向约束范围为 $0~1$m，磁性目标中心深度 $z_0 = 0.6$m，厚度 $lz = 0.4$m。

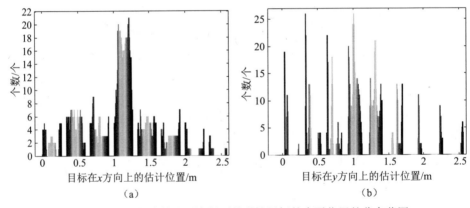

图 11-24　局部波数法反演得到的磁性目标的水平位置的分布范围

改进倾斜角识别得到的磁性目标的水平位置如图 11-26 所示，在此基础上，利用 Helbig 方法进行磁性目标磁化方向的估计，则利用不同窗口时的 D_m方差的倒数估计得到的磁性目标的水平中心位置为 $[0.95\text{m}, 1.1\text{m}]$，对应的磁倾角和磁偏角分别为 38.3° 和 -0.6°（图 11-27）。

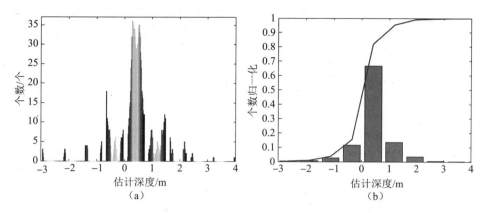

图 11-25　局部波数法反演得到的磁性目标的垂向位置的分布范围

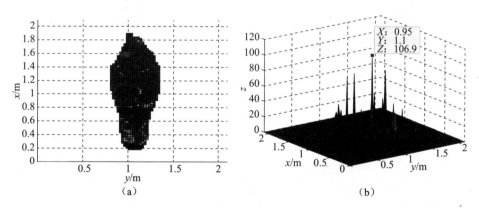

图 11-26　改进倾斜角识别得到的磁性目标水平位置及 Helbig 方法得到的不同窗口时的 D_m 方差的倒数

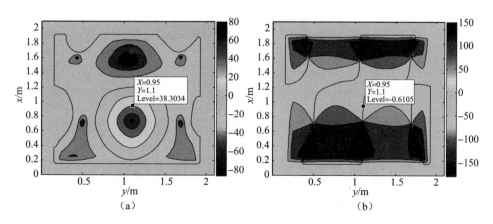

图 11-27　不同窗口大小时 Helbig 方法得到的磁倾角和磁偏角的平均值

在上述反演空间范围约束及磁化方向估计基础上，构建反演目标函数并进行物性和形态反演，反演结果分别如图 11-28 和图 11-29 所示。图中结果验证了反演方法的有效性，两种反演方法均可实现磁性目标的三维重建且各自均存在一定的优、缺点。物性反演通过求解方程组可近似估计目标的磁化强度，但是反演得到的磁性目标的边缘较为模糊；而形态反演无法近似估计磁性目标的磁化强度，但是其反演得到的磁性目标的边界较为清晰。因此，在实际应用中可同时采用两种反演方法，并最终融合两种反演结果进行磁性目标的三维重建（图 11-30），重建结果可进一步用于目标的识别中。

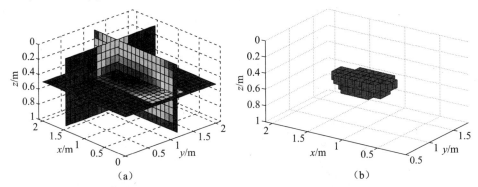

（a）　　　　　　　　　　　　　（b）

图 11-28　基于物性反演得到的磁性目标三维形状

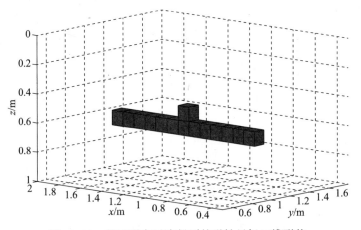

图 11-29　基于形态反演得到的磁性目标三维形状

当然，由于磁梯度张量系统测量精度、网格式测量时测点位置误差以及测量系统姿态变化的影响，测得的磁梯度张量异常数据存在一定的误差导致了该反演试验结果的偏差，下一步可适当采用更高精度的张量系统和网格式测量装置进行更为细致的磁性目标三维重建。

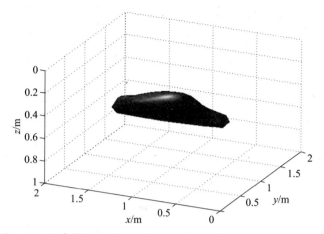

图1-30　融合物性反演和形态反演结果重建得到的目标三维形状

小　结

本章针对磁性目标的三维重建方法展开研究，从理论上实现了目标的三维形状重建，其研究成果为磁性目标的识别提供了新的思路。主要研究内容及相关结论如下。

（1）根据测得的磁梯度张量异常场数据，利用基于改进倾斜角的磁性目标水平边界识别方法和基于局部波数法的磁性目标中心埋深估计方法，实现了磁性目标待反演空间水平边界和垂向边界的范围约束。

（2）将待反演空间剖分为规则的长方体单元组合模型，并以空间内所有长方体单元在测量面产生的磁异常正演计算累加值应与该点的测量值相同这一基本原则，建立了关于每个长方体单元磁化强度的方程组，通过方程组的求解得到了每个长方体的磁化强度，进而勾绘出了磁性目标的三维形状。

（3）在待反演空间中选定一个长方体单元作为初始模型并对其磁化强度赋值，然后建立待增长模块集，并使得该模块集中的每个长方体至少有一个面与当前模型中的面重合，进而在待增长模块集中选择最优的增长模块对当前模型进行迭代更新，通过模型的不断增长实现了磁性目标三维形状的重建。

第12章
结论与展望

目标磁探测技术因其隐蔽性好、针对性强、气象依赖度低等优势展现出了较强的军事应用价值，其中，全张量磁梯度探测技术具有较总场及矢量场探测更大的信息量和更高的分辨率，受地磁背景场及测量系统姿态变化的影响小，能够更准确地描述磁性目标的磁化方向、几何形态及磁矩矢量等特征信息，进而实现磁性目标的探测、搜索、定位和识别，可为目标侦察与探测提供重要的技术支撑。本书在吸收和借鉴前人研究成果的基础上，主要围绕磁性目标全张量梯度探测的关键问题，重点论述了磁性目标张量场正演计算、磁梯度张量系统设计与校正以及磁性目标的探测、定位与识别等基本理论和方法。

虽然本书在探索磁性目标的全张量梯度探测中摸索到一些规律，但由于作者能力、研究时间和试验条件的限制，还有不少工作未能进行更深入的探讨和研究，还需要进一步的探索。

（1）在对磁梯度张量系统的校正研究时，虽然考虑了零漂、灵敏度不一致、非正交误差及非对准误差，但是对磁通门传感器存在的温度漂移误差、灵敏度非线性误差等并未充分考虑。因此，在后续的研究中需要更全面地考虑多种误差参数，进而建立数学校正模型实现更精确的校正。

（2）在对磁梯度张量系统的载体磁干扰补偿研究时，仅考虑了铁磁性材料中存在的固有磁场干扰和感应磁场干扰，忽略了载体运动时产生的涡流磁场干扰和电气设备产生的磁场干扰，在后续的研究中需要进一步考虑忽略的磁干扰误差，以得到更为精确、更为实用的磁梯度张量测量系统。

（3）仅考虑了均匀背景地磁场下的磁性目标定位和反演方法，下一步可以考虑目标所在区域环境磁场的影响，研究背景地磁场存在梯度异常条件下的磁性目标定位和反演问题。

（4）磁性目标的三维重建结果仍较为粗糙，需要进一步结合关于磁性目标的先验信息，并提高目标位置、待反演空间和磁化方向的估计精度，以得到更为精细的磁性目标三维重建结果并将其用于目标识别中。

（5）仅进行了磁性目标全张量梯度探测的相关理论研究和原理验证试验，下一步需要利用实际应用中的真实数据给出探测结果。另外，需要将本书所研究内容进行实用化拓展，如在磁梯度张量测量系统中加装姿态测量系统、自动化网格式辅助测量装置、无人机带载下磁性目标的大面积探测试验及应用等。

（6）探索目标磁探测技术与其他探测技术相融合的可行性与实用性。

参考文献

［1］朱昀，董大群．三轴磁强计转向差的自适应校正［J］．仪器仪表学报，1999，20（4）：392-397.

［2］张光，张英堂，尹刚，等．基于线性模型的磁张量系统校正方法［J］．吉林大学学报（工学版），网络出版时间：2014-01-03.

［3］贾瑞皋．电磁学［M］．高等教育出版社，2011.

［4］张朝阳，肖昌汉，高俊吉，等．磁性物体磁偶极子模型适用性的试验研究［J］．应用基础与工程科学学报，2010，18（5）：862-868.

［5］Tobely T E, Salem A. Position detection of unexploded ordnance from airborne magnetic anomaly data using 3-D self organized feature map［C］//Signal Processing and Information Technology, 2005. Proceedings of the Fifth IEEE International Symposium on. IEEE, 2005：322-327.

［6］Holland J H. Adaptation in natural and artificial systems：An introductory analysis with applications to biology, control, and artificial intelligence［M］. U Michigan Press, 1975.

［7］雷英杰．Matlab 遗传算法工具箱及应用［M］．西安：西安电子科技出版社，2005.

［8］Farmani R, Wright J A. Self-adaptive fitness formulation for constrained optimization［J］. Evolutionary Computation, IEEE Transactions on, 2003, 7（5）：445-455.

［9］仲维畅．铁磁性物体在地磁场中的自发运动磁化［J］．无损检测，2006，27（12）：626-627.

［10］杨柏胜．被动多传感器探测目标跟踪技术研究［D］．西安：西安电子科技大学，2009.

［11］陈瑾飞．基于梯度张量的磁异常目标定位方法研究［D］．长沙：国防科学技术大学，2012.

［12］谢启源．弱磁物体矢量探测系统研究［D］．南京：南京航空航天大学，2012.

［13］张昌达．关于磁异常探测的若干问题［J］．工程地球物理学报，2007，4（6）：549-553.

［14］张昌达．航空磁力梯度张量测量—航空磁测技术的最新进展［J］．工程地球物理学报，2006，3（5）：354-361.

［15］Nersesov B A, Afanasyev M S, Karabasheva E I. Magnetic Ranging as a Promising Line of Development of Magnetometric Tools for Searching Underwater Objects［J］. Oceanology, 2015, 55（2）：306-310.

［16］于振涛，吕俊伟，樊利恒，等．基于磁梯度张量的目标定位改进方法［J］．系统工程与电子技术，2014，36（7）：1250-1254.

［17］Wynn W M. Dipole Tracking with a Gradiometer［R］. Naval Ship Research and Development Laboratory, 1972.

［18］Wynn W M, Frahm C P, Carroll P J, et al. Advanced super-conducting gradiometer/magnetometer arrays and a novel signal processing technique［J］. IEEET ransactions on Magnetics, 1975, 11：701-707.

［19］Cowan D R, Baigent M, Cowan S. Aeromagnetic Gradiometers-a perspective［J］. Exploration Geophysics, 1995, 26：241-246.

［20］骆遥，段树岭，王金龙，等．AGS-863 航磁全轴梯度勘查系统关键性能指标测试［J］．物探与化探，2011，35（5）：620-625.

［21］安战锋，王平，段树岭，等．国产航磁全轴梯度勘查系统试验测量［J］．物探与化探．2016，40

（2）：370-373.

［22］陈载林，范利飞，王会波，等. 磁总场梯度方法探测废弃炸弹［J］. 地球物理学进展. 2014，29（4）：1889-1894.

［23］Fan Liming，Kang Chong，Zhang Xiaojun，et al. Real-Time Tracking Method for a Magnetic Target Using Total Geomagnetic Field Intensity［J］. Pure and Applied Geophysics，2016，1-7.

［24］Schmidt P W，Clark D A. Advantages of Measuring the Magnetic Gradient Tensor［J］. Australian Society of Exploration Geophysicists，2000，85：26-30.

［25］Schmidt P W，Clark D A. The magnetic gradient tensor：its properties and uses in source characterization［J］. The Leading Edge，2006，25（1）：75-78.

［26］Young J A，Keenan S T，Clark D A，et al. Development of a high temperature superconducting magnetic tensor gradiometer for underwater UXO detection［J］.//OCEANS 2010 IEEE-Sydney，IEEE，2010：1-4.

［27］Stephen Billings. Superconducting Magnetic Tensor Gradiometer System for Detection of Underwater Military Munitions［R］. SERDP Project MR-1661，2012.

［28］Peter V. Czipott，Alexander R. Perry，et al. Magnetic Detection and Tracking of Military Vehicles［R］. Quantum Magnetics INC San Diego CA，2002.

［29］王君恒. 磁异常梯度张量理论反演与应用［D］. 武汉：中国地质大学，1990.

［30］吴招才. 磁力梯度张量技术及其应用［D］. 武汉：中国地质大学，2008.

［31］吴乐园. 重磁位场频率域高精度正演方法：Gauss-FFT 法［D］. 杭州：浙江大学，2014.

［32］张毅. 非均匀磁化体磁场正演及特征研究［D］. 武汉：中国地质大学，2008.

［33］徐世浙. 任意形状均匀磁化体磁异常的计算［J］. 地质与勘探，1985，21（2）：43-48.

［34］周耀忠，张国友. 舰船磁场分析计算［M］. 北京：国防工业出版社，2004.

［35］郭志宏，管志宁，熊盛青. 长方体 ΔT 场及其梯度场无解析奇点理论表达式［J］. 地球物理学报，2004，47（6）：1131-1138.

［36］李少鹏. 基于 GPU 的磁梯度张量三维正演并行计算［D］. 北京：中国地质大学，2013.

［37］Bhattacharyya B K. Continuous spectrum of the total-magnetic-field anomaly due to a rectangular prismatic body［J］. Geophysics，1966，31（1）：97-121.

［38］Bhattacharyya B K，Leu L K. Spectral analysis of gravity and magnetic-anomalies due to 2-dimensional structrures［J］. Geophysics，1975，40（6）：993-1013.

［39］Pedersen L B. A statistical analysis of potential fields using a vertical circular cylinder and a dike［J］. Geophysics，1978，43（5）：943-953.

［40］Pedersen L B. Wavenumber domain expressions for potential feilds from arbitrary 2-，21/2-，and 3-dimensional bodies［J］. Geophysics，1978，43（3）：626-630.

［41］吴宣志. 三度体（均值模型）位场波谱的正演计算［J］. 地球物理学报，1981，3（3）：336-348.

［42］吴宣志. 三度体（物性随深度变化模型）位场波谱的正演计算［J］. 地球物理学报，1983，2（2）：177-187.

［43］熊光楚. 重、磁场三维傅里叶变换的若干问题［J］. 地球物理学报，1984，27（1）：103-109.

［44］Hansen R O，Wang X. Simplified frequency-domain expressions for potential fields of arbitrary three-dimensional bodies［J］. Geophysics，1988，53（3）：365-374.

［45］Caratori Tontini F. Magnetic-anomaly Fourier spectrum of a 3D Gaussian source［J］. Geophysics，2005，70（1）：L1-L5.

［46］ Caratori Tontini F, Cocchi L, Carmisciano C. Rapid 3-D forward model of potential fields with application to the Palinuro Seamount magnetic anomaly (southern Tyrrhenian Sea, Italy) ［J］. Journal of Geophysical Research, 2009, 114 (B02103): 1-17.

［47］ Wu Leyuan, Tian Gang. High-precision Fourier forward modeling of potential fields ［J］. Geophysics, 2014, 79 (5): G59-G68.

［48］ 管志宁. 地磁场与磁力勘探 ［M］. 北京: 地质出版社, 2005.

［49］ Bradley Nelson J. Calculation of the magnetic gradient tensor from total field gradient measurements and its application to geophysical interpretation ［J］. Geophysics, 1988, 53 (7): 957-966.

［50］ 杨辉, 王宜昌. 复杂形体重力异常的高阶导数正演计算 ［J］. 石油地球物理勘探, 1998, 33 (2): 278.

［51］ 汪炳柱. 用样条函数法求重力异常二阶导数和向上延拓计算 ［J］. 石油地球物理勘探, 1996, 31 (3): 415.

［52］ Wang Bingzhu, Edward S. Krebes, Dhananjay Ravat. High-precision potential-field and gradient-component transformations and derivative computations using cubic B-splines ［J］. Geophysics, 2008, 73 (5): 135-142.

［53］ 徐世浙. 用有限元法计算二维重力场垂直分量及重力位二阶导数 ［J］. 石油地球物理勘探, 1984, 23 (5): 468-476.

［54］ Kevin L. Mickus, Juan Homero Hinojosa. The complete gravity gradient tensor derived from the vertical component of gravity: a Fourier transform technique ［J］. Journal of Applied Geophysics, 2001, 46: 159-174.

［55］ Laust Börsting Pedersen, Mehrdad Bastani, Jochen Kamm. Gravity gradient and magnetic terrain effects for airborne applications-A practical fast fourier transform technique ［J］. Geophysics, 2015, 80 (2): J19-J26.

［56］ 刘繁明, 张迎发, 钱东, 等. 基于离散余弦变换的全张量磁梯度计算方法 ［J］. 华中科技大学学报 (自然科学版), 2013, 41 (8): 69-73.

［57］ 朱自强, 曾思红, 鲁光银, 等. 二度体的重力张量有限元正演模拟 ［J］. 物探与化探, 2010, 34 (5): 668-671.

［58］ Yavuz Ege, Adnan Kakilli, Hakan Citak, et al. New magnetic measurement system for determining metal covered mines by detecting magnetic anomaly using a sensor network ［J］. Indian Journal of Pure & Applied Physics, 2015, 53: 199-211.

［59］ 张昌达. 若干物探技术的最新进展 ［J］. 工程地球物理学报, 2012, 9 (4): 406-412.

［60］ Dominik Argast, Des FitzGerald, Horst Holstein, et al. Compensation of the full magnetic tensor gradient signal ［C］//ASEG 2010 Sydney, Australia, 2010.

［61］ Michael S. Zhdanov, Martinčuma, Glenn A. Wilson. 3D magnetization vector inversion for SQUID-based full tensor magnetic gradiometry ［C］//SEG Las Vegas 2012 Annual Meeting, Las Vegas, 2012.

［62］ Chwala A, Stolz R, Zakosarenko V, et al. Full Tensor SQUID Gradiometer for airborne exploration ［C］//22nd International Geophysical Conference and Exhibition, 26-29 February 2012-Brisbane, Australia, 2012.

［63］ Shane T. Keenan, Dave Clark, Klye. R. Blay, et al. Calibration and Testing of a HTS Tensor Gradiometer for Underwater UXO Detection ［C］//Proceedings of 2011 IEEE International Conference on Applied Superconductivity and Electromagnetic Devices, Sydney, Australia, 2011.

［64］ Jeffrey Gamey T. Development and Evaluation of an Airborne Superconducting Quantum Interference Device-Based Magnetic Gradiometer Tensor System for Detection, Characterization and Mapping of Unexploded Ordnance ［R］. SERDP Project MM-1316, 2008.

［65］ 漆汉宏, 田永君, 王天生. 高温超导双晶结垫圈型 dc SQUID 磁强计的研制 ［J］. 电子器件, 2003, 26 （4）: 333-336.

［66］ 郎佩琳, 陈珂, 郑东宁. 高阶高温超导量子干涉器件平面式梯度计的设计 ［J］. 物理学报, 2004, 53 （10）: 3530-3534.

［67］ 赵静. 高温超导磁梯度仪关键技术研究 ［D］. 长春: 吉林大学, 2011.

［68］ David L Wright, David V Smith, Theodore H Asch, et al. On-Time 3D Time-Domain EMI and Tensor Magnetic Gradiometry for UXO Detection and Discrimination ［R］. Geological Survey Denver CO, 2008.

［69］ Robert E Bracken, David V Smith, Philip J Brown. Calibrating a Tensor Magnetic Gradiometer Using Spin Data ［R］. US Geological Survey, 2005.

［70］ Roy Wiegert, Brian Price, Jalal Hyder. Magnetic Anomaly Sensing System for Mine Countermeasures Using high mobility autonomous sensing platforms ［C］//OCEANS'02 MTS/IEEE, 2002: 937-944.

［71］ Roy Wiegert, Purpura J W. Magnetic Scalar Triangulation and Ranging system for autonomous underwater vehicle based detection, localization and classification of magneti mines ［C］//OCEANS'04 MTS/IEEE, 2004, 2: 890-896.

［72］ Wiegert R F. Magnetic STAR technology for real-time localization and classification of unexploded ordnance and buried mines ［C］//SPIE Defense, Security, and Sensing, 2009.

［73］ Roy F. Wiegert. Man-Portable Magnetic Scalar Triangulation and Ranging System for Detection, Localization and Discrimination of UXO ［C］//OCEANS'09 MTS/IEEE, 2009.

［74］ Allen G I, Sulzberger G, Bono J T, et al. Initial Evaluation of the New Real-time Tracking Gradiometer Designed for Small Unmanned Underwater Vehicles ［C］//Proceedings of OCEANS 2005 MTS/IEEE, 2005: 1956-1962.

［75］ Kumar S, Sulzberger G, Bono J, et al. Underwater magnetic gradiometer for magnetic anomaly detection, localization and tracking ［C］//Proceedings of the SPIE, the International Society for Optical Engineering, 2007.

［76］ Pei Y H, Yeo H G. Magnetic Gradiometer Inversion for Underwater Magnetic Object Parameters ［C］. OCEANS 2006, Singapore, 2006.

［77］ Pei Y H, Yeo H G. UXO Survey using Vector Magnetic Gradiometer on Autonomous Underwater Vehicle ［C］//OCEANS 2009, IEEE, 2009: 1-8.

［78］ Pei Y H, Yeo H G, Kang X Y, et al. Magnetic Gradiometer on an AUV for Buried Object Detection ［C］//OCEANS 2010 MTS/IEEE, 2010: 1-8.

［79］ Luca Cocchi, Cosmo Carmisciano, Paolo Palangio, et al. S3MAG—low magnetic noise AUV for multipurpose investigations ［C］//OCEANS 2015, 2015: 1-3.

［80］ 刘丽敏. 磁通门张量的结构设计、误差分析及水下目标探测 ［D］. 长春: 吉林大学, 2012.

［81］ 李光. 基于磁通门的航空磁梯度张量系统研究 ［D］. 长春: 吉林大学, 2013.

［82］ 随阳轶, 李光, 林君, 等. 球形反馈三分量磁通门磁梯度全张量探头 ［P］. 中国, 2013-02-23.

［83］ 黄玉. 地磁场测量及水下磁定位技术研究 ［D］. 哈尔滨: 哈尔滨工程大学, 2011.

［84］ Huang Yu, Sun Feng, Hao Yan-ling. Simplest magnetometer configuration scheme to measure magnetic field gradient tensor [C]//Proceedings of the IEEE International Conference on Mechatronics and Automation, Xi'an, China, 2010: 1426-1430.

[85] Huang Yu, Hao Yanling. Comparison on Vector Magnetometer Configuration Schemes in Magnetic Localization Experiment [C]//Proceedings of the International Workshop on Information Security and Application (IWISA 2009), Qingdao, China, 2009: 55-57.

[86] Huang Yu, Sun Feng, Wu Lihua. Synchronous correction of two three-axis magnetometers using FLANN [J]. Sensors and Actuators A: Physical, 2012, 179: 312-318.

[87] Pang Hongfeng, ChenDixiang, PanMengchun, et al. Three Axis Fluxgate Magnetometer Array Calibration Using Nonmagnetic Rotation Platform [J]. SENSOR LETTERS, 2013, 11: 1420-1425.

[88] Pang Hongfeng, LuoShitu, ZhangQi, et al. Calibration of a fluxgate magnetometer array and its application in magnetic object localization [J]. Measurement science and technology, 2013, 24 (7): 1-10.

[89] Pang Hongfeng, PanMengchun, WanChengbiao, et al. Integrated Compensation of Magnetometer Array Magnetic Distortion Field and Improvement of Magnetic Object Localization [J]. IEEE Transactions on Geoscience and Remote Sensing, 2014, 52 (9): 5670-5676.

[90] Yin Gang, Zhang Yingtang, Fan Hongbo, et al. Linear calibration method of magnetic graident tensor system [J]. Measurement, 2014, 56: 8-18.

[91] Yin Gang, Zhang Yingtang, Fan Hongbo, et al. One-step calibration of magentic gradient tensor system with nonlinear least square method [J]. Sensors and Actuators A: Physical, 2015, 229: 77-85.

[92] Yin Gang, Zhang Yingtang, Fan Hongbo, et al. Integrated calibration of magnetic gradient tensor system [J]. Journal of Magnetism and Magnetic Materials, 2015, 374: 289-297.

[93] Frahm C P. Inversion of the magnetic field gradient equation for a magnetic dipole field [R]. NCSL Informal Report, 1972: 135-172.

[94] Wynn W M. Magnetic Dipole Localization using the Gradinet Rate Tensor Measured by a Five-Axis Gradiometer with Known Velocity [C]//SPIE Proceedings, 1995: 357-367.

[95] Takaaki Nara, Satoshi Suzuki, Shigeru Ando. A Closed-Form Formula for Magnetic Dipole Localization by Measurement of Its Magnetic Field and Spatial Gradients [J]. IEEE Transactions on magnetics, 2006, 42 (10): 3291-3293.

[96] 张朝阳, 肖昌汉, 阎辉. 磁性目标的单点磁梯度张量定位方法 [J]. 探测与控制学报, 2009, 21 (4): 44-48.

[97] 张明吉, 王三胜. 基于 SQUID 梯度计的单磁源定位及磁矩反演误差分析 [J]. 超导技术, 2013, 41 (3): 25-29.

[98] 张光, 张英堂, 李志宁, 等. 载体平动条件下的磁梯度张量定位方法 [J]. 华中科技大学学报 (自然科学版), 2013, 41 (1): 21-24.

[99] 李光, 随阳轶, 刘丽敏, 等. 基于差分的磁偶极子单点张量定位方法 [J]. 探测与控制学报, 2012, 34 (5): 50-54.

[100] Roy Wiegert, John Oeschger, Eric Tuovila. Demonstration of a Novel Man-Portable Magnetic STAR Technology for Real Time Localization of Unexploded Ordnance [C]//OCEANS 2007. IEEE, 2007: 1-7.

[101] Yangyi Sui, Guang Li, Shilong Wang, et al. Asphericity Errors Correction of Magnetic Gradient Tensor Invariants Method for Magnetic Dipole Localization [J]. IEEE Transactions on magnetics, 2012, 48 (12): 4701-4706.

［102］ M. Birsan. Recursive Bayesian method for magnetic dipole tracking with a tensor gradiometer ［J］. IEEE Transactions on magnetics, 2011, 47（2）: 409-415.

［103］ Yu Huang, Li-Hua Wu, Feng Sun. Underwater Continuous Localization Based on Magnetic Dipole Target Using Magnetic Gradient Tensor and Draft Depth ［J］. IEEE Geoscience and remote sensing letters, 2014, 11（1）: 178-180.

［104］ 黄玉, 郝艳玲. 水下地磁异常反演中位置磁矩联合迭代算法 ［J］. 华中科技大学学报（自然科学版）, 2011, 39（7）: 95-98.

［105］ Hansen R O, Marc Simmonds. Multiple-source Werner deconvolution ［J］. Geophysics, 1993, 58（12）: 1792-1800.

［106］ Hansen R O, Laura Suciu. Multiple-source Euler deconvolution ［J］. Geophysics, 2002, 67（2）: 525-535.

［107］ Hansen R O. 3D multiple-source Werner deconvolution for magnetic data ［J］. Geophysics, 2005, 70（5）: L45-L51.

［108］ Lientschnig G. Multiple magnetic dipole modeling coupled with a genetic algorithm ［C］//Proc. 2012 ESA Workshop on Aerospace EMC Venice, Italy, 2012.

［109］ Grzegorczyk T M. Estimating the Location and Orientation of Buried Objects Using the Magnetic Field Information of a Dipolar Response ［R］. Delpsi llc Cambridge MA, 2012: 1-33.

［110］ Elisa Carrubba, Axel Junge, Filippo Marliani, et al. Particle swarm optimization to solve multiple dipole modeling problems in space applications ［J］. Aerospace EMC, 2012 Proceedings ESA Workshop on. IEEE, 2012: 1-6.

［111］ Stephen D. Billings, Felix Herrmann. Automatic detection of position and depth of potential UXO using continuous wavelet transforms ［C］//Proceedings of the SPIE Technical Conference on Detection and Remediation Technology for Mines and Minelike Targets, 2003: 1012-1022.

［112］ Zeev Zalevsky, Yuri Bregman, Nizan Salomonski, et al. Resolution Enhanced Magnetic Sensing System for Wide Coverage Real Time UXO Detection ［J］. Journal of Applied Geophysics, 2012, 84: 70-76.

［113］ Davis K, Li Y, Nabighian M. Automatic detection of UXO magnetic anomalies using extended Euler deconvolution ［J］. Geophysics, 2010, 75（3）: G13-G20.

［114］ Jeffrey D. Phillips, Misac N. Nabighian, David V. Smith, et al. Estimating locations and total magnetization vectors of compact magnetic sources from scalar, vector, or tensor magnetic measurements through combined Helbig and Euler analysis ［C］//Society of Exploration Geophysicists Annual Meeting Expanded Abstracts, 2007: 770-774.

［115］ Helbig K. Some integrals of magnetic anomalies and their relationship to the parameters of the disturbing body ［J］. Zeitschrift fur Geophysik, 1962, 29: 83-97.

［116］ Yang Wan'an, Hu Chao, Li Mao, et al. A New Tracking System for Three Magnetic Objectives ［J］. IEEE Transactions on magnetics, 2010, 46（12）: 4023-4029.

［117］ Wan'an Yang, Chao Hu, Max Q. -H. Meng, et al. A Six-Dimensional Magnetic Localization Algorithm for a Rectangular Magnet Objective Based on a Particle Swarm Optimizer ［J］. IEEE Transactions on magnetics, 2009, 45（8）: 3092-3099.

［118］ 陈俊杰, 易忠, 孟立飞, 等. 基于欧拉方法的多磁偶极子分辨技术 ［J］. 航天器环境工程, 2013, 30（4）: 401-406.

［119］ 张迎发. 地磁梯度辅助导航及磁目标探测技术研究 ［D］. 哈尔滨: 哈尔滨工程大学, 2014.

［120］Li Yaoguo, Douglas W. Oldenburg. 3D inversion of magnetic data ［J］. Geophysics, 1996, 61 （2）: 394-408.

［121］Last B J, Kubik K. Compact gravity inversion ［J］. Geophysics, 1983, 48 （6）: 713-721.

［122］Valeria C F Barbosa, Joao B C Silva. Generalized compact gravity inversion ［J］. Geophysics, 1994, 59 （1）: 57-68.

［123］Joao B C Silva, Valeria C F Barbosa. Interactive gravity inversion ［J］. Geophysics, 2006, 71 （1）: 1-9.

［124］Portniaguine O, Zhdanov M S. 3D inversin with data compression and image magnetic focusing ［J］. Geophysics, 2002, 67 （5）: 1532-1541.

［125］Michael Commer. Three-dimensional gravity modelling and focusing inversion using rectangular meshes ［J］. Geophysical Prospecting, 2011, 59 （5）: 966-979.

［126］Pilkingtion M. 3D magnetic imaging using conjugate gradients ［J］. Geophysics, 1997, 62 （4）: 1132-1142.

［127］Michael S Zhdanov, Robert Ellis, Souvik Mukherjee. Three-dimensional regularized focusing inversion of gravity gradient tensor component data ［J］. Geophysics, 2004, 69 （4）: 925-937.

［128］Mark Pilkingtion. 3D magnetic data-sapce inversion with sparseness constraints ［J］. Geophysics, 2009, 74 （1）: L7-L15.

［129］陈闫, 李桐林, 范翠松, 等. 重力梯度全张量数据三维共轭梯度聚焦反演 ［J］. 地球物理学进展, 2014, 29 （3）: 1133-1142.

［130］Nagihara S, Hall S A. Three-dimensional gravity inversion using simulated annealing: Constraints on the diapiric roots of alochthonous salt structures ［J］. Geophysics, 2001, 66: 1438-1449.

［131］Montesinos F G, Arnoso J, Vieira R. Using a genetic algorithm algorithm for 3D inversion of gravity data in Fuerteventura ［J］. Int J Earth Sci （Geol Rundsch）, 2005, 94: 301-316.

［132］Ahmad Alvandi, Rasoul Hoseini Asil. Inversion of Gravity Data based Artificial Bee Colony Optimization （BCO） Algorithm: Application to Synthetic and Real Data ［J］. International Journal of Advances in Earth Sciences, 2014, 3 （2）: 73-80.

［133］Reza Toushmalani, Hakim Saibi. 3D inversion of gravity data using Cuckoo optimization algorithm ［C］// Proceedings of the 12th SEGJ International Symposium, 2015, 2015: 1-5.

［134］Reza Toushmalani. Gravity inversion of a fault by Particle swarm optimization （PSO） ［J］. SpringerPlus, 2013, 2 （1）: 315-322.

［135］耿美霞. 基于地质统计学的重力梯度全张量数据三维反演方法研究 ［D］. 长春: 吉林大学, 2015.

［136］Mark Pilkington, Majid Beiki. Mitigating remanent magnetization effects in magnetic data using the normalized source strength ［J］. Geophysics, 2013, 78 （3）: J25-J32.

［137］周俊杰. 基于结构耦合与物性耦合的重磁联合反演方法研究 ［D］. 北京: 中国地质大学, 2015.

［138］Sarah E Shearer. Three-dimensional inversion of magnetic data in the presence of remanent magnetization ［D］. Golden: Colorado School of MinesMaster, 2005.

［139］Soraya Lozada Tuma, Carlos Alberto Mendonça. Stepped inversion of magnetic data ［J］. Geophysics, 2007, 72 （3）: L21-L30.

［140］Raymond A. Wildman, George A. Gazonas. Gravitational and magnetic anomaly inversion using a tree-based geometry representation ［J］. Geophysics, 2009, 74 （3）: I23-I35.

［141］Vanderlei C. Oliveira Jr, Valeria C. F. Barbosa, Joao B. C. Silva. Source geometry estimation using the mass excess criterion to constrain 3D radial inversion of gravity data [J]. Geophysical Journal International, 2011, 32: 1-19.

[142] Vanderlei C. Oliveira Jr, Valeria C F Barbosa. 3-D radial gravity gradient inversion [J]. Geophysical Journal International, 2013, 46: 1-20.

[143] Richard A. Krahenbuhl, Li Yaoguo. Hybrid optimization for lithologic inversion and time-lapse monitoring using a binary formulation [J]. Geophysics, 2009, 74 (6): 155-165.

[144] Zidarov D, Zhelev Z. On obtaining a family of bodies with identical exterior fields-Method of bubbling [J]. Geophysical Prospecting, 1970, 18: 14-33.

[145] Cordell L. Potential-field sounding using Euler's Homogeneity equations and Zidarov bubbling [J]. Geophysics, 1994, 59: 902-908.

[146] Camacho A G, Montesinos F G, Vieira R. Gravity inversion by means of growing bodies [J]. Geophysics, 2000, 65 (1): 95-101.

[147] Camacho A G, Jose Fernandez, Joachim Gottsmann. A new gravity inversion method for multiple subhorizontal discontinuity interfaces and shallow basins [J]. Journal of Geophysical Research, 2011, 116 (B02413): 1-13.

[148] Gang-Sop Kim, Jong-Chol Ryu, Ok-Chol Sin, et al. Body-growth inversion of magnetic data with the use of non-rectangular grid [J]. Journal of Applied Geophysics, 2014, 102: 47-61.

[149] Philip heath. Analysis of potential field graident tensor data: forward modeling, inversion and near-surface exploration [D]. The University of Adelaide, 2007.

[150] Evjen H M. The place of the vertical gradient in gravitational interpretations [J]. Geophysics, 1936, 1: 127-136.

[151] Fedi M, Florio G. A stable downward continuation by using the ISVD method [J]. Geophysical Journal International, 2002, 151: 146-156.

[152] Ma Tao, Wu Yuanxin, Hu Xiaoping, et al. One-step downward continuation of potential fields in a wavenumber domain [J]. Journal of Geophysics and Engineering, 2014, 11 (025002): 1-9.

[153] Maha ABDELAZEEM Mohamed. Solving ill-posed magnetic inverse problem using a parameterized trust-region sub-problem [J]. Contributions to Geophysics and Geodesy, 2013, 43 (2): 99-123.

[154] 于振涛, 吕俊伟, 稽绍康. 基于椭球约束的载体三维磁场补偿方法 [J]. 哈尔滨工程大学学报, 2014, 35 (6): 731-734.

[155] Jafar Keighobadi. Fuzzy calibration of a magnetic compass for vehicular applications [J]. Mechanical Systems and Signal Processing, 2011, 25: 1973-1987.

[156] Lv Junwei, Yu Zhentao, Huang Jingli, et al. The Compensation Method of Vehicle Magnetic Interference for the Magnetic Gradiometer [J]. Advances in Mathematical Physics, 2013, 523164: 1-5.

[157] Lv Junwei, Yu Zhentao, Fan Liheng. A New Compensation Method for the Magnetic Interference of Vehicle [J]. Applied Mechanics and Materials, 2013, 373-375: 811-814.

[158] Li Qingde, John G. Griffiths. Least squares ellipsoid specific fitting [C]. Proceedings of Geometric Modeling and Processing, 2004: 335-340.

[159] Markovsky I, Kukush A, Can Huffel S. Consistent least squares fitting of ellipsoids [J]. Numerische Mathematik, 2004, 98 (1): 177-194.

[160] 尹刚, 张英堂, 李志宁, 等. 磁偶极子梯度张量的几何不变量及其应用研究 [J]. 地球物理学

报, 2016, 59 (2): 1-8.

[161] Majid Beiki, David A. Clark, James R. Austin, et al. Estimating source location using normalized magnetic source strength calculated from magnetic gradient tensor data [J]. Geophysics, 2012, 77 (6): J23-J37.

[162] Miller H G, Singh V. Potential field tilt: a new concept for location of potential field sources [J]. Journal of Applied Geophysics, 1994, 32: 213-217.

[163] David A. Clark. New methods for interpretation of magnetic vector and gradient tensor data I: eigenvector analysis and the normalized source strength [J]. Exploration Geophysics, 2012, 43: 267-282.

[164] 郭智勇. 基于磁异常反演的地下含铁质管线探测理论研究 [D]. 中国石油大学博士学位论文, 2015.

[165] 陈召曦, 孟小红, 郭良辉. 重磁数据三维物性反演方法进展 [J]. 地球物理学进展, 2012, 27 (2): 503-511.

[166] Ahmed Salem, Simon Williams, Derek Fairhead, et al. Interpretation of magnetic data using tilt-angle derivatives [J]. GEOPHYSICS, 2008, 73 (1): L1-L10.

[167] F. Caratori Tontini, L. Cocchi, C. Carmisciano. Depth-to-the-bottom optimization for magnetic data inversion: Magnetic structure of the Latium volcanic region, Italy [J]. Journal of Geophysical Research, 2006, 111 (B11104): 1-17.

[168] 陈少华. 基于预条件共轭梯度法的重力梯度张量反演研究 [D]. 中南大学硕士学位论文, 2012.

[169] Langel R A, Ridgway J R, Sugiura M, et al. The geomagnetic field at 1982 from DE-2 and other magnetic field data [J]. Journal of geomagnetism and geoelectricity, 1988, 40: 1103-1127.

[170] Crassidis J L, Lai K L, Harman R R. Real-time attitude-independent three-axis magnetometer calibration [J]. Journal of Guidance, Control, and Dynamics, 2005, 28 (1): 115-120.

[171] Auster H U, Fornacon K H, Georgescu E, et al. Calibration of flux-gate magnetometers using relative motion [J]. Measurement Science and Technology, 2002, 13 (7): 1124-1131.

[172] Merayo J M G, Brauer P, Primdahl F, et al. Scalar calibration of vector magnetometers [J]. Measurement science and technology, 2000, 11 (2): 120.

[173] 胡海滨, 林春生, 龚沈光. 基于共轭次梯度法的非理想正交三轴磁传感器的修正 [J]. 数据采集与处理, 2003, 18 (1): 88-91.

[174] 周建军, 林春生, 张坚. 基于蚁群算法对三轴磁强计非正交度的修正 [J]. 舰船科学技术, 2011, 33 (2): 108-111.

[175] 吴德会, 黄松岭, 赵伟. 基于 FLANN 的三轴磁强计误差校正研究 [J]. 仪器仪表学报, 2009, 30 (3): 449-453.

[176] 吴德会. 基于 SVR 的三轴磁通门传感器误差修正研究 [J]. 传感器与微系统, 2008, 27 (6): 43-46.

[177] 庞鸿锋. 三轴磁通门传感器误差误差分析与校正 [D]. 长沙: 国防科技大学, 2010.

[178] 韩波. 非线性不适定问题的求解方法及其应用 [M]. 北京: 科学出版社, 2011.

[179] Včelák J. Calibration of triaxial fluxgate gradiometer [J]. Journal of applied physics, 2006, 99 (8): 08D913.

[180] 黄玉, 郝燕玲. 基于 FLANN 和最小二乘的磁梯度计误差校正 [J]. 仪器仪表学报, 2012, 33 (4): 911-917.

[181] Tolles W E. Compensation of induced magnetic fields in MAD equipped aircraft [J]. Airborne Instruments Lab., OSRD, 1943: 1386.

[182] Tolles W E, Lawson J D. Magnetic compensation of MAD equipped aircraft [J]. Airborne Instruments Lab. Inc., Min-eola, NY, Rept, 1950: 201-1.

[183] Leliak P. Identification and evaluation of magnetic-field sources of magnetic airborne detector equipped aircraft [J]. Aerospace and Navigational Electronics, IRE Transactions on, 1961 (3): 95-105.

[184] Bickel S H. Small signal compensation of magnetic fields resulting from aircraft maneuvers [J]. Aerospace and Electronic Systems, IEEE Transactions on, 1979 (4): 518-525.

[185] 庞学亮, 林春生, 张宁. 飞机磁场模型系数的截断奇异值分解法估计 [J]. 探测与控制学报, 2009, 31 (5): 48-51.

[186] 李季, 潘孟春, 罗诗途, 等. 半参数模型在载体干扰磁场补偿中的应用研究 [J]. 仪器仪表学报, 2013, 34 (9): 2147-2152.

[187] 吴永亮, 王田苗, 梁建宏. 微小型无人机三轴磁强计现场误差校正方法 [J]. 航空学报, 2011, 32 (2): 330-336.

[188] 张晓明, 赵剡. 基于椭圆约束的新型载体磁场标定及补偿技术 [J]. 仪器仪表学报, 2009 (11): 2438-2443.

[189] Li J, Pan M C, Luo F L, et al. Vehicle magnetic field compensation method using UKF [C]//Electronic Measurement & Instruments (ICEMI), 2011 10th International Conference on. IEEE, 2011, 4: 25-28.

[190] 杨云涛, 石志勇, 关贞珍, 等. 一种基于磁偶极子磁场分布理论的磁场干扰补偿方法 [J]. 兵工学报, 2009, 29 (12): 1485-1491.

[191] 黄学功, 王昃. 地磁信号检测系统误差分析与补偿方法研究 [J]. 兵工学报, 2011, 32 (001): 33-36.

[192] 吴志添, 武元新, 胡小平, 等. 基于总体最小二乘的捷联三轴磁力仪标定与地磁场测量误差补偿 [J]. 兵工学报, 2012 (10): 1202-1209.

[193] 李庆扬, 王能超, 易大义. 数值分析 [M]. 武汉: 华中科技大学出版社, 2003.

[194] Dedreuil-Monnet L, Goudon J C, Legendarme B, et al. Process for compensating the magnetic disturbances in the determination of a magnetic heading, and devices for carrying out this process: U. S. Patent 4, 414, 753 [P]. 1983-11-15.

[195] Lv J W, Yu Z T, Fan L H. A New Compensation Method for the Magnetic Interference of Vehicle [J]. Applied Mechanics and Materials, 2013, 373: 811-814.

[196] Keene M N, Humphrey K P, Horton T J. Actively shielded, adaptively balanced SQUID gradiometer system for operation aboard moving platforms [J]. Applied Superconductivity, IEEE Transactions on, 2005, 15 (2): 761-764.

[197] Pei Y H, Yeo H G, Kang X Y, et al. Magnetic gradiometer on an AUV for buried object detection [C]//OCEANS 2010. IEEE, 2010: 1-8.

[198] Lv J, Yu Z, Huang J, et al. The Compensation Method of Vehicle Magnetic Interference for the Magnetic Gradiometer [J]. Advances in Mathematical Physics, 2013, 2013.

[199] Allen G I, Matthews R, Wynn M. Mitigation of platform generated magnetic noise impressed on a magnetic sensor mounted in an autonomous underwater vehicle [C]//OCEANS, 2001. MTS/IEEE Conference and Exhibition. IEEE, 2001, 1: 63-71.